U0077889

資料結構
使用Java 第四版

||| Data Structures Using Java

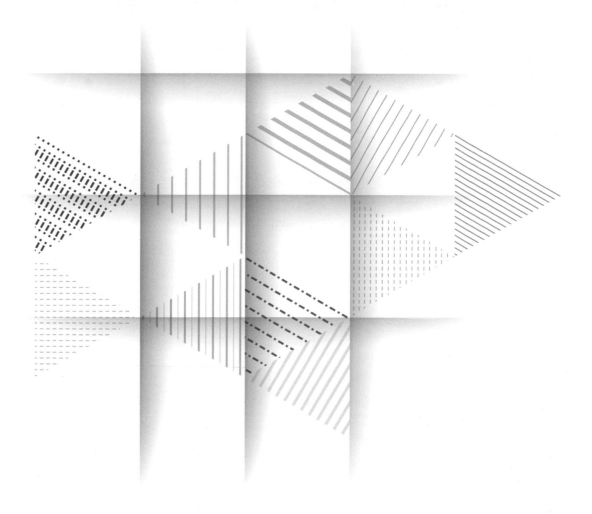

序

資料結構(Data Structures)是資訊學科的核心課程之一，也是撰寫程式必備的知識。
筆者具有相當豐富的資料結構教學經驗，因此了解應如何闡述資料結構的每一主
題，期使讀者達到事半功倍的效果。

近年來 Java 受到大家的青睞，主要是 Java 不僅是物件導向程式語言，而且是跨平
台，為了順應這股潮流，因此本書以 Java 程式加以實作之。此處假設您已學過
Java 程式語言。在撰寫內文時，筆者儘量以易懂的方式呈現之，這有異於市面上的
「翻譯書」，希望在內文不會讓讀者感到模稜兩可，不易閱讀。

每一章的每一小節幾乎都有練習題，旨在測驗您對此節的了解程度，書後也附有練
習題參考解答，不過提醒您，要做完才能對照解答喔。

除了練習題外，在每一章末也有 "動動腦時間"，這些題目有些來自歷屆的高考或
研究所的考題，一些則是根據內文加以設計的題目。題目的後面皆標明其出自那一
小節，如[5.2]，它表示只要您詳讀 5.2 節即可輕鬆地作答。

最後要謝謝各位讀者，有您們的指教使得本書更加精彩，若發現內文有誤或表達不
清楚之處，懇請來信指教，萬分感謝。

蔡明志

mjtsai168@gmail.com

CONTENTS

目錄

CHAPTER 8 高度平衡二元搜尋樹

CHAPTER 9 2-3 TREE 與 2-3-4 TREE

CHAPTER 10 M-WAY 搜尋樹與 B-TREE

CHAPTER 11 圖形結構

CHAPTER 12 排序

CHAPTER 13 搜尋

APPENDIX A 練習題解答

範例下載

本書範例請至 http://books.gotop.com.tw/download/AEE038500 下載，檔案為 ZIP 格式，請讀者下載後自行解壓縮即可。其內容僅供合法持有本書的讀者使用，未經授權不得抄襲、轉載或任意散佈。

演算法分析

1.1 演算法

演算法(Algorithms)是解決一問題的有限步驟。例如,在一已排序的整數陣列 S 中,判斷是否有 X,其演算法為:從 S 陣列的第一個元素依序比較,直到 X 被找到或是 S 陣列已達盡頭,若 X 被找到,則印出 Yes;否則,印出 No。

演算法大都先以虛擬程式碼(pseudo-code)來表示,繼而利用您所熟悉的程式語言來執行之,如 C、C++或 Java。本書所有的程式實作是以 Java 撰寫的,因此,我們假設您已具備 Java 程式的撰寫能力。

程式的效率(efficiency)如何,一般是利用 Big-O 來評估。如何求得 Big-O 呢?首先要計算函數內主體敘述的執行次數,再將這些執行次數加總起來成為一多項式,之後取其最高次方項,即為 Big-O。我們先來看以下幾個範例。

1.1.1 陣列元素相加

加總陣列中每一元素的值,其所對應的 Java 片段程式如下:

JAVA 片段程式》 陣列元素相加　　　　　　　　　　　　　　　　　執行次數

```java
public static int sum(int arr[], int n)
{
    int  i, total=0;
    for (i=0; i<n; i++)
        total += arr[i];
    return total;
}
```

1
n+1
n
1
2n+3

其中 for (i=0; i<n; i++)，這一迴圈敘述會重複 n 次(由 0, 1, 2…,n - 1)。要注意的是，i 等於 n 時，for 迴圈敘述才知道要結束，所以 for 敘述共執行了 n+1 次。

1.1.2 矩陣相加

矩陣相加表示將相兩個矩陣的對應元素相加，若 C=A+B，則 $C_{00}=A_{00}+B_{00}$，$C_{01}=A_{01}+B_{01}$，依此類推。如 $\begin{bmatrix} 5 & 6 \\ 7 & 8 \end{bmatrix} + \begin{bmatrix} 2 & 3 \\ 3 & 4 \end{bmatrix} = \begin{bmatrix} 7 & 9 \\ 10 & 12 \end{bmatrix}$。其 Java 的片段程式如下：

JAVA 片段程式》 矩陣相加   執行次數

```
public static void add(int a[][], int b[][], int c[][], int n)
{
    for (int i=0; i < n; i++)
        for (int j=0; j < n; j++)
            c[i][j] = a[i][j] + b[i][j];
}
```

n+1
n(n+1)
n^2
————
$2n^2+2n+1$

注意！for 敘述本身皆執行 n+1 次，進入迴圈主體後，才執行 n 次。在此我們假設兩個矩陣皆為 n*n 元素。

1.1.3 矩陣相乘

矩陣相乘的做法如下所示：

$\begin{bmatrix} a & b \\ c & d \end{bmatrix} \times \begin{bmatrix} e & f \\ g & h \end{bmatrix} = \begin{bmatrix} ae+bg & af+bh \\ ce+dg & cf+dh \end{bmatrix}$，對應的 Java 片段程式如下：

JAVA 片段程式》 矩陣相乘   執行次數

```
public static void mul(int a[][], int b[][], int c[][], int n)
{
    int  i, j, k, sum;
    for (i = 0; i < n; i++)
        for (j = 0; j < n; j++ ){
            sum = 0;
            for ( k = 0; k < n; k++ )
                sum = sum + a[i][k] * b[k][j];
            c[i][j] = sum;
        }
}
```

1
n+1
n(n+1)
n^2
$n^2(n+1)$
n^3
n^2
————
$2n^3+4n^2+2n+2$

1.1.4 循序搜尋

循序搜尋表示從一陣列(或檔案)的第 1 個元素開始找起，依序加以搜尋。假設要找的資料存在陣列中，其 Java 的片段程式如下：

JAVA 片段程式》 循序搜尋 執行次數

```java
public static int search(int data[], int target, int n)
{
    int  i;
    for (i = 0; i < n; i++)
        if (target == data[i])
            return i;
}
```

1
n+1
n
1
2n+3

練習題

試回答下列片段程式中，x = x+1 這一行敘述執行多少次。

```
for (i=1; i <= n; i++)
   for (j=i; j <= n ; j++)
       x=x+1;


for (i=1; i <= n; i++) {
   k=i+1;
   do {
       x=x+1;
   } while (k++ <= n);
}
```

1.2 Big-O

如何計算一程式所需要的執行時間呢？在程式中，每一敘述的執行時間為：(1)此敘述執行的次數、(2)每一次執行此敘述所需的時間，將這兩者相乘即為此敘述的執行時間。由於每一敘述所需的時間必需考慮到硬体設備和編譯器的功能，為了簡化起見，我們將時間設為固定，所以只要計算每一敘述的執行次數就可以了。將程式中每一敘述的執行次數加總後，取其最高次方項就可得到此程式的 Big-O。

Big-O 的定義如下：

> $f(n) = O(g(n))$，若且唯若，存在一正整數 c 及 n_0，使得 $f(n) \leq c*g(n)$，對所有的 n，$n \geq n_0$。

上述的定義表示我們可以找到 c 和 n_0，使得 $f(n) \leq c*g(n)$，這時我們說 f(n)的 Big-O 為 g(n)。請看下列範例

(a) $3n+2=O(n)$，∵我們可找到 c=4，$n_0=2$，使得 $3n+2 \leq 4n$

(b) $10n^2+5n+1=O(n^2)$，∵我們可以找到 c=11，$n_0=6$ 使得 $10n^2+5n+1 \leq 11n^2$

(c) $7*2^n+n^2+n=O(2^n)$，∵我們可以找到 $c=8$，$n_0=5$ 使得 $7*2^n+n^2+n \leq 8*2^n$

(d) $10n^2+5n+1=O(n^3)$，這可以很清楚的看出，原來 $10n^2+5n+1 \in O(n^2)$，而 n^3 又大於 n^2，理所當然 $10n^2+5n+1=O(n^3)$ 是沒問題的。同理，也可以得知 $10n^2+5n+1 \neq O(n)$，因為 $f(n)$ 找到 c 和 n_0，使得 $f(n)$ 小於等於 $c.g(n)$。

由上面的幾個範例得知 $f(n)$ 為一多項式，表示一程式完成時所需要計算時間，而其 Big-O 只要取其最高次方項即可。注意! 最高次方項的係數不必管它。

根據上述的定義，得知陣列元素相加的 Big-O 為 $O(n)$，矩陣相加的 Big-O 為 $O(n^2)$，而矩陣相乘的 Big-O 為 $O(n^3)$，循序搜尋的 Big-O 為 $O(n)$。為什麼 Big-O 只要取其最高次方的項目即可，這是可以加以證明的，當 $f(n) = a_m n^m +...+ a_1 n + a_0$ 時，$f(n) = O(n^m)$

證明

$$f(n) \leq \sum_{i=0}^{m} |a_i| n^i$$

$$\leq n^m * \sum_{i=0}^{m} |a_i| n^{i-m}$$

$$\leq n^m * \sum_{i=0}^{m} |a_i|，對 n \geq 1 而言$$

$\Rightarrow f(n) \in O(n^m)$，∵可將 $\sum_{i=0}^{m} |a_i|$ 視為 c，而 n^m 為 $g(n)$

Big-O 的圖形表示如下：

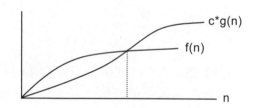

例如有一程式的執行次數為 n^2+10n，則其 Big-O 為 (n^2)，這表示執行此程式最多花 n^2 的時間，換個角度說，就是在最壞的情況下，花費的時間不會大於 n^2。

以 Big-O 的定義：

　　$n^2+10n \leq 2n^2$，當 $c = 2$ 時，$n \geq 10$ 時

$\Rightarrow n^2+10n \in O(n^2)$

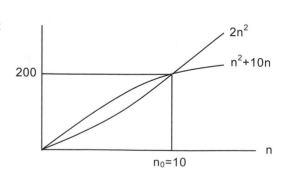

常見的 Big-O 有以下的幾種型態：

BigO	型態
O(1)	常數型態 (constant)
O(log n)	對數型態 (logarithmic)
O(n)	線性型態 (linear)
O(n log n)	對數線性型態 (log linear)
O(n^2)	平方型態 (quadratic)
O(n^3)	立方型態 (cubic)
O(2^n)	指數型態 (exponential)
O(n!)	階層型態 (factorial)
O(n^n)	n 的 n 次方型態

按照效率的的高低排列順序如下：

O(1) < O(log n) < O(n) < O(n log n) < O(n^2) < O(n^3) < O(2^n) < O(n!) < O(n^n)

O(1) < O(log n)表示後者所花的時間大於前者，因此在效率上，前者優於後者。 當 n 愈大時，更能顯示出其間的差異，如表 1-1 所示。若有一同學 Peter 所撰寫的程式之 Big-O 為 O(n log n)，而你的程式之 Big-O 為 O(n)，則你的程式優於 peter。

表 1-1 各種 Big-O 的比較表

n	$\log_2 n$	n $\log_2 n$	n^2	n^3	2^n
1	0	0	1	1	2
2	1	2	4	8	4
4	2	8	16	64	16
8	3	24	64	512	256
16	4	64	256	4096	65536
32	5	160	1024	32768	4294967296

表 1-1 明顯的可以看出，當 n 愈來愈大時，$n\log_2 n$，n^2，n^3 和 2^n 之間的差距會愈來愈大，如 n=32 時，$\log_2 n$ 才為 5，但 n^2 就等於 1024，n^3 更大，已為 32768，而 2^n 此時已達到 4294967296，之間的差距可想而知。表 1-1，我們省略了 n!，因為當 n=32 時，幾乎印出的數字差不多有 30 幾位數囉！

除了 Big-O 之外，用來衡量效率的方法還有 Ω 和 Θ，其定義如下：

Ω 的定義如下：

f(n) = Ω(g(n))，若且唯若，存在正整數 c 和 n_0，使得 f(n) ≥ c*g(n)，對所有的 n，n ≥ n_0。

請看下面幾個範例：

(a) $3n+2=\Omega(n)$，$\because$ 我們可找到 $c=3$，$n_0=1$

　　使得 $3n+2 \geq 3n$

(b) $200n^2+4n+5=\Omega(n^2)$，$\because$ 我們可找到 $c=200$，$n_0=1$

　　使得 $200n^2+4n+5 \geq 200n^2$

(c) $10n^2+4n+2=\Omega(n)$，為什麼呢？

　　$\because$ 從定義得知 $10n^2+4n+2=\Omega(n^2)$，

　　由於 $n^2>n$，$\therefore$ 理所當然 $10n^2+4n+2$ 也可為 $\Omega(n)$。

Θ 的定義如下：

> $f(n)= \Theta (g(n))$，若且唯若，存在正整數 c_1，c_2 及 n，使得 $c_1*g(n) \leq f(n) \leq c_2*g(n)$，對所有的 n，$n \geq n_\theta$。

我們以下面幾個範例加以說明：

(a) $3n+1=\Theta(n)$，$\because$ 我們可以找到 $c_1=3$，$c_2=4$，且 $n_0=2$，

　　使得 $3n \leq 3n+1 \leq 4n$

(b) $10n^2+4n+6=\Theta(n^2)$，$\because$ 只要 $c_1=10$，$c_2=11$ 且 $n_0=10$

　　就可得 $10n^2 \leq 10n^2+4n+6 \leq 11n^2$

(c) 注意! $3n+2 \neq \Theta(n^2)$，$10n^2+n+1 \neq \Theta(n)$

　　讀者可加以思考一下下。

下圖分別為 Big-O, Ω, Θ 的表示情形：

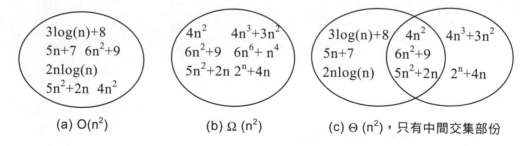

(a) $O(n^2)$　　　(b) $\Omega (n^2)$　　　(c) $\Theta (n^2)$，只有中間交集部份

有些問題，我們只要知道其做法便可求出其 Big-O，請參閱底下的範例。

循序搜尋 (sequential search) 的情形可分為三種，第一種為最壞的情形，當要搜尋的資料放置在檔案的最後一個，因此需要 n 次才會搜尋到(假設有 n 個資料在檔案中)；第二種為最好的情形，此情形與第一種剛好相反，表示欲搜尋的資料在第一筆，故只要 1 次便可搜尋到；最後一種為平均狀況，其平均搜尋到的次數為

$$\sum_{k=1}^{n}(k*(1/n)) = (1/n)*\sum_{k=1}^{n}k = (1/n)(1+2+\cdots+n) = 1/n*(n(n+1)/2)= (n+1)/2$$

因此，得知其 Big-O 為 O(n)。其中 k 表示在第 k 次找到欲搜尋的資料。

二元搜尋 (Binary search) 的情形和循序搜尋不同，二元搜尋法乃是資料已經排序好，因此由中間的資料(mid)開始比較，便可知道欲搜尋的鍵值(key)是落在 mid 的左邊還是右邊，之後，再將右邊或左邊中間的資料拿出來與鍵值相比，而每次所要調整的只是每個段落的起始位址或是最終位址。

例如：

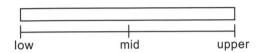

當 key > data[mid]時，low = mid +1，而 upper 不變，下次要搜尋的範圍縮小了，如下圖所示：。

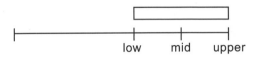

當 key < data[mid]時，upper = mid −1，而 low 不變，下次要搜尋的範圍縮小了，如下圖所示：

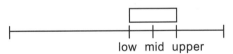

若此時 key == data[mid]時，則表示找到了欲尋找的資料，從上面幾個圖形得知，二元搜尋每執行一次，則 n 會減半，第 1 次為 n/2，第 2 次為 $n/2^2$，第 3 次為 $n/2^3$，...，假設第 k 次時 n=1 比較結束，則 $n/2^k=1$。由於 $n/2^k=1$，所以 $n=2^k$，兩邊取 $\log_2$，得到 k= $\log_2 n$，所以二元搜尋的 Big-O 為 O($\log_2 n$)。有關循序與二元搜尋之詳細說明請參閱第 13 章。

二元搜尋法的 Java 片段程式如下：

📑 JAVA 片段程式》二元搜尋法

```java
public static void binsrch(int A[], int n, int x, int j)
{
    int lower = 1;
    int upper = n, mid;
    while(lower <= upper) {
        mid = (lower + upper) / 2;
        if(x > A[mid])
            lower = mid + 1;
        else if(x < A[mid])
```

```
            upper = mid - 1;
        else {
            j = mid;
            System.out.println("Found, " + x + " is #" + mid + "record. ");
        }
    }
}
```

底下為二元搜尋與循序搜尋的比較表，假設欲搜尋的鍵值存在於陣列中：

二元搜尋的 Big-O 為 $O(\log_2 n)$，循序搜尋的 Big-O 為 $O(n)$。

陣列大小	二元搜尋	循序搜尋
128	7	128
1,024	10	1,024
1,048,576	20	1,048,576
4,294,967,296	32	4,294,967,296

由上表可以得知，二元搜尋法比循序搜尋法來得好，那是因為二元搜尋法的 Big-O 為 $\log_2 n$，遠比循序搜尋法的 Big-O 為 n 來得好。接下來，我們再來討論一個更有趣的費氏數列(Fibonacci number)，其定義如下：

$$f_0 = 0; f_1 = 1$$

$$f_n = f_{n-1} + f_{n-2} \quad \text{for } n \geq 2$$

因此

$$f_2 = f_1 + f_0 = 1 + 0 = 1$$

$$f_3 = f_2 + f_1 = 1 + 1 = 2$$

$$f_4 = f_3 + f_2 = 2 + 1 = 3$$

$$f_5 = f_4 + f_3 = 3 + 2 = 5$$

$$\cdots$$

$$f_n = f_{n-1} + f_{n-2}$$

若以遞迴的方式進行計算的話，其圖形如下：

因此可得下表

n (第 n 項)	需計算的項目數
0	1
1	1
2	3
3	5
4	9
5	15
6	25

當 n = 3 (f_3) 時，從上表可知需計算的項目數為 5；n = 5 時，需計算的項目數為 15 個。因此，我們可以用下列公式來表示：

$$T(n) > 2 * T(n-2)$$
$$> 2 * 2 * T(n-4)$$
$$> 2 * 2 * 2 * T(n-6)$$
$$\ldots$$
$$> 2 * 2 * 2 * \cdots * 2 * T(0) \quad （2 出現的次數共有 n/2 次）$$

當 $T(0) = 1$ 時，$T(n) > 2^{n/2}$，此時的 n 必須大於等於 2，因為當 n=1 時，$T(1) = 1 < 2^{1/2}$。上述費氏數列是以遞迴的方式算出，若改以非遞迴的方式[或稱反覆式 (iterative)]來計算的話，其 f(n) 執行的項目為 n+1 項，Big-O 為 O(n)。由此可看出，費氏數列以非遞迴方式計算的效率較遞迴方式佳，請參閱表 1-2。這也說明某些問題以非遞迴方式來處理是較好的。有關遞迴的詳細情形，請參閱第 5 章。以遞迴方式計算費氏數列的 Java 片段程式如下：

JAVA 片段程式》 以遞迴方式計算費氏數列

```java
public static int Fibonacci(int n)
{
    if (n==0)
        return 0;
    else if (n==1)
        return 1;
    else
        return (Fibonacci(n-1) + Fibonacci(n-2));
}
```

以非遞迴方式計算費氏數列的 Java 片段程式如下：

JAVA 片段程式》 以非遞迴方式計算費氏數列

```java
public static int Fibonacci(int n)
{
    int prev1, prev2, item, i;
    if (n == 0)
        return 0;
    else if (n == 1)
        return 1;
    else {
        prev2 = 0;
        prev1 = 1;
        for (i = 2; i <= n; i++) {
            item = prev1 + prev2;
            prev2 = prev1;
            prev1 = item;
        }
        return item;
    }
}
```

表 1-2 為費氏數氏以遞迴和非遞迴求解時所需執行時間之比較表。

表 1-2　以遞迴和非遞迴方式計算第 n 項的費氏數列所需執行時間

計算第 n 項的費氏數列值	遞迴		非遞迴	
n	所計算的項目 $(2^{n/2})$	所需執行時間	所計算的項目 $(n+1)$	所需執行時間
40	1,048,576	1048μs	41	41ns
60	$1.1* 10^8$	1 秒	61	61ns
80	$1.1* 10^{12}$	18 分	81	81ns
100	$1.1* 10^{15}$	13 天	101	101ns
200	$1.3* 10^{30}$	$4*10^{13}$ 年	201	201ns
1 ns $= 10^{-9}$ 秒　　1 μs $= 10^{-6}$ 秒				

從上表可以明顯的看出，當 n 愈大時計算第 n 項的費氏數列所需執行的時間就愈來愈多，如第 100 項的費氏數列以遞迴方式執行需要 13 天，而以非遞迴方式只需要 101ns，而當 n=200 時，以遞迴的方式執行則需要 $4*10^{13}$ 年，而以非遞迴方式執行只需要 201ns。

⌨ **練習題** ┈┈┈ ■

1. 試問下列多項式的 Big-O，並找出 c 和 n_0，使其符合 $f(n) \leq c*g(n)$。

   (a)　$100n+9$

   (b)　$1000n^2+100n-8$

   (c)　$5*2^n+9n^2+2$

2. 試求下列多項式的 Ω，並找出 c 和 n_0，使其符合 $f(n) \geq c*g(n)$。

   (a)　$3n+1$

   (b)　$10n^2+4n+5$

   (c)　$8*2^n+8n+6$

3. 試求下列多項式的 Θ，並找出 c_1，c_2 及 n_0，使其符合 $c_1*g(n) \leq f(n) \leq c_2*g(n)$。

   (a)　$3n+2$

   (b)　$9n^2+4n+2$

   (c)　$8n^4+5n^3+5$

┈┈┈ ■

1.3 動動腦時間

1. 請計算下列片段程式中 x=x+1 的執行次數。[1.1]

   (a)
   ```
   i = 1;
   while (i <= n){
       x = x + 1;
       i = i + 1;
   }
   ```

   (b)
   ```
   for (i = 1; i <= n; i++)
       for (j = 1; j <= n; j++)
           x = x + 1;
   ```

   (c)
   ```
   for (i = 1; i <= n; i++)
       for (j = 1; j <= n; j++)
           for (k = 1; k <= n; k++)
               x = x + 1;
   ```

   (d)
   ```
   for (i = 1; i <= n; i++){
       j=i;
       for (k = j+1; k <= n; k++)
           x = x + 1;
   }
   ```

   (e)
   ```
   K = 100000;
   while (k != 5){
       k /= 10;
       x = x + 1;
   }
   ```

   (f)
   ```
   for (i = 1; i <= n; i++){
       k = i + 1;
       do {
           x = x + 1;
       } while(k <= n);
   }
   ```

2. 二元搜尋法的片段程式如下，假設陣列 A 有 10 個元素，分別為 2、4、6、8、10、12、14、16、18、20，試問分別找尋 1、2、13 及 20 這四個數，在 do…while 迴圈內的敘述需執行多少次。[1.1]

```
i = 1;
j = 10; /* 因為 A 陣列有 10 個元素 */
do {
    k = (i + j) / 2;
    if (A[k] == x) {
        System.out.printf("Bingo");
        break;
    }
    if (A[k] < x)   /* x 為欲找尋的鍵值 */
        i = k + 1;
    else
        j = k - 1;
} while (i <= j);
```

3. 試問下列數學式的 Big-O 為何？[1.2]

   (a) $\sum_{i=1}^{n} i$

   (b) $\sum_{i=1}^{n} i^2$

   (c) $\sum_{i=1}^{n} i^3$

   (d) $\sum_{i=1}^{n} 1^i$

4. 試問下列多項式的 Big-O 為何？[1.2]

   (a) $n^3 + 8^{10} n^2$

   (b) $5n^2 - 6$

   (c) $100\ n^2 + 100n - 6$

   (d) $2^n + n^3 + n$

5. 試問下列敘述何者為真，何者為偽。若為偽，請加以訂正之。[1.2]

    (a) $10n^2+4n+2=O(n)$

    (b) $10n^2+4n+2=O(n^2)$

    (c) $10n^2+4n+2=O(n^4)$

    (d) $n!=O(n^n)$

    (e) $48n^3+9n^2=\Omega(n^2)$

    (f) $48n^3+9n^2=\Omega(n^4)$

    (g) $6\times2^n=\Omega(n^2)$

    (h) $3n+2=\Theta(n)$

    (i) $10\,n^2+4n+2=\Theta(n^2)$

    (j) $6\times2^n+n^2=\Theta(n^2)$

6. 有一氣泡排序(bubble sort)片段程式如下，試求其 Big-O。[1.1, 1.2]

```java
public static void bubble_sort(int data[], int n)
{
    int i, j, k, temp, flag;
    for (i=0; i<n-1; i++) {
        flag=0;
        for (j=0; j<n-1; j++)
            if (data[j] > data[j+1]) {
                flag=1;
                temp = data[j];
                data[j] = data[j+1];
                data[j+1] = temp;
            }
        if (flag == 1)
            break;
    }
}
```

7. 下列為一選擇排序(selection sort)的片段程式，試求其 Big-O。[1.1, 1.2]

```java
public static void select_sort(int data[], int size)
{
    int base, compare, min, temp, i;
    for (base = 0; base < size-1; base++) {
    /* 將目前資料與後面資料中最小的資料對調 */
        min = base;
        for (compare = base+1; compare < size; compare++)
            if (data[compare] < data[min])
                min = compare;
        temp = data[min];
        data[min] = data[base];
        data[base] = temp;
        System.out.printf("Access : ");
        for (i = 0; i < size; i++)
            printf("%d  ", data[i]);
        System.out.printf("\n");
    }
}
```

2

陣列

2.1 陣列表示法

在未談及陣列(array)之前,讓我們先來看看線性串列(linear list)。線性串列又稱循序串列(sequential list)或有序串列(ordered list)。其特性是每一項資料是依據它在串列的位置,所形成的一個線性排列,所以 x[i]會出現在 x[i+1]之前。

線性串列經常的操作如下:

1. 取出串列中的第 i 項的資料;$0 \le i \le n-1$。

2. 計算串列的長度。

3. 由左至右或由右至左取出此串列的資料。

4. 在第 i 項加入一個新值,使其原來的第 i,i+1,…,n 項變為第 i+1,i+2,…,n+1 項。亦即在 i 之後的資料都要退後一個位址。

5. 刪除第 i 項,使其原來的第 i+1,i+2,……,n 項變為第 i,i+1,……,n-1 項。亦即在 i 之後的資料都會往前一個位址。

在 Java 程式語言中,我們利用陣列來表示線性串列,以線性的對應方式將元素 a_i 置於陣列的第 i 個位置上,若要讀取 a_i 時,可利用 $a_i = a_0 + i*d$ 求得。其中 a_0 為陣列的起始位址,d 為每一個元素所佔的空間大小。要注意的是,Java 陣列的註標是從 0 開始。

以下將介紹陣列的表示法。

2.1.1 一維陣列

若一維陣列(one dimension array)是 A(0：u - 1)，而且每一個元素佔 d 個空間，則 **A(i) = a_0 + i*d**，其中 a_0 是陣列的起始位置。若每一元素，所佔的空間為 d，且起始的元素為 0，則陣列 A 的每一元素所對應的位址表示如下：(假設 d=1)

陣列元素：	A(0)	A(1)	A(2)	...	A(i)	...	A(u–1)
位　　址：	a_0	a_0+1	a_0+2	...	a_0+(i)	...	a_0+(u–1)

若陣列是 A(t：u)，則 **A(i) = a_0 + (i–t)*d**。

如陣列 A(2：12)，則 A(6)與 A(2)起始點相差 4 個單位(6–2)，相當於上述(i–t)。

若陣列為 A(1：u)，表示陣列的起始元素位置從 1 開始，則 A(i) = a_0 + (i–1)*d，其中 d 表示每一元素所佔的空間大小。

範例》

1. 有一陣列 A(0：100)，而且 A(0) 的位址是 100，d 為 2，試問 A(16)是多少？

   解 由於 A(i) = 100 + (i)*d

   　　　A(16) = 100 + 16*2 = 132

2. 有一陣列 A(–3：10)，而且 A(–3)=100，d=1，求 A(5)=？

   解 由於陣列的形式是(t：u)，所以

   A(i) = a_0 + (i–t)*d

   A(5) = 100 + (5–(–3))*1

   = 108

2.1.2 二維陣列

假若有一個二維陣列(two dimension array)是 A[0：u_1–1, 0：u_2–1]，表示此陣列有 u_1 列及 u_2 行；也就是每一列是由 u_2 個元素所組成。二維陣列化成一維陣列時，對應的方式有二種：(1)以列為主 (row major)，(2)以行為主 (column major)。

1. **以列為主**：視此陣列有 u_1 個元素 0，1，2，…，u_1–1 ，每一元素有 u_2 個單位，每個單位佔 d 個空間。其情形如圖 2-1 所示：

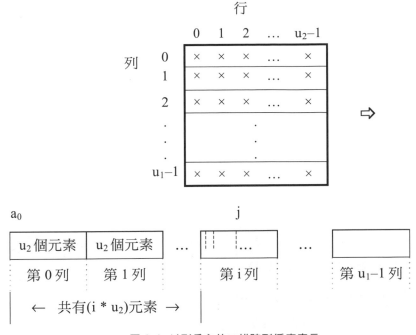

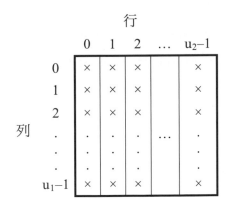

圖 2-1 以列為主的二維陣列循序表示

由上圖可知 $A(i, j) = a_0 + i*u_2*d + j*d$

2. **以行為主**：視此陣列有 u_2 個元素 1，2，$\cdots$，u_2，每一元素有 u_1 個單位，每個單位佔 d 個空間。其情形如圖 2-2 所示：

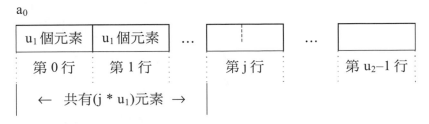

圖 2-2 以行為主的二維陣列循序表示

由上圖可知 $\textbf{A(i, j) = a}_0 + \textbf{j*u}_1\textbf{*d + i*d}$

假若陣列是 $A(s_1：u_1, s_2：u_2)$，則此陣列共有 $m = u_1 - s_1 + 1$ 列，$n = u_2 - s_2 + 1$ 行。計算 $A(i, j)$的位址如下：

1. 以列為主

    $A(i, j) = a_0 + (i-s_1)*n*d + (j-s_2)d$

2. 以行為主

    $A(i, j) = a_0 + (j-s_2)*m*d + (i-s_1)d$

📑 範例》

假設二維陣列為 $A(-3：5, -4：2)$，起始位址是 $A(-3, -4) = 100$，而且是以列為主排列，請問 $A(1, 1)$所在的位址？$(d=1)$

> 🅰 $m = 5 - (-3) + 1 = 9, n = 2- (-4) + 1 = 7, s_1=-3, s_2=-4, i=1, j=1$
>
> $A(i, j) = a_0 + (i-s_1)*n*d + (j-s_2)d$
>
> $A(1, 1) = 100 + (1-(-3))*7*1 + (1- (-4))1$
>
> $\qquad\quad = 100 + 4*7 + 5$
>
> $\qquad\quad = 133$

另一解法是將其化為標準式

$A(-3：5, -4：2)\rightarrow A(0：8, 0：6)$，得知 $u_1=9$，$u_2=7$

$A(-3, -4)\rightarrow A(0, 0)$，得知 $A(1, 1)\rightarrow A(4, 5)$

$\therefore A(4, 5) = 100 + 4\times7 + 5 = 100 + 28 + 5 = 133$

2.1.3　三維陣列

假若有一個三維陣列(three dimension array)是 $A(0：u_1-1, 0：u_2-1, 0：u_3-1)$，如圖 2-3 所示：

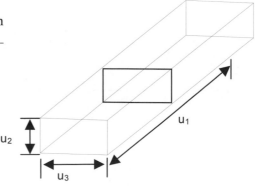

圖 2-3　三維陣列以 u_1 個二維陣列來表示

一般三維陣列皆先轉為二維陣列後，再對應到一維陣列，對應方式也有二種：
(1)以列為主，(2)以行為主。

1. **以列為主**

視此陣列有 u_1 個 u_2*u_3 的二維陣列，每一個二維陣列有 u_2 個元素，每個 u_2 皆有 u_3d 個空間。

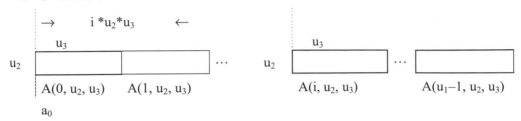

$A(i , j , k) = a_0 + i*u_2*u_3*d + j*u_3*d + k*d$

2. **以行為主**

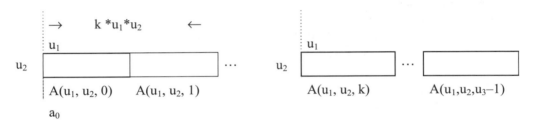

$A(i , j , k) = a_0 + k*u_1*u_2*d + j*u_1*d + i*d$

假設陣列為 $A(s_1：u_1, s_2：u_2, s_3：u_3)$，則 $p = u_1 - s_1 + 1$，$q = u_2 - s_2 + 1$，$r = u_3 - s_3 + 1$。

以列為主的公式為：

$A(i , j , k) = a_0 + (i-s_1)*q*r*d + (j-s_2)*r*d + (k-s_3)*d$

以行為主的公式為：

$A(i , j , k) = a_0 + (k-s_3)*p*q*d + (j-s_2)*p*d + (i-s_1)*d$

範例》

假設有一三維陣列 $A(-3：5, -4：2, 1：5)$，其起始位址為 $A(-3, -4, 1) = 100$，且是以列為主的排列，試求 $A(1, 1, 3)$ 所在的位址？(d=1)

> **解** $p = 5-(-3) + 1 = 9, q = 2-(-4) + 1 = 7, r = 5 - 1 + 1 = 5,$
>
> $s_1=-3, s_2=-4, s_3=1; i=1, j=1, k=3$
>
> $A(1, 1, 3) = 100 + (1-(-3)) * 7*5*1 + (1-(-4)) *5*1 + (3-1)*1 = 267$

另一種計算方式是為將式子化為標準式來看

A(–3：5, –4：2, 1：5)→A(0：8, 0：6, 0：4)＿＿＿①＿＿＿

從上式得知 u_1=9，u_2=7，u_3=5

A(1, 1, 3)→A(4, 5, 2)＿＿＿②＿＿＿

此乃第①式化為標準式，將(-3, -4, 1)分別加 3，加 4 及減 1 的原故，所以也要對(1, 1, 3) 加 3，加 4 及減 1 的動作，使其成為第②式。同時 A(–3, –4, 1)→A(0, 0, 0)=100 (已知)

$$\therefore A(4, 5, 2) = 100 + 4*7*5 + 5*5 + 2$$
$$= 100 + 140 + 25 + 2$$
$$= 267$$

此答案與上一種解法所求出的答案是相同。

2.1.4　n 維陣列

假若有一 n 維陣列(n dimension array)為 A(0：u_1–1, 0：u_2–1, 0：u_3–1, ⋯ , 0：u_n–1)，表示 A 陣列為 n 維陣列，同樣 n 維陣列亦有二種表示方式：(1)以列為主，(2)以行為主。

1. **以列為主**：若 A 陣列以列為主，表示 A 陣列有 u_1 個 n–1 維陣列，u_2 個 n–2 維陣列，u_3 個 n–3 維陣列，⋯及 u_n 個一維陣列。假設起始位址為 a_0，則

A(0, 0, 0, ⋯ , 0)之位址為　　　　　　　a_0

A(i_1, 0, 0, ⋯ , 0)之位址為　　　　　$a_0 + i_1 * u_2 u_3 \cdots u_n$

A(i_1, i_2, 0, ⋯ , 0) 之位址為　　　　$a_0 + i_1 * u_2 u_3 \cdots u_n$

　　　　　　　　　　　　　　　　　　$+ i_2 * u_3 u_4 \cdots u_n$

⋯

A(i_1, i_2, i_3, ⋯ , i_n)之位址為　　　$a_0 + i_1 * u_2 u_3 \cdots u_n$

　　　　　　　　　　　　　　　　　　$+ i_2 * u_3 u_4 \cdots u_n$

　　　　　　　　　　　　　　　　　　$+ i_3 * u_4 u_5 \cdots u_n$

⋯

　　　　　　　　　　　　　　　　　　$+ i_{n-1} * u_n$

　　　　　　　　　　　　　　　　　　$+ i_n$

上述可歸納為：

$$A(i_1, i_2, i_3, \cdots, i_n) = a_0 + \sum_{m=1}^{n} i_m * a_m \text{，其中}$$

$$\begin{cases} a_m = \prod_{p=m+1}^{n} u_p, 1 \le m < n \\ a_n = 1 \end{cases}$$

(此處的 π 是連乘的意思)

2. **以行為主**：若 A 陣列以行為主，表示 A 陣列有 u_n 個 $n-1$ 維陣列，u_{n-1} 個 $n-2$ 維陣列，$\cdots$，u_j 個 $j-1$ 維陣列及 u_2 個一維陣列。假設起始位址亦是 a_0，則

$A(0, 0, 0, \cdots, 0)$ 之位址為 a_0

$A(0, 0, 0, \cdots, i_n)$ 之位址為 $a_0 + i_n * u_1 u_2 \cdots u_{n-1}$

$A(0, 0, 0, \cdots, i_{n-1}, i_n)$ 之位址為 $a_0 + i_n * u_1 u_2 \cdots u_{n-1}$
$+ i_{n-1} * u_1 u_2 \cdots u_{n-2}$
$\cdots$

$A(i_1, i_2, i_3, \cdots, i_n)$ 之位址為 $a_0 + i_n * u_1 u_2 \cdots u_{n-1}$
$+ i_{n-1} * u_1 u_2 \cdots u_{n-2}$
$+ i_{n-2} * u_1 u_2 \cdots u_{n-3}$
$\cdots$
$+ i_2 * u_1$
$+ i_1$

上述可歸納為：

$$A(i_1, i_2, i_3, \cdots, i_n) = a_0 + \sum_{m=1}^{n} i_m * a_m \text{，其中}$$

$$\begin{cases} a_m = \prod_{p=1}^{m-1} u_p, 2 \le m < n \\ a_1 = 1 \end{cases}$$

⌨ **練習題** -- ▪

1. 有一個二維陣列如下：$A(1：u_1, 1：u_2)$，若分別寫出(a)以列為主(b)以行為主的 $A(i, j)=$？

2. 假設 $A(-3：5, -4：2)$且其起始位址 $A(-3, -4) = 100$，以行為主排列，請問 $A(1, 1)$所在的位址？(d=1)

3. 若有一陣列為 A(1：u_1, 1：u_2, 1：u_3)，試問 A(i, j, k)分別以列為主，和以行為主所在的位址各為何？

4. 假設有一個三維陣列 A(−3：5, −4：2, 1：5)，其起始位址為 A(−3, −4, 1)=100，而且是以行為主排列，則 A(2, 1, 2)所在的位址為何？(d=1)

5. 假設有一個 n 維陣列 A(1：u_1, 1：u_2, 1：u_3..., 1：u_n)，試分別寫出以列為主和以行為主的 A(i_1, i_2, i_3, ..., i_n) 之位址為何？

2.2 Java 語言的陣列表示法

Java 語言的一維陣列表示如下：

int A [] = new int[20]; // 或 int[] A = new int[20]

表示 A 陣列有 20 個整數元素，從 A[0]到 A[19]，此處陣列的元素乃以大分號表示之。注意！Java 語言的陣列註標起始值為 0，而二維陣列表示方法為

int A [][] = new int[20][10]; // 或 int[][] A = new int[20][10]

表示 A 陣列有 20 列、10 行，如下圖所示：

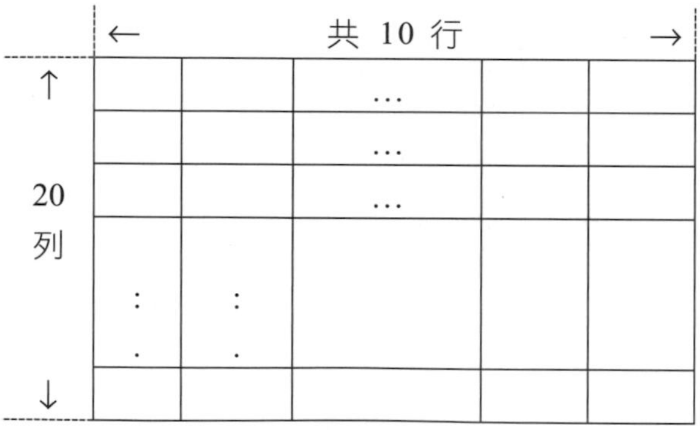

	←		共 10 行		→
↑			…		
			…		
20 列			…		
	⋮	⋮			
↓					

從 A[0][0]，A[0][1]，…，A[19][9]等 200 個元素。

以此類推，三維陣列就是由三個中括號表示之，如

int A [][][] = new int[30][20][10];

其所表示的圖形就像三度空間，如下圖所示：

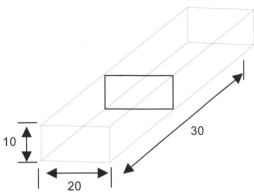

此陣列共有 6000 個元素。

練習題

1. 試問下列片段程式的輸出結果為何？

   (a)
   ```java
   int i[] = new int[10];
   int k, total = 0;
   for(k=0; k<10; k++)
       i[k] = k+1;
   for(k=0; k<10; k++)
       total += i[k];
   System.out.printf("%d\n", total);
   ```

   (b)
   ```java
   int arr2[][] = new int[5][5];
   int i, j, total = 0;
   for (i=0; i<5; i++) {
       for (j=0; j<5; j++) {
           arr2[i][j] = i + j;
           System.out.printf("%3d", arr2[i][j]);
       }
       System.out.printf("\n");
   }
   for (i=0; i<5; i++)
       for (j=0; j<5; j++)
           total += arr2[i][j];
   System.out.printf("toal = %d\n", total);
   ```

2. 將第 1 章動動腦時間的第 2 題，實際以 Java 程式來執行，並檢查你做的答案
   是否與它相符合。

2.3 矩陣

1. **矩陣相乘**

假設 A = (a_{ij})是一 m*n 的矩陣，而 B = (b_{ij})為 n*s 的矩陣，則 AB 的乘積為 m*s 的矩陣

$$(AB)_{ij} = \sum_{k=1}^{n} a_{ik}b_{kj}$$

如下圖所示：

$$
\begin{bmatrix}
a_{11} & a_{12} & \cdots & a_{1n} \\
\vdots & \vdots & & \vdots \\
a_{i1} & a_{i2} & \cdots & a_{in} \\
\vdots & & & \vdots \\
a_{m1} & a_{m2} & \cdots & a_{mn}
\end{bmatrix}
\begin{bmatrix}
b_{11} & \cdots & b_{1j} & \cdots & b_{1s} \\
b_{21} & \cdots & b_{2j} & \cdots & b_{2s} \\
\vdots & & \vdots & & \vdots \\
b_{n1} & \cdots & b_{nj} & \cdots & b_{ns}
\end{bmatrix}
\begin{bmatrix}
c_{11} & \cdots & c_{1j} & \cdots & c_{1s} \\
\vdots & & & & \\
c_{i1} & \cdots & \boxed{c_{ij}} & \cdots & c_{is} \\
\vdots & & & & \\
c_{m1} & \cdots & c_{mj} & \cdots & c_{ms}
\end{bmatrix}
$$

表示 c 陣列的第 i 列第 j 行的值為 a 陣列的第 i 列乘以 b 陣列的第 j 行

即 $C_{ij} = a_{i1}*b_{1j}+a_{i2}*b_{2j}+\cdots+a_{in}*b_{nj}$

範例》

$$
\begin{bmatrix}
2 & 1 & -3 \\
-2 & 2 & 4
\end{bmatrix}
\begin{bmatrix}
-1 & 2 \\
0 & -3 \\
2 & 1
\end{bmatrix}
=
\begin{bmatrix}
2(-1)+1(0)+(-3)2 & 2(2)+1(-3)+(-3)1 \\
(-2)(-1)+2(0)+4(2) & (-2)2+2(-3)+4(1)
\end{bmatrix}
$$

$$
=
\begin{bmatrix}
-8 & -2 \\
10 & -6
\end{bmatrix}
$$

矩陣相乘的片段程式如下：

JAVA 片段程式》 矩陣相乘

```java
public static void matrix(int A[][], int B[][])
{
    int i=0, j=0, k=0;

    // 將 A 矩陣每一列元素與 B 矩陣每一列元素
    // 相乘之和放入 C 矩陣之中
    for ( i = 0 ; i < N ; i++ )
        for ( j = 0 ; j < N ; j++ ) {
```

```
        int sum = 0 ;
        for ( k = 0 ; k < N ; k++ )
            sum = sum + A[i][k] * B[k][j] ;
        C[i][j] = sum ;
    }
}
```

有關矩陣相乘之程式實作，請參閱 2.8 節。

2. **稀疏矩陣**

若一矩陣中有大多數元素為 0 時，則稱此矩陣為稀疏矩陣(sparse matrix)，到底要多少個 0 才算是疏稀，則沒有絕對的定義，一般而言，大於 1/2 個就可稱之，如圖 2-4 是一稀疏矩陣。

$$\begin{bmatrix} 0 & 15 & 0 & 0 & -8 & 0 \\ 0 & 0 & 6 & 0 & 0 & 0 \\ 0 & 0 & 0 & -6 & 0 & 0 \\ 0 & 0 & 18 & 0 & 0 & 0 \\ 0 & 0 & 0 & 0 & 0 & 16 \\ 72 & 0 & 0 & 0 & 20 & 0 \end{bmatrix}$$

圖 2-4 稀疏矩陣

此矩陣共有 36 個元素，但只有 7 個元素非為 0，因此 0 的個數佔了 80%左右，若是將 1000×1000 矩陣以二維陣列來儲存，勢必會浪費許多空間，因為這些 0 根本不必管它，只要儲存非零的元素即可，因此，我們可以下列的資料結構表示之。

(i, j, value)，其中 i 表示第幾列，j 表示第幾行，而 value 表示要儲存的值，若將此矩陣的非零值儲存於二維陣列 A(0：n, 1：3) 的結構中，其中 n 表示非零的數字。上一矩陣若以此結構表示的話，情況如下所示(假設二維陣列的第一個元素為 A(1, 1))：

	1)	2)	3)
A(0,	6	6	7
A(1,	1	2	15
A(2,	1	5	−8
A(3,	3	4	−6
A(4,	4	3	18
A(5,	5	6	16
A(6,	6	1	72
A(7,	6	5	20

其中 A(0, 1)=6 表示有 6 列，A(0, 2)=6 表示有 6 行，而 A(0, 3)=7 表示有 7 個非零值。而 A(1, 1)=1，A(1, 2)=2 及 A(1, 3)=15，表示第一列，第 2 行的值為 15，餘此類推。

⌨ **練習題** ━━ ■

撰寫一 Java 程式，將圖 2-4 稀疏矩陣的非零元素，存於一個名為 sm 的二維陣列中。

━━━ ■

2.4 多項式表示法

有一多項式 $p = a_n x^n + a_{n-1} x^{n-1} + \cdots + a_1 x + a_0$，我們稱 p 為 n 次多項式，$a_i x^j$ 是多項式的項（$0 \leq i \leq n, 1 \leq j \leq n$），其中 a_i 為係數，x 為變數，j 為指數。一般多項式可以使用線性串列來表示其資料結構，也可以使用鏈結串列來表示(在第 4 章討論)。

多項式使用線性串列來表示有兩種方法：

1. 使用一個 n+2 長度的陣列，依據指數由大至小依序儲存係數，陣列的第一個元素是此多項式最大的指數，如 $p = (n, a_n, a_{n-1}, \cdots, a_0)$。

2. 另一種只考慮多項式中非零項的係數，若有 m 項，則使用一個 2m+1 長度的陣列來儲存，分別儲存每一個非零項的指數與係數，而陣列中第一個元素是此多項式非零項的個數。

例如有一多項式 $p = 8x^5 + 6x^4 + 3x^2 + 12$，分別利用第 1 種和第 2 種方式來儲存，表示方式如下：

(1) p = (5, 8, 6, 0, 3, 0, 12)

(2) p = (4, 5, 8, 4, 6, 2, 3, 0, 12)

假若是一個兩變數的多項式，那如何利用線性串列來儲存呢？此時需要利用二維陣列，若 m，n 分別是變數最大的指數，則需要一個(m+1)*(n+1)的二維陣列。如多項式 $p_{xy} = 8x^5 + 6x^4 y^3 + 4x^2 y + 3xy^2 + 7$，則需要一個(5+1)*(3+1)=24 的二維陣列，表示的方法如右：

$$
\begin{array}{c}
& y^0 \ y^1 \ y^2 \ y^3 \\
\begin{array}{c} x^0 \\ x^1 \\ x^2 \\ x^3 \\ x^4 \\ x^5 \end{array}
&
\begin{bmatrix}
7 & 0 & 0 & 0 \\
0 & 0 & 3 & 0 \\
0 & 4 & 0 & 0 \\
0 & 0 & 0 & 0 \\
0 & 0 & 0 & 6 \\
8 & 0 & 0 & 0
\end{bmatrix}
\end{array}
$$

將兩個多項式 A、B 相加，結果儲存於 C 多項式，其演算法如下：

1. A 指數=B 指數

   此時將 A 和 B 目前這一項的係數相加，成為 C 多項式的一項，之後將 A 和 B 兩個多項式向後移動。

2. A 指數 > B 指數

   此時將 A 目前這一項，成為 C 多項式的一項，之後將 A 向後移動，而 B 不動。

3. A 指數 < B 指數

   此時將 B 目前這一項，成為 C 多項式的一項，之後將 B 向後移動，而 A 不動。

有關多項相加的程式實作，請參閱 2.8 節。

⌨️ 練習題

1. 有一多項式 $p_x = 6x^7 + 8x^5 + 5x^4 + 3x^2 + 7$，請利用本節所提到的兩種方法表示之。

2. 有一多項式 $p_{xy} = 6x^5 + 3x^4y^3 + 2x^3y^2 - 8x^2y + 9x + 3$，試利用二維陣列表示之。

2.5 上三角形和下三角表示法

若一矩陣的對角線以下的元素均為零時，亦即 $a_{ij} = 0, i > j$，則稱此矩陣為上三角形矩陣(upper triangular matrix)。反之，若一矩陣的對角線以上的元素均為零，亦即 $a_{ij} = 0, i < j$，此矩陣稱為下三角形矩陣(lower triangular matrix)，如圖 2-5 所示：

$$
\begin{bmatrix}
a_{11} & a_{12} & a_{13} & a_{14} \\
0 & a_{22} & a_{23} & a_{24} \\
0 & 0 & a_{33} & a_{34} \\
0 & 0 & 0 & a_{44}
\end{bmatrix}
\qquad
\begin{bmatrix}
a_{11} & 0 & 0 & 0 \\
a_{21} & a_{22} & 0 & 0 \\
a_{31} & a_{32} & a_{33} & 0 \\
a_{41} & a_{42} & a_{43} & a_{44}
\end{bmatrix}
$$

(a) 上三角形矩陣　　　　(b) 下三角形矩陣

圖 2-5　上、下三角形矩陣

由上述得知，一個 n * n 個的上、下三角形矩陣共有 [n(n+1)] / 2 個元素，依序對映至 D(1：[n(n+1)] / 2)。

1. **以列為主**

    一個 n*n 的上三角形矩陣，以列為主的對映情形如下：

a_{11}	a_{12}	a_{13}	a_{14}	$\cdots$	a_{22}	a_{23}	a_{24}	$\cdots$	a_{ij}	$\cdots$	a_{nn}
D(1)	D(2)	D(3)	D(4)	$\cdots$	D(n+1)	D(n+2)	D(n+3)	$\cdots$	D(k)	$\cdots$	D([n(n+1)] /2)

    $\therefore a_{ij} = D(k)$，其中 $k = n(i-1) - [i(i-1)]/2 +j$

    例如圖 2-5 之(a)的 a_{34} 元素對映 D(k)，而

    $k = 4(3-1) - [3(3-1)] / 2 + 4 = 8 - 3 + 4 = 9$

    讀者可以這樣想：a_{34} 表示此元素在第 3 列第 4 行的位置，因此上面有二列的元素，而每列 4 個位置，共 8 個空間，由於此矩陣是上三角形矩陣，因此有些位置不放元素，所以必需減掉那些不放元素的空間，它有 1+2 = 3（[i (i-1)] / 2，i=3），然後再加上此元素在那一行(j)。

    假使是一個 n*n 的下三角形矩陣，則對映的情形如下所示：

a_{11}	a_{21}	a_{22}	a_{31}	a_{32}	$\cdots$	a_{ij}	$\cdots$	a_{nn}
D(1)	D(2)	D(3)	D(4)	D(5)	$\cdots$	D(k)	$\cdots$	D([n(n+1)] /2)

    $\therefore a_{ij} = D(k)$，其中 $k = [i(i-1)] / 2 +j$

    例如，圖 2-5 之(b)下三角形矩陣的 a_{32} 位於 D(k)，而

    $k = [3(3-1)] / 2 + 2 = 5$

2. **以行為主**

    一個 n*n 的上三角形矩陣，以行為主的對映情形如下：

a_{11}	a_{12}	a_{22}	a_{13}	a_{23}	a_{33}	$\cdots$	a_{ij}	$\cdots$	a_{nn}
D(1)	D(2)	D(3)	D(4)	D(5)	D(6)	$\cdots$	D(k)	$\cdots$	D([n(n+1)] /2)

∴ $a_{ij} = D(k)$，其中 $k = [j(j-1)] / 2 + i$

例如，圖 2-5 之(a)的 a_{34} 位於 $D(k)$，其中

$k = [4(4-1)] / 2 + 3 = 6 + 3 = 9$

而下三角形矩陣的對映情形如下：

a_{11}	A_{21}	A_{31}	A_{41}	$\cdots$	a_{22}	a_{32}	$\cdots$	a_{ij}	$\cdots$	a_{nn}
$D(1)$	$D(2)$	$D(3)$	$D(4)$	$\cdots$	$D(n+1)$	$D(n+2)$	$\cdots$	$D(k)$	$\cdots$	$D([n(n+1)]/2)$

∴ $a_{ij} = D(k)$，其中 $k = n(j-1) - [j(j-1)] / 2 + i$

如圖 2-5 之(b)的 a_{32} 位於 $D(k)$，其中

$k = 4(2-1) - [2(2-1)] / 2 + 3 = 4 - 1 + 3 = 6$

由此可知，上角形矩陣以列為主和下三角形矩陣以行為主的計算方式略同，而上三角形矩陣以行為主與下三角形矩陣以列為主的計算方式相同。(請讀者注意，此處設定陣列的起始元素位置為 1)

練習題

1. 試撰寫將 $B_{n \times n}$ 的上三角形，儲存於 $B(1 : n(n+1)/2)$ 陣列的演算法。

2. 撰寫從 B 陣列取出 $B(i, j)$ 的演算法。

2.6 魔術方陣

有一 n*n 的方陣，其中 n 為奇數，請你在 n*n 的魔術方陣將 1 到 n^2 的整數填入其中，使其各列、各行及對角線之和皆相等。

做法很簡單，首先將 1 填入最上列的中間空格，然後往左上方走，規則如下：

(1) 以 1 的級數增加其值，並將此值填入空格；

(2) 假使空格已被填滿，則在原地的下一空格填上數字，並繼續往下做；

(3) 若超出方陣，則往下到最底層或往右到最右方，視兩者中那一個有空格，將數目填上此空格；

(4) 若兩者皆無空格，則在原地的下一空格填上數字。

例如，有一 5*5 的方陣，其形成魔術方陣的步驟如下，我們以上述(1)、(2)、(3)、(4)的規則來說明。

1. 將 1 填入此方陣的最上列的中間空格，如下所示：

	j				
	0	1	2	3	4
0			1		
1					
i 2					
3					
4					

2. 承 1，往左上方走，由於超出方陣，依據規則(3)發現往下的最底層有空格，因此將 2 填上。如下所示：

		1		
	2			

3. 承 2，往左上方，依據規則(1)將 3 填上，然後再往左上方，此時，超出方陣，依據規則(3)將 4 填在最右方的空格，如下所示：

		1		
				4
3				
	2			

4. 承 3，往左上方，依據規則(1)將 5 填上，再往左上方時，此時方格已有數字，依據規則(2)，往 5 的下方填，如下所示：

		1		
			5	
			6	4
3				
	2			

5. 依此類推，依據上述的四個規則繼續填，填到 15 的結果如下：

15	8	1		
	14	7	5	
		13	6	4
3			12	10
9	2			11

6. 承 5，此時往左上方，發現往下的最底層和往右的最右方皆無空格，依據規則 (4)，在原地的下方將此數字填上，如下所示：

15	8	1		
16	14	7	5	
		13	6	4
3			12	10
9	2			11

7. 繼續往下填，並依據規則(1)、(2)、(3)、(4)，最後的結果如下：

15	8	1	24	17
16	14	7	5	23
22	20	13	6	4
3	21	19	12	10
9	2	25	18	11

此時讀者可以算算各行、各列及對角線之和是否皆相等，其和為 65。有關奇數魔術方陣的程式實作，請參閱 2.8 節。

🖮 練習題

自行完成 9*9 的魔術方陣。

2.7 生命細胞遊戲

本章將以生命細胞遊戲(game of life)做為結束，此遊戲在 1970 年由英國數學家 J. H. CONWAY 所提出。生命細胞遊戲將陣列元素視為細胞，而某一細胞的鄰居乃是指在其垂直、水平、對角線相鄰之細胞(cells)。

生命細胞遊戲的規則：

1. **孤單死**：若一活細胞只有一個或沒有鄰居細胞存活的，則在下一代，它將孤單而死。(下圖中以@表示一細胞，而 x 符號表示此細胞將死去)如：

    孤單死

2. **擁擠死**：一活細胞有四個或四個以上鄰居亦是活的，則在下一代，它將因擁擠而死。(下圖中以 x 符號表示此細胞將死去)如：

    擁擠死

3. **穩定**：一活細胞有二個或三個相鄰活細胞，則下一代它將繼續生存。(下圖中以✓符號表示此細胞將繼續存活之)如：

    穩定

4. **復活**：一死細胞正好有三個相鄰的活細胞，則下一代它將復活。(下圖中以*符號表示此位置會復活一細胞)如：

    復活

由上規則可得：

- 某細胞若有 0 或 1 個相鄰細胞，則它在下一代將會因孤單而死。

- 某細胞若有 4, 5, 6, 7, 8 個相鄰細胞，則它在下一代將會因擁擠而死。

- 某細胞若有 2 個相鄰活細胞，則它在下一代將保持不變。

- 某細胞若有 3 個相鄰活細胞者，則不管其現在是生或死，下一代會是活的。

📋 範例一》

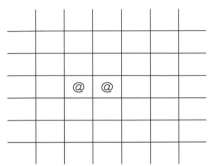

我們將上圖填上每一細胞的相鄰活細胞個數

0	0	0	0	0	0
0	1	2	2	1	0
0	1	@1	@1	1	0
0	1	2	2	1	0
0	0	0	0	0	0

根據規則(1)，圖中的細胞將會孤單而死

📋 範例二》

0	0	0	0	0	0
0	1	2	2	1	0
0	2	@3	@3	2	0
0	2	@3	@3	2	0
0	1	2	2	1	0
0	0	0	0	0	0

某一細胞若相鄰的活細胞為 2 或 3，則它將會存活下來。但圖中的死細胞其相鄰的活細胞都是小於或等於 2，故不能再生，所以已成為穩定狀態。

範例三》

0	0	0	0	0
1	2	3	2	1
1	@1	@2	@1	1
1	2	3	2	1
0	0	0	0	0

根據上述規則，它的下一代將為

0	1	1	1	0
0	2	@1	2	0
0	3	@2	3	0
0	2	@1	2	0
0	1	1	1	0

這二張圖將會來回的互換。

有關生命細胞遊戲的程式實作，請參閱 2.8 節。

2.8 程式實作

(一) 矩陣相乘

JAVA 程式語言實作》 兩個矩陣相乘

```
01  package matrix;
02
03  /**
04   *
05   * @author Bright
06   * Version 2
07   * Update date: March 18, 2017
08   */
```

```
09
10   import java.io.*;
11
12   public class Matrix
13   {
14       static int N = 3;
15       static int[][] C = new int [N][N];
16       static int sum=0;
17
18       public static void access_matrix(int A[][], int B[][])
19       {
20           int i=0, j=0, k=0;
21
22           // 將 A 矩陣每一列元素與 B 矩陣每一列元素
23           // 相乘之和放入 C 矩陣之中
24           for ( i = 0 ; i < N ; i++ )
25               for ( j = 0 ; j < N ; j++ ) {
26                   sum = 0 ;
27                   for ( k = 0 ; k < N ; k++ )
28                       sum = sum + A[i][k] * B[k][j] ;
29                   C[i][j] = sum ;
30               }
31       }
32
33       public static void output_result(int A[][], int B[][])
34       {
35           // 列出三矩陣內容
36           System.out.print("\nContent of Matrix A :\n\n");
37           output_Matrix(A) ;
38           System.out.print("\nContent of Matrix B :\n\n");
39           output_Matrix(B) ;
40           System.out.print("\nContent of Matrix C :\n\n");
41           output_Matrix(C) ;
42       }
43
44       public static void output_Matrix(int m[][])
45       {
46           int i=0, j=0 ;
47
48           for ( i = 0 ; i < N ; i++ ) {
49               for ( j = 0 ; j < N ; j++ )
50               System.out.printf("%4d", m[i][j]) ;
51               System.out.print("\n") ;
52           }
```

```
53        }
54
55      public static void main (String args[])   // 主函數
56      {
57          Matrix obj = new Matrix();
58          int[][]  A = new int[N][N];
59          int[][]  B = new int[N][N];
60
61          A[0][0]=1; A[0][1]=2; A[0][2]=3;
62          A[1][0]=4; A[1][1]=5; A[1][2]=6;
63          A[2][0]=7; A[2][1]=8; A[2][2]=9;
64
65          B[0][0]=1; B[0][1]=2; B[0][2]=3;
66          B[1][0]=1; B[1][1]=2; B[1][2]=3;
67          B[2][0]=1; B[2][1]=2; B[2][2]=3;
68
69          obj.access_matrix(A, B);
70          obj.output_result(A, B);
71      }
72  }
```

📄🔍 輸出結果

```
Content of Matrix A :

   1    2    3
   4    5    6
   7    8    9

Content of Matrix B :

   1    2    3
   1    2    3
   1    2    3

Content of Matrix C :

   6   12   18
  15   30   45
  24   48   72
```

(二) 多項式相加

JAVA 程式語言實作》 多項式相加－利用陣列表示法做多項式相加

```java
01  package polyadd;
02
03  /**
04   *
05   * @author Bright
06   * Version 2
07   * Update date: March 18, 2017
08   */
09
10  public class PolyAdd
11  {
12      static int DUMMY = -1;
13
14      public void Padd(int a[] , int b[], int c[])
15      {
16          int p = 0, q = 0, r = 0, m = 0, n = 0 ;
17          char result='\0' ;
18
19          m = a[1] ; n = b[1] ;
20          p = q = r = 2 ;
21
22          while ( (p <= 2*m) && (q <= 2*n) ) {
23              // 比較 a 與 b 的指數
24              result = compare ( a[p], b[q] ) ;
25
26              switch (result) {
27                  case '=':
28                      c[r+1] = a[p+1] + b[q+1] ; // 係數相加
29                      if ( c[r+1] != 0 ) {
30                          c[r] = a[p] ;     // 指數 assign 給 c
31                          r += 2 ;
32                      }
33                      p += 2 ; q += 2 ;  // 移至下一個指數位置
34                      break ;
35                  case '>':
36                      c[r+1] = a[p+1] ;
37                      c[r] = a[p] ;
38                      p += 2 ; r += 2 ;
39                      break ;
40                  case '<':
```

```
41              c[r+1] = b[q+1] ;
42              c[r] = b[q] ;
43              q += 2 ; r += 2 ;
44              break ;
45          }
46       }
47       while (p <= 2*m) { // 將多項式 a 的餘項全部移至 c
48          c[r+1] = a[p+1] ;
49          c[r] = a[p] ;
50          p += 2 ; r += 2 ;
51       }
52       while (q <= 2*n) { // 將多項式 b 的餘項全部移至 c
53          c[r+1] = b[q+1] ;
54          c[r] = b[q] ;
55          q += 2 ; r += 2 ;
56       }
57       c[1] = r/2 - 1 ;     // 計算 c 總共有多少非零項
58    }
59
60    public char compare(int x, int y)
61    {
62       if (x == y)
63          return '=' ;
64       else if (x > y)
65          return '>' ;
66       else
67          return '<' ;
68    }
69
70    public void output_P(int p[],int n)
71    {
72       int i=0 ;
73
74       System.out.print("(") ;
75       for ( i = 1 ; i <= n ; i++ )
76          System.out.print(p[i] + " ") ;
77       System.out.print(")") ;
78    }
79
80    public static void main (String args[])  // 主函數
81    {
82       // 多項式的表示方式利用只儲存非零項法
83       // 分別儲存每一個非零項的指數及個數，
84       // 陣列第一元素放多項式非零項個數。
```

```
85      // ex: 下列A 多項式有3 個非零項，其多項式為：
86      //     5x 四次方 + 3x 二次方 + 2
87
88      PolyAdd obj = new PolyAdd() ;
89      int[] A = new int[8];
90      int[] B = new int[8];
91      int[] C = new int[13];   // C 的大小應為 2*(A[1]+B[1]) +1
92      int index=0;
93
94      A[0]=DUMMY; A[1]=3; A[2]=4; A[3]=5; A[4]=2; A[5]=3;
95      A[6]=0; A[7]=2;
96
97      B[0]=DUMMY; B[1]=3; B[2]=3; B[3]=6; B[4]=2; B[5]=2;
98      B[6]=0; B[7]=1;
99      for (index=1;index<13;index++)
100         C[index]=0;
101
102     obj.Padd( A, B, C ) ;   // 將 A 加 B 放至 C
103
104     // 顯示各多項式結果
105     System.out.print("\nA = ") ;
106     obj.output_P(A, A[1]*2 +1) ;   // A[1]*2 + 1 為陣列A 的大小
107     System.out.print("\nB = ") ;
108     obj.output_P(B, B[1]*2 +1) ;
109     System.out.print("\nC = ") ;
110     obj.output_P(C, C[1]*2 +1) ;
111     }
112 }
```

輸出結果

```
A = (  3  4  5  2  3  0  2  )
B = (  3  3  6  2  2  0  1  )
C = (  4  4  5  3  6  2  5  0  3  )
```

》程式解說

1. 在程式中，a[1]表示 a 多項式非零項的個數，b[1]為 b 多項式非零項的個數，一開始先將陣列的第 2 個元素指定給 p、q、r。在 p <= 2*m 及 q <= 2*n 的狀況下，才做多項式的比較動作。

2. 多項式的比較動作是比較指數，而非係數，因此在 while 敘述中，p += 2 與 q += 2 的目的，是為了取得多項式的指數。最後，while(p <= 2*m)敘述，表示當 b 的多項式已結束，則將 a 多項式的餘項搬到 c 多項式；若 while(q <= 2*n)

條件成立，表示 a 多項式已結束，則將 b 多項式的餘項搬到 c 多項式中。最後計算 c 多項式中非零項的個數。

(三) 奇數魔術方陣

📋 JAVA 程式語言實作》 奇數魔術方陣

```java
01  package oddmagic;
02
03  /**
04   *
05   * @author Bright
06   * Version 2
07   * Update date: March 18, 2017
08   */
09
10  import java.io.*;
11  import java.util.Scanner;
12
13  public class OddMagic
14  {
15      static int MAX=15;
16      static int[][] Square = new int[MAX][MAX];  // 定義整數矩陣
17      static int N=0;   // 矩陣行列大小變數
18      static Scanner keyboard = new Scanner(System.in);
19
20      public static void init()
21      {
22          String st = "";
23
24          // 讀取魔術矩陣的大小N,N 為奇數且0 <= N <= 15
25          do {
26              System.out.print("\nEnter odd matrix size : ");
27              N = keyboard.nextInt();
28              if ( N % 2 == 0 || N <= 0 || N > 15)
29                  System.out.print("Should be > 0 and < 15 odd number") ;
30              else
31                  break ;
32          } while (1 == 1);
33      }
34
35      public static void Magic()
36      {
```

```
37          int i=0, j=0, p=0, q=0, key=0 ;
38
39          // 初始化矩陣內容, 矩陣全部清0
40          for (i = 0 ; i < N ; i++)
41              for (j = 0 ; j < N ; j++)
42                  Square[i][j] = 0 ;
43          Square[0][(N-1)/2] = 1 ; // 將1放至最上列中間位置
44          key = 2 ;
45          i = 0 ; j = (N-1)/2 ;     // i,j 記錄目前所在位置
46          while ( key <= N*N ) {
47              p = (i-1) % N ;  // p, q 為下一步位置, i, j 各減1表往西北角移動
48              q = (j-1) % N ;
49              // p < 0 (超出方陣上方) 則將p 移至N-1(最下列)
50              if (p < 0)
51                  p = N - 1 ;
52              // q < 0 (超出方陣左方) 則將q 移至N-1(最右行)
53              if (q < 0)
54                  q = N - 1 ;
55              if (Square[p][q] != 0)  // 判斷下一步是否已有數字
56                  i = (i + 1) % N ;  // 已有數字,則 i 往下填在原值下方,j 不變
57              else {
58                  i = p ;        // 將下一步位置指定給目前位置
59                  j = q ;
60              }
61              Square[i][j] = key ;
62              key++;
63          }
64      }
65
66      public static void output()
67      {
68          int i = 0, j = 0;
69
70          // 顯示魔術矩陣結果
71          System.out.print("\nThe " + N + "*" + N + " Magic Matrix\n") ;
72          System.out.print("-------------------------\n") ;
73          for (i = 0 ; i < N ; i++) {
74              for (j = 0 ; j < N ; j++)
75                  System.out.printf("%4d ", Square[i][j]) ;
76              System.out.print("\n") ;
77          }
78      }
79
80      public static void main (String args[])  // 主函數
```

```
81        {
82            OddMagic obj = new OddMagic();
83            int i=0, j=0;
84
85            obj.init() ;
86            obj.Magic() ; // 將 square 變為 N x N 的魔術矩陣
87            obj.output() ;
88        }
89    }
```

輸出結果

```
Enter odd matrix size : 5
The 5*5 Magic Matrix
- - - - - - - - - - - - - - - - - - - - - - -

15   8    1    24   17
16   14   7    5    23
22   20   13   6    4
3    21   19   12   10
9    2    25   18   11
```

另一個輸出結果

```
Enter odd matrix size : 7
The 7*7 Magic Matrix
- - - - - - - - - - - - - - - - - - - - - - - -

28   19   10   1    48   39   30
29   27   18   9    7    47   38
37   35   26   17   8    6    46
45   36   34   25   16   14   5
4    44   42   33   24   15   13
12   3    43   41   32   23   21
20   11   2    49   40   31   22
```

》程式解說

1. 先將方陣 Square 中的每一個元素皆設為 0，在最上列的中間方格 Square[0][(N−1)/2]填 1。接下來的 while(key <= N*N)內的敘述會不斷執行，直到方陣完全走完為止，其中(p, q)為下一步的位置，當 p < 0 表示超出方陣上方，依據規則調整 p 至最下列(N−1)。同理，當 q < 0 表示超出方陣左方，調整 q 至最右行(N−1)的位置。

2. if (Square[p][q] != 0)是判斷下一方格是否已有數字，若發現已有數字，則移動目前位置至原來的位置(i, j)下方；若下一方格沒有數字，則移動目前位置至下一步位置(p, q)，將數字填入方格中。

以上述的 5*5 方陣為例,來說明魔術方陣的演算法:

1. 首先將 1 放在 Square[0][N–1] / 2]的方格上,若 N = 5,則此方格為第 0 列、第 2 行。

2. 將目前的方格所代表的第 N 列和第 N 行存放在 i 與 j 中,此時 i = 0,j = 2。並將 2 指定給 key。

3. 當 key ≤ 5^2 時,將(i–1) % N,即(0–1)%5 = –1;(j–1) % N,即(2–1) % 5 = 1,求目前方格左上方的座標,但因(–1, 1)已超出方陣最上方,故依規則將列座標調整至最下列 N–1 位置,即 5–1 = 4。由於(4, 1) = 0,故將 4 指定給 j,然後將 key 的值放在(i, j) = (4, 1)方格上,key++。

4. 倘若 key = 6,此時的(i, j)為(1, 3)。因為 Square[0][2]已有數字,即 Square[p][q] != 0,則將(1+1) % 5 = 2,將此數字指定給 i,即此方格為(2, 3),表示在原來的方格往下移一格。

5. 利用同樣的方法即可完成魔術方陣。

(四) 生命細胞遊戲

📑 JAVA 程式語言實作》 生命細胞遊戲

```
01   package lifegame;
02
03   /**
04    *
05    * @author Bright
06    * Version 2
07    * Update date: March 18, 2017
08    */
09
10   import java.io.*;
11   import java.util.Scanner;
12
13   class LifeGame {
14       static int MAXROW=10, MAXCOL=25;
15       static int DEAD=0, ALIVE=1;
16       static int[][] map = new int[MAXROW][MAXCOL];
17       static int[][] newmap= new int[MAXROW][MAXCOL];
18       static int Generation=0;
19       static Scanner keyboard = new Scanner(System.in);
20
21       LifeGame() {
```

```
22              Generation = 0;
23      }
24
25      public static void init()
26      {
27              int row = 0, col = 0;
28
29          // 起始 map 狀態, 一開始 cells 皆會 DEAD
30          for (row = 0 ; row < MAXROW ; row++)
31              for (col = 0 ; col < MAXCOL ; col++)
32                  map[row][col] = DEAD;
33
34          System.out.print("Game of life Program \n");
35          System.out.print("Enter (x,y) where (x,y) is a living cell\n");
36          System.out.print(" 0 <= x <= " + (MAXROW-1) + " , 0 <= y <= " + (MAXCOL-1)
37                              + "\n");
38          System.out.print("Terminate with (x,y) = ( -1,-1)\n");
39
40          // 輸入活細胞之位置, 以(-1,-1)結束輸入
41          do {
42              System.out.print("x-->");
43              System.out.flush();
44              row = keyboard.nextInt();
45
46              System.out.print("y-->");
47              col = keyboard.nextInt();
48              if (0 <= row && row < MAXROW && 0 <= col && col < MAXCOL)
49                  map[row][col] = ALIVE;
50              else
51                  System.out.print("(x,y) exceeds map ranage!\n");
52          } while (row != -1 || col != -1);
53      }
54
55      public static int Neighbors(int row,int col)
56      {
57          int count=0, c=0, r=0;
58
59          // 計算每一個 cell 的鄰居個數
60          // 因為 cell 本身亦被當做鄰居計算
61          // 故最後還要調整
62
63          for (r = row -1 ; r <= row +1; r++)
```

```
64          for (c = col -1 ;  c <= col + 1 ; c++) {
65              if (r < 0 || r >= MAXROW || c < 0 || c >= MAXCOL)
66                  continue;
67              if (map[r][c] == ALIVE)
68                      count++;
69          }
70      // 調整鄰居個數
71      if (map[row][col] == ALIVE)
72          count-- ;
73      return count ;
74  }
75
76  // 顯示目前細胞狀態
77  public static void output_map()
78  {
79      int row=0, col=0;
80      String space = " ";
81
82      System.out.print(space + "Game of life cell status\n") ;
83      System.out.print(space + "------Generation " + (++Generation) +
84                              "-------\n");
85      for ( row = 0 ; row < MAXROW ; row++ ) {
86          System.out.print("\n");
87          System.out.print(space);
88          for ( col = 0 ; col < MAXCOL ; col++ )
89              if ( map[row][col] == ALIVE )
90                  System.out.print("@");
91              else
92                  System.out.print("-");
93      }
94  }
95
96  public static void access()
97  {
98      int row=0, col=0;
99      String ans="";
100
101     do {
102         // 計算每一個(row,col)之 cell 的鄰居個數
103         // 依此個數決定其下一代是生是死。
104         // 將下一代的 map 暫存在 newmap 以防 overwrite map。
105         for (row = 0 ; row < MAXROW ; row++)
```

```
106              for (col = 0 ; col < MAXCOL ; col++)
107                  switch(Neighbors(row, col)) {
108                      case 0 :
109                      case 1 :
110                      case 4 :
111                      case 5 :
112                      case 6 :
113                      case 7 :
114                      case 8 :
115                          newmap[row][col] = DEAD;
116                          break;
117                      case 2 :
118                          newmap[row][col] = map[row][col];
119                          break;
120                      case 3 :
121                          newmap[row][col] = ALIVE;
122                          break;
123                  }
124          Copymap();   // 將newmap copy to map
125          do {
126              System.out.print("\nContinue next Generation ?(y/n): ");
127              ans = keyboard.next();
128
129              if (ans.equals("y") || ans.equals("n"))
130                  break;
131          } while (true);
132          if (ans.equals("y"))
133              output_map();
134      } while (ans.equals("y"));
135  }
136
137  // 將newmap copy 至map 中
138  public static void Copymap()
139  {
140      int row=0, col=0;
141
142      for (row = 0 ; row < MAXROW ; row++)
143          for (col = 0 ; col < MAXCOL ; col++)
144              map[row][col] = newmap[row][col];
145  }
146
147  public static void main (String args[]) //主函數
```

```
148    {
149        LifeGame obj = new LifeGame();
150
151        obj.init();    // 起始map
152        obj.output_map();
153        obj.access();
154    }
155 }
```

📖 輸出結果

(略)，請自行執行程式。

我們提供給您以下幾組測試(x, y)座標的資料。

```
(a) 3   8   (b) 4   5   (c) 3   8
    3   9       4   6       3   9
    3   10      4   7       3   10
    3   11      5   5       2   10
    3   12      5   6       4   10
    -1  -1      5   7       5   10
                6   5       -1  -1
                6   6
                -1  -1
```

此處以上述(a)的資料加以測試，其執行結果如下：

```
Game of life Program
Enter (x,y) where (x,y) is a living cell
 0 <= x <= 9 , 0 <= y <= 24
Terminate with (x,y) = ( -1,-1)
x-->3
y-->8
x-->3
y-->9
x-->3
y-->10
x-->3
y-->11
x-->3
y-->12
x-->-1
y-->-1
(x,y) exceeds map ranage!
 Game of life cell status
 ------Generation 1-------


-----------------------
-----------------------
-----------------------
```

```
--------@@@@@------------
------------------------
------------------------
------------------------
------------------------
------------------------
------------------------
Continue next Generation?(y/n): y
Game of life cell status
------Generation 2-------

------------------------
------------------------
---------@@@------------
---------@@@------------
---------@@@------------
------------------------
------------------------
------------------------
------------------------
------------------------
Continue next Generation?(y/n): y
Game of life cell status
------Generation 3-------

------------------------
----------@-------------
---------@-@------------
--------@---@-----------
---------@-@------------
----------@-------------
------------------------
------------------------
------------------------
Continue next Generation?(y/n): y
Game of life cell status
------Generation 4-------

------------------------
----------@-------------
---------@@@------------
--------@@-@@-----------
---------@@@------------
----------@-------------
------------------------
------------------------
------------------------
------------------------
Continue next Generation?(y/n): y
```

```
Game of life cell status
------Generation 5-------

-----------------------
---------@@@------------
--------@---@-----------
--------@---@-----------
--------@---@-----------
---------@@@------------
-----------------------
-----------------------
-----------------------
-----------------------
Continue next Generation?(y/n): y
Game of life cell status
------Generation 6-------

----------@------------
---------@@@-----------
--------@-@-@----------
-------@@@-@@@---------
--------@-@-@----------
---------@@@-----------
----------@------------
-----------------------
-----------------------
-----------------------
Continue next Generation?(y/n): y
Game of life cell status
------Generation 7-------

---------@@@-----------
-----------------------
-------@-----@---------
-------@-----@---------
-------@-----@---------
-----------------------
---------@@@-----------
-----------------------
-----------------------
-----------------------
Continue next Generation?(y/n): y
Game of life cell status
------Generation 8-------

----------@------------
----------@------------
-----------------------
------@@@---@@@---------
-----------------------
```

```
----------@--------------
----------@--------------
----------@--------------
-------------------------
-------------------------
Continue next Generation?(y/n): y
 Game of life cell status
 ------Generation 9-------

-------------------------
-------------------------
-------@-----@-----------
-------@-----@-----------
-------@-----@-----------
-------------------------
---------@@@-------------
-------------------------
-------------------------
-------------------------
Continue next Generation?(y/n): y
 Game of life cell status
 ------Generation 10-------

-------------------------
-------------------------
-------------------------
------@@@---@@@----------
-------------------------
----------@--------------
----------@--------------
----------@--------------
-------------------------
-------------------------
Continue next Generation?(y/n): y
 Game of life cell status
 ------Generation 11-------

-------------------------
-------------------------
-------@-----@-----------
-------@-----@-----------
-------@-----@-----------
-------------------------
---------@@@-------------
-------------------------
-------------------------
-------------------------
Continue next Generation?(y/n): n
```

2.9 動動腦時間

1. 假設有一陣列 A，其 A(0, 0)與 A(2, 2)的位址分別在$(1204)_8$與$(1244)_8$，求 A(3, 3)的位址(以 8 進位表示)。[2.1]

2. 有一三維陣列 A(–3：2, –2：4, 0：3)，以列為主排列，陣列的起始位址是 318，試求 A(1, 3, 2)所在的位址。[2.1]

3. 有一二維陣列 A(0：m–1, 0：n–1)，假設 A(3, 2)在 1110，而 A(2, 3)在 1115，若每個元素佔一個空間，請問 A(1, 4)所在的位址。[2.1]

4. 若將一對稱矩陣(symmetric matrix)視為上三角形矩陣來儲存，亦即 a_{11} 儲存在 A(1)，$a_{12} = a_{21}$ 儲存在 A(2)，a_{22} 在 A(3)，$a_{13} = a_{31}$ 在 A(4)，$a_{23} = a_{32}$ 在 A(5)，及 a_{ij} 在 A(k)地方。

$$\begin{bmatrix} a_{11} & a_{12} & a_{13} & a_{14} \\ a_{21} & a_{22} & a_{23} & a_{24} \\ a_{31} & a_{32} & a_{33} & a_{34} \\ a_{41} & a_{42} & a_{43} & a_{44} \end{bmatrix} \qquad \begin{bmatrix} a_{11} & a_{12} & a_{13} & a_{14} \\ & a_{22} & a_{23} & a_{24} \\ & & a_{33} & a_{34} \\ & & & a_{44} \end{bmatrix}$$

試求 A(i, j)儲存的位址(可用 MAX 與 MIN 函數來表示，其中 MAX 函數表示取 i, j 的最大值，MIN 函數則是取 i, j 最小值。)[2.5]

5. 有一正方形矩陣，其存放在一維陣列的形式如下：

$$\begin{bmatrix} A(1) & A(2) & A(5) & A(10) & ... \\ A(4) & A(3) & A(6) & A(11) & ... \\ A(9) & A(8) & A(7) & A(12) & ... \\ A(16) & A(15) & A(14) & A(13) & ... \\ \vdots & \vdots & \vdots & \vdots & ... \end{bmatrix}$$

讓 a_{ij} 儲存在 A(k)，試求 A(i, j)所在的位址，可用 MAX 及 MIN 函數來表示。[2.5]

6. 試回答下列問題：[2.5]

   (a) 撰寫一演算法將 A_{nxn} 的下三角形儲存於一個 B(1：n(n+1)/2)的陣列中

   (b) 撰寫一演算法從上述的陣列 B 中取出 A(i, j)

7. 在 2.6 節我們談到一個很有趣的魔術方陣，首先在第一列的中間填上 1，之後往左上方走，再遵循一些規則便可完成。如今，若改變方向，填上 1 之後，往右上方走，是否也可以完成魔術方陣呢？略述您的規則。[2.6]

8. 試完成下列生命細胞遊戲[2.7]

(a)

(b)

堆疊與佇列

3.1 堆疊和佇列基本觀念

堆疊是一有序串列(order list)，或稱線性串列(linear list)，其加入(insert)和刪除(delete)動作都在同一端，此端通常稱之為頂端(top)。加入一資料於堆疊，此動作稱為加入(push)，與之相反的是從堆疊中刪除一資料；此動作稱為彈出(pop)。由於堆疊具有先被推入的資料，最後才會被彈出的特性，所以我們稱它為先進後出(First In Last Out, FILO)或後進先出(Last In First Out, LIFO)串列。

佇列(queue)亦是屬於線性串列，與堆疊不同的是加入和刪除不在同一端，刪除的那一端稱為前端(front)，而加入的那一端稱為後端(rear)。由於佇列具有先進先出(First In First out，FIFO)的特性，因此稱佇列為先進先出或後進後出串列。假若佇列兩端皆可做加入或刪除的動作，則稱之為雙佇列(double-ended queue)。堆疊、佇列的表示法，如圖 3-1 之(a)、(b)所示。

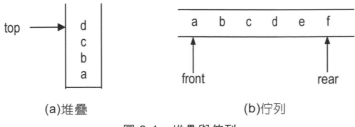

(a)堆疊　　　　　(b)佇列

圖 3-1　堆疊與佇列

其中(a)為一堆疊，它有如一容器，且有最大的容量限制，每次加入的資料，都會往上堆，好比疊書本一般。top 指向堆疊的最上端，加入時 top 會加 1，而刪除時 top 會減 1。

而(b)為一佇列，有如一排隊的隊伍，其中 front 所指的是隊伍的前端，而 rear 所指的是隊伍的後端。這好比您排隊上車，新來的人會排在隊伍的後端。上車的順序是從隊伍的前端開始，這就是佇列的特性。

⌨ 練習題 --■

請你舉一些有關堆疊和佇列的例子。

---■

3.2 堆疊的加入與刪除

在堆疊的運作上，加入時必需注意是否會超出堆疊的最大容量，而在刪除時必需判斷堆疊是否還有資料。一般的作法是，利用一變數 top 來輔助之。當 push 一個資料時，將 top 加 1; 反之，pop 一個資料，將 top 減 1。我們可以利用陣列來表示堆疊，如 st[MAX]，表示堆疊 st 的最大容量為 MAX。top 的初值設為 –1。

3.2.1 堆疊的加入

堆疊的加入應注意堆疊是否已滿，若未滿，則將輸入的資料 push 到堆疊的上方。其 Java 的片段程式如下：

📄 **JAVA 片段程式》** 堆疊的加入函數

```java
public static void  push_f()
{
    if(top >= MAX-1)
        System.out.print("\n    堆疊是滿的!\n");
    else {
        top++;
        System.out.print("\n  請輸入一筆資料(字串的格式)：");
        st[top] = keyboard.next();
    }
    System.out.println("");
}
```

》程式解說

st[ ]用來表示堆疊陣列，MAX 為堆疊所能容納的最大資料個數，top 為目前堆疊最上面資料的註標。當 top >= MAX - 1 時，表示堆疊已滿。注意! 堆疊是從 st[0]開始，st[MAX-1]結尾，所以條件式為 top >= MAX - 1，而非 top >= MAX。若堆疊還有空間，則將 top 加 1，並要求使用者輸入資料，直接存入堆疊 st[top]中。

3.2.2　堆疊的刪除

從堆疊的刪除資料時，應注意堆疊是否為空的。其片段程式如下：

JAVA 片段程式》 堆疊的刪除函數

```java
public static void pop_f()
{
    if(top < 0)
        System.out.print("\n    堆疊是空的!\n");
    else {
        System.out.print("\n    %s 已被刪除!\n", st[top]);
        top--;
    }
    System.out.println("");
}
```

》 程式解說

當 top < 0，表示堆疊是空的。因為 st[0]是堆疊最底下的資料，而非 st[1]，所以條件式不是 top <= 0，而是 top < 0；若堆疊中還有 item，則輸出 st[top]，並將 top 減 1。

有關堆疊的加入和刪除之程式實作，請參閱3.5節。

練習題

若將上述堆疊的加入和刪除函數中 top 的初值設為 0，試問上述的加入和刪除之片段程式應如何修改。

3.3　佇列的加入與刪除

佇列有兩端，分別是 front 和 rear 端。佇列從 rear 端加入資料，而從 front 端刪除。加入時要注意是否會超出最大的容量。由於我們設定 rear 變數的初值為 –1，所以要先將 rear 加 1 之後，再加入資料。front 變數的初值設定為 0，因此，若不是空佇列，則刪除的動作是先刪除資料，之後再將 front 加 1。

3.3.1　佇列的加入

佇列的加入是作用在 rear 端，其片段程式如下：

JAVA 片段程式》 佇列的加入函數

```java
public static void enqueue_f()
{
```

```
   if(rear >= MAX-1)
       System.out.println("\n  此佇列已滿的!\n");
   else {
       rear++;
       System.out.print("\n  請輸入一筆資料(字串格式):");
       q[rear] = keyboard.next();
       System.out.println("");
   }
}
```

》程式解說

以 q[ ] 陣列表示一佇列，MAX 為佇列所能容納的最大資料個數，rear 為佇列最後一個資料項目的註標。由於佇列是從 q[0]開始，q[MAX-1]結尾，所以當 rear 大於等於 MAX -1 時，表示佇列已滿(注意!不是 rear 大於等於 MAX)；若佇列中還有空間，則執行 rear++，並要求使用者輸入資料，將它存放於 q[rear]。

3.3.2 佇列的刪除

佇列的刪除是作用在 front 端，其片段程式如下：

JAVA 片段程式》 佇列的刪除函數

```
public void dequeue_f()
{
    if(front > rear)
        System.out.print("\n        此佇列是空的!\n");
    else {
        System.out.printf("\n        %s 已被刪除!\n", q[front]);
        front++;
    }
    System.out.println("");
}
```

》程式解說

以 q[ ] 陣列表示一佇列，front 是佇列第一個資料項目的註標，而 rear 是最後一個資料項目的註標。當 front > rear 時，表示佇列是空的，此時無法做刪除工作；若佇列不是空的，則輸出 q[front]後，再執行 front++。

若佇列的表示方式是 Q(0: n-1) 時，常常會發生佇列前端還有空位，但要加入資料時，卻產生佇列已滿，因為 rear 已大於等於 n-1，如下圖所示：

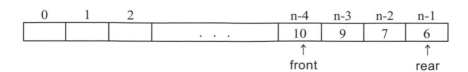

此時若要加入 8，依照上述的片段程式，卻產生
額滿的現象，為了解決此一問題，佇列常常以環
狀佇列(circular queue)來表示。圖 3-2 為一環狀佇
列 CQ(0 : n-1)。

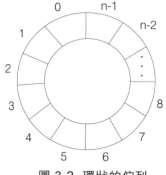

圖 3-2　環狀的佇列

3.3.3　環狀佇列的加入

環狀佇列開始的時候，將 front 與 rear 之初值設為 MAX–1。

JAVA 片段程式》 環狀佇列的加入函數

```java
// 加入函數
public void enqueue_f( )
{
    rear = (rear + 1) % MAX;
    if(front == rear) {
        if(rear == 0)
            rear = MAX - 1;
        else
            rear = rear - 1;
        System.out.print("\n\n 此佇列已滿!\n");
    }
    else {
        System.out.print("請輸入一筆資料(字串格式):");
        cq[rear] = keyboard.nextLine();
    }
}
```

》 程式解說

以 cq[ ] 陣列表示一環狀佇列，其中敘述 rear =
(rear + 1) % MAX; 主要的用意是讓新加入的資料
可以利用空白的空間。若有一環狀佇列經過一些
加入和刪除的動作後之圖形如右：

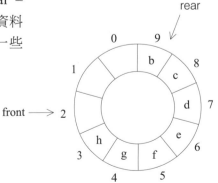

此時若加入一資料，則 rear 會指向 CQ[0]的位置，而不會產生額滿的現象。此片段程式是利用 if (front == rear)來判斷環狀佇列是否已滿。

3.3.4 環狀佇列的刪除

JAVA 片段程式》 環狀佇列的刪除函數

```java
// 刪除函數
public void dequeue_f()
{
    if(front == rear)
        System.out.print("\此佇列是空的!\n\n");
    else {
        front = (front + 1) % MAX;
        System.out.print("\n\n%s 已被刪除!\n", cq[front]);
    }
}
```

》程式解說

以 cq[ ]陣列表示一環狀佇列，MAX 為 cq 可容納的最大資料個數，front 為佇列前端，rear 為後端。若 rear == front 時，則印出此佇列是空的! 的訊息，表示環狀佇列中無資料。否則利用 front = (front + 1) % MAX; 敘述來取得刪除的資料項目。

必須要注意的是，環狀佇列的加入必需先找一位置，然後再做判斷，而刪除則是先做判斷，然後再找位置。還有一點要注意的是，在環狀佇列中會留一個空的位置，此乃為了辨別是否已額滿或空而設的。

1. front 在 cq[4]，而 rear 在 cq[2]。

2. 加一資料 g，此時 (2+1) % 12 = 3 ，因此 rear 指向 cq[3]的地方，如下圖所示：

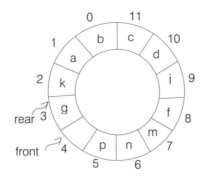

3. 若再加一資料時，rear 指向 cq[4]；此時 rear == front， 因此輸出 Queue is full!，但是從圖得知 cq[4]是空的。若繼續使用此空間，則在下一次要刪除資料時，會產生問題，根據刪除的片段程式，當 front == rear 時，會顯示 Queue is empty!，這與事實不符。

若非用此空間不可，則必需另加一條件來輔助之，此處是利用 tag 變數是否等於 0
或 1 來輔助。環狀佇列開始時，front 和 rear 都設為 MAX-1，而且 <u>tag 設為 0</u>。請看
以下的片段程式：

JAVA 片段程式》 環狀佇列的加入函數－使用 TAG 變數

```java
public void enqueue_f()
{
    if(front == rear && tag == 1)
        System.out.print("\n\n    此佇列已滿!!!\n");
    else {
        rear = (rear + 1) % MAX;
        System.out.print("\n    請輸入一筆資料(字串格式):");
        cq[rear] = keyboard.nextLine();

        if(front == rear)
            tag = 1;
    }
    System.out.println("\n");
}
```

》 程式解説

當 front == rear 且 tag == 1 的情況下，表示佇列已滿，無法新增 item；若不是，則
以(rear + 1) % MAX 取得新的 rear 值(當原來的 cq[rear]為佇列中最後一個資料時，
則(rear + 1) % MAX 會使 rear 值為 0，將資料置於 cq[0])。新增後，若 front 與 rear
相等，則表示佇列已滿，並將 tag 設定為 1。接著來看刪除的片段程式。

JAVA 片段程式》 環狀佇列的刪除函數－使用 TAG 變數

```java
public void dequeue_f()
{
    if(front == rear && tag == 0)
        System.out.printf("\n    此佇列是空的!\n\n");
    else {
        front = (front + 1) % MAX;
        System.out.print("\n\n    %s 已被刪除!!\n", cq[front]);
        if(front == rear)
            tag = 0;
        System.out.println("\n");
    }
}
```

》 程式解説

當 front == rear 且 tag == 0 的情況下，表示佇列為空的，無法做刪除工作；若佇列
中還有資料，則以(front + 1) % MAX 取得 front 的新值(意義與佇列加入時之 rear 相
同)，輸出 cq[front]。此時若 front 與 rear 相等，則將 tag 設定為 0。

此一演算法與不加 TAG 變數的演算法，旨在說明時間和空間之間的取捨(trade off)。為了能充分使用空間，我們加入了 TAG 是否為 1 或 0 的判斷，使得時間花得比較多，但空間能百分之百的使用; 而不加 TAG 變數的判斷，則執行時間較快，但空間無法百分之百的使用。

有關環狀佇列的加入和刪除之程式實作，請參閱 3.5 節。

3.4 堆疊的應用

由於堆疊具有先進後出的特性，因此凡是具有此性質的問題，皆可使用堆疊來解決，例如函數的呼叫。假設有一主程式 X 呼叫函數 Y，此時將 statement A 的位址加入(push)堆疊，在函數 Y 呼叫函數 Z，將 statement B 的位址加入堆疊。當函數 Z 執行完畢後，從堆疊彈出(pop)返回函數 Y 的 statement B 位址，而當函數 Y 執行完畢後，再從堆疊彈出返回主程式 X 的位址，如下圖所示。

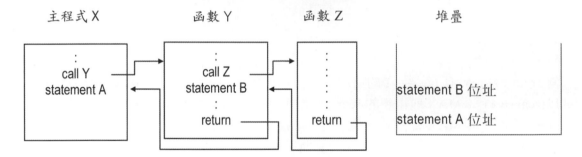

3.4.1 中序表示式轉為後序表示式

堆疊除了可應用於上述的函數呼叫外，還可應用於如何將算術運算式由中序表示式(infix expression)轉換為後序表示式(postfix expression)。一般的算術運算式皆是中序表示式，亦即運算子(operator)置於運算元(operand)的中間(假若只有一個運算元，則運算子置於運算元的前面)。而後序表示式則是將運算子置於其對應運算元後面。我們所熟悉的數學運算式 A * B / C，就是中序表示式，而此運算式的後序表示式為 AB * C /。

為什麼需要由中序表示式變為後序表示式呢？因為運算子有優先順序與結合性，以及有括號先處理的問題，為了方便處理，通常會將中序表示式，先轉為後序表示式。

如何將中序表示式轉為後序表示式，可依下列三步驟進行即可:

1. 將中序表示式加入適當的括號，此時須考慮運算子的運算優先順序。

2. 將所有的運算子移到它所對應右括號的右邊。

3. 將所有的括號去掉。

如將 A * B / C 化為後序表示式：

1. ((A * B) / C)

2. ((A * B) / C) => ((AB) * C) /

3. AB * C /

再看一例，將 A - B / C + D * E - F % G 轉為後序表示式

1. (((A - (B / C)) + (D * E)) - (F % G))

2. (((A - (B / C)) + (D * E)) - (F % G))

3. ABC / - DE * + FG % -

算術運算式由中序表示式轉為後序表示式，通常是利用堆疊來完成的。首先要了解算術運算子的 in-stack 與 in-coming 的優先順序。

符號	in-stack priority	in-coming priority
)	—	—
+(正), −(負), !	3	4
* , ／, %	2	2
+(加), −(減)	1	1
(	0	4

開始時堆疊是空的，我們將運算式中的運算子和運算元看成是 token。當 token 是運算元，則直接輸出；反之，若 token 是運算子而且此 token 的 in-coming priority(ICP) 小於或等於堆疊上端的運算子之的 in-stack priority(ISP)，則輸出堆疊中運算子，直到 ICP > ISP，再將此 token 加入於堆疊。我們以 A + B * C 中序表示式來說明如何將此中序表示式轉為後序表示式，其過程如下：

token	stack	output	說明
none		none	
A		A	由於 A 是運算元，故直接輸出。
+	+	A	
B	+	AB	B 是運算元，故直接輸出。
*	* +	AB	由於 * 的 in-coming priority 大於 + 的 in-stack priority
C	* +	ABC	C 是運算元，故直接輸出。

token	stack	output	說明
none	+	ABC*	pop 堆疊頂端的資料 *
none		ABC*+	再 pop 堆疊頂端的資料+

再來看一範例，若有一中序表示式為 A * (B + C) * D

token	stack	output	說明
none		none	
A		A	由於 A 是運算元，故直接輸出。
*	*	A	
(	(*	A	由於(的 in-coming priority 大於 * 的 in-stack priority
B	(*	AB	B 是運算元，故直接輸出。
+	+ (*		+ 的 in-coming priority 大於 (的 in-stack priority
C	+ (*	ABC	C 是運算元，故直接輸出。
)	*	ABC+	) 的 in-coming priority 小於+ 的 in-stack priority，故輸出 +，之後再去掉 (
*	*	ABC+*	此處輸出的 *，是在堆疊裏的 *
D	*	ABC+*D	D 是運算元，故直接輸出。
none		ABC+*D*	輸出堆疊中的 *

有關將運算式由中序表示式轉為後序表示式之程式實作，請參閱 3.5。

3.4.2 如何計算後序表示式

當我們將中序表示式轉換為後序表示式後，就可以很容易將此運算式的值計算出來，其步驟如下：

1. 將此後序表示式以一字串表示之。

2. 每次取一個 token，若此 token 為一運算元，則將它 push 到堆疊。若此 token 為一運算子，則自堆疊 pop 出二個運算元，並做適當的運算。若此 token 為 '\0'，則跳到步驟 4。

3. 將步驟 2 的結果，push 到堆疊，之後再回到步驟 2。

4. 彈出堆疊的資料，此資料即為此後序表示式計算的結果。我們以下例說明之，如有一中序表示式 10+8–6*5，已轉為後序表示式 10 8 + 6 5 * –，接著利用上述的規則執行。

(1) 因為 10 為一運算元，故將它 push 到堆疊。同理 8 也是，故堆疊有 2 個資料分別為 10 和 8

8
10

(2) 之後的 token 為 +，故 pop 堆疊的 8 和 10 做加法運算，結果為 18，將 18 push 到堆疊

18

(3) 接下來，將 6 和 5 push 到堆疊

5
6
18

(4) 之後的 token 為 *，故 pop 5 和 6 做乘法運算為 30，並將它 push 到堆疊

30
18

(5) 之後的 token 為 –，故 pop 30 和 18，此時要注意的是 18 減去 30，答案為–12(是下面的資料減去上面的資料)對於+和*，此順序並不影響，但對–和/就非常重要。

(6) 將 –12 push 到堆疊，由於此時已達字串結束點 '\0'，故彈出堆疊的資料 –12，此為計算後的結果。

⌨ 練習題

1. 將下列中序表示式轉換為後序表示式

(1) a > b && c > d && e < f

(2) (a + b) * c / d + e – 8

2. 有一中序表示式如下：

5/3 * (1–4) + 3 – 8

請先將它轉換為後序表示式，再求出其結果為何。

3.5 程式實作

(一) 堆疊的運作

📱 JAVA 程式語言實作》 使用堆疊新增、刪除與顯示資料

```java
01  package stack;
02
03  /**
04   *
05   * @author Bright
06   * Version 2
07   * Update date: March 19, 2017
08   */
09
10  import java.io.*;
11  import java.util.Scanner;
12  import java.util.InputMismatchException;
13
14  class Stack {
15      int MAX = 10;
16      String[] st = new String[20];
17      int top;
18      static Scanner keyboard = new Scanner(System.in);
19
20      Stack() { // 建構函數
21          top = -1;
22      }
23
24      // 新增函數
25      public void  push_f()
26      {
27          if(top >= MAX-1)    // 當堆疊已滿，則顯示錯誤
28              System.out.print("\n     堆疊是滿的!\n");
29          else {
30              top++;
31              System.out.print("\n 請輸入一筆資料(字串的格式): ");
32              st[top] = keyboard.next();
33          }
34          System.out.println("");
35      }
36
37      // 刪除函數
38      public void pop_f()
```

```
39      {
40          if(top < 0)   // 當堆疊沒有資料存在，則顯示錯誤
41              System.out.print("\n      堆疊是空的 !\n");
42          else {
43              System.out.printf("\n    %s 已被刪除!\n", st[top]);
44              top--;
45          }
46          System.out.println("");
47      }
48
49      // 輸出函數
50      public void list_f()
51      {
52          int count=0, i=0;
53
54          if(top < 0)
55              System.out.print("\n        The stack is empty !\n");
56          else {
57              System.out.print("\n\n   堆疊有下列的資料: \n");
58              System.out.print(" ------------------\n");
59              for(i = top; i >= 0; i--) {
60                  System.out.print("   ");
61                  System.out.println(st[i]);
62                  count++;
63              }
64              System.out.print(" ------------------\n");
65              System.out.print("   堆疊共有 " + count + "筆資料。\n\n");
66          }
67          System.out.println("");
68      }
69
70      // 主函數
71      public static void main (String args[])
72      {
73          int option=0;
74          Stack obj = new Stack();
75          do {
76              System.out.println("***** 堆疊的選單 *****");
77              System.out.println("        1. Insert       ");
78              System.out.println("        2. Delete       ");
79              System.out.println("        3. List         ");
80              System.out.println("        4. Exit         ");
81              System.out.println("********************");
82              System.out.print("   請選擇您要執行的項目: ");
83
```

```
84          try {
85              option = keyboard.nextInt();
86          } catch(InputMismatchException e) {
87              keyboard.nextLine();
88              System.out.printf("Not a correctly number.\n");
89              System.out.printf("Try again\n\n");
90          }
91          switch(option) {
92              case 1 :
93                  obj.push_f(); // 新增函數
94                  break;
95              case 2 :
96                  obj.pop_f();   // 刪除函數
97                  break;
98              case 3 :
99                  obj.list_f(); // 輸出函數
100                 break;
101             case 4 :
102                 System.exit(0);
103         }
104     } while (true);
105  }
106 }
```

輸出結果

```
*****   堆疊的選單 *****
    1. Insert
    2. Delete
    3. List
    4. Exit
***********************
  請選擇您要執行的項目: 1

請輸入一筆資料(字串的格式): iPhone

*****   堆疊的選單 *****
    1. Insert
    2. Delete
    3. List
    4. Exit
***********************
  請選擇您要執行的項目: 1

請輸入一筆資料(字串的格式): iPod

*****   堆疊的選單 *****
```

```
          1. Insert
          2. Delete
          3. List
          4. Exit
**********************
    請選擇您要執行的項目: 3

    堆疊有下列的資料:
    ------------------
    iPod
    iPhone
    ------------------
    堆疊共有 2 筆資料。

*****  堆疊的選單  *****
          1. Insert
          2. Delete
          3. List
          4. Exit
**********************
    請選擇您要執行的項目: 1

請輸入一筆資料(字串的格式): iMac

*****  堆疊的選單  *****
          1. Insert
          2. Delete
          3. List
          4. Exit
**********************
    請選擇您要執行的項目: 3

    堆疊有下列的資料:
    ------------------
    iMac
    iPod
    iPhone
    ------------------
    堆疊共有 3 筆資料。

*****  堆疊的選單  *****
          1. Insert
          2. Delete
          3. List
          4. Exit
**********************
    請選擇您要執行的項目: 2
```

```
    iMac 已被刪除!

*****   堆疊的選單  *****
        1. Insert
        2. Delete
        3. List
        4. Exit
***********************
    請選擇您要執行的項目: 3

    堆疊有下列的資料:
-------------------
 iPod
 iPhone
-------------------
    堆疊共有 2 筆資料。

*****   堆疊的選單  *****
        1. Insert
        2. Delete
        3. List
        4. Exit
***********************
    請選擇您要執行的項目: 4
```

(二) 環狀佇列的運作

JAVA 程式語言實作》 使用環形佇列新增、刪除與輸出資料

```java
01   package circlequeue;
02
03   /**
04    *
05    * @author Bright
06    * Version 2
07    * Update date: March 19, 2017
08    */
09
10   import java.io.*;
11   import java.util.Scanner;
12   import java.util.InputMismatchException;
13
14   class CircleQueue {
15
16       int MAX=10;
17       String[] cq = new String[MAX];
```

```
18    int front,rear;
19    int tag; // 當 tag 為 0 時，表示沒有存放資料，若為 1，則表示有存放資料
20
21    static Scanner keyboard = new Scanner(System.in);
22
23    CircleQueue() { // 建構函數
24        front = MAX - 1;
25        rear = MAX - 1;
26        tag = 0;
27    }
28
29    // 新增函數
30    public void enqueue_f()
31    {
32        if(front == rear && tag == 1) // 當佇列已滿，則顯示錯誤
33            System.out.print("\n\n  此佇列已滿!\n");
34        else {
35            rear = (rear + 1) % MAX;
36            System.out.print("\n 請輸入一筆資料(字串格式)：");
37            cq[rear] = keyboard.nextLine();
38
39            if(front == rear)
40                tag = 1;
41        }
42        System.out.println("\n");
43    }
44
45    // 刪除函數
46    public void dequeue_f()
47    {
48        if(front == rear && tag == 0)    // 當沒有資料存在，則顯示錯誤
49            System.out.printf("\n   此佇列是空的!\n\n");
50        else {
51            front = (front + 1) % MAX;
52            System.out.printf("\n %s 已被刪除!\n ", cq[front]);
53            if(front == rear)
54                tag = 0;
55            System.out.println("\n");
56        }
57    }
58
59    // 輸出函數
60    public void list_f()
61    {
62        int count=0, i=0;
```

```
63
64          if(front == rear && tag == 0)
65              System.out.printf("\n   此佇列是空的\n\n");
66          else {
67              System.out.print("\n\n   佇列有下列資料\n");
68              System.out.print("********************\n");
69              for(i = (front + 1) % MAX; i != rear; i = ++i % MAX) {
70                  System.out.print("        ");
71                  System.out.print(cq[i] + "\n");
72                  count++;
73              }
74              System.out.print("        ");
75              System.out.print(cq[i] + "\n");
76              System.out.print("*********************\n");
77              System.out.print("   共有 " + (++count) + "筆資料。\n\n");
78              System.out.println("");
79          }
80      }
81
82      //主函數
83      public static void main (String args[])
84      {
85          Scanner keyboard = new Scanner(System.in);
86          int option=0;
87
88          CircleQueue obj = new CircleQueue();
89          do {
90              System.out.println("***** 環狀佇列的選單 *****");
91              System.out.println("      1. Insert      ");
92              System.out.println("      2. Delete      ");
93              System.out.println("      3. List        ");
94              System.out.println("      4. Exit        ");
95              System.out.println("**************************");
96              System.out.print(" 請選擇您要執行的項目 : ");
97
98              try {
99                  option = keyboard.nextInt();
100             } catch(InputMismatchException e) {
101                 keyboard.nextLine();
102                 System.out.printf("Not a correctly number.\n");
103                 System.out.printf("Try again\n\n");
104             }
105
106             switch(option) {
107                 case 1 :
```

```
108                    obj.enqueue_f();  //新增函數
109                    break;
110                case 2 :
111                    obj.dequeue_f();  //刪除函數
112                    break;
113                case 3 :
114                    obj.list_f();     //輸出函數
115                    break;
116                case 4 :
117                    System.exit(0);
118            }
119        } while (true);
120    }
121 }
```

輸出結果

```
***** 環狀佇列的選單 *****
     1. Insert
     2. Delete
     3. List
     4. Exit
**************************
 請選擇您要執行的項目 ： 1

請輸入一筆資料(字串格式): Bright

***** 環狀佇列的選單 *****
     1. Insert
     2. Delete
     3. List
     4. Exit
**************************
 請選擇您要執行的項目 ： 1

請輸入一筆資料(字串格式): Linda

***** 環狀佇列的選單 *****
     1. Insert
     2. Delete
     3. List
     4. Exit
**************************
 請選擇您要執行的項目 ： 1

請輸入一筆資料(字串格式): Jennifer

***** 環狀佇列的選單 *****
     1. Insert
```

```
     2. Delete
     3. List
     4. Exit
****************************
  請選擇您要執行的項目 : 3


  佇列有下列資料
*********************
     Bright
     Linda
     Jennifer
*********************
     共有 3 筆資料。

*****  環狀佇列的選單  *****
     1. Insert
     2. Delete
     3. List
     4. Exit
****************************
  請選擇您要執行的項目 : 2

Bright 已被刪除!

*****  環狀佇列的選單  *****
     1. Insert
     2. Delete
     3. List
     4. Exit
****************************
  請選擇您要執行的項目 : 3

  佇列有下列資料
*********************
     Linda
     Jennifer
*********************
     共有 2 筆資料。

*****  環狀佇列的選單  *****
     1. Insert
     2. Delete
     3. List
     4. Exit
****************************
  請選擇您要執行的項目 : 1

請輸入一筆資料(字串格式): Amy

*****  環狀佇列的選單  *****
```

```
    1. Insert
    2. Delete
    3. List
    4. Exit
**************************
請選擇您要執行的項目 : 3

  佇列有下列資料
**********************
    Linda
    Jennifer
    Amy
**********************
  共有 3 筆資料。

***** 環狀佇列的選單 *****
    1. Insert
    2. Delete
    3. List
    4. Exit
**************************
請選擇您要執行的項目 : 1

請輸入一筆資料(字串格式): Bright

***** 環狀佇列的選單 *****
    1. Insert
    2. Delete
    3. List
    4. Exit
**************************
請選擇您要執行的項目 : 3

  佇列有下列資料
**********************
    Linda
    Jennifer
    Amy
    Bright
**********************
  共有 4 筆資料。

***** 環狀佇列的選單 *****
    1. Insert
    2. Delete
    3. List
    4. Exit
**************************
請選擇您要執行的項目 : 4
```

(三) 將運算式由中序表示法轉為後序表示法

JAVA 程式語言實作》 將運算式由中序表示法轉為後序表示法

```java
01  package infixtopostfix;
02
03  /**
04   *
05   * @author Bright
06   * Version 2
07   * Update date: March 19, 2017
08   */
09
10  import java.io.*;
11  import java.lang.String;
12  import java.util.Scanner;
13
14  class InfixToPostfix
15  {
16      int MAX=20;
17      char infix_q[] = new char[MAX];
18      static Scanner keyboard = new Scanner(System.in);
19
20      InfixToPostfix()
21      {
22          int i;
23          for (i=0; i<MAX; i++)
24              infix_q[i]='\0';
25      }
26
27      public void infix_to_postfix() throws IOException
28      {
29          int rear=0, top=0, ctr=0, i=0, index=-1;
30          char stack_t[] = new char[MAX];    // 用以儲存還不必輸出的運算子
31
32          for (i=0; i<MAX; i++){
33              stack_t[i] = '\0';
34          }
35
36          System.out.print("請輸入一中序運算式: ");
37          String str = keyboard.next();
38
39          i=0;
40          while (i < str.length()) {
```

```
41          index++;
42          infix_q[index] = str.charAt(index);
43          i++;
44      }
45
46      infix_q[index+1] = '#';   // 於佇列結束時加入#為結束符號
47
48      System.out.print("Postfix expression: ");
49      stack_t[top]  = '#';      // 於堆疊最底下加入#為結束符號
50
51      for (ctr = 0; ctr <= index+1; ctr++) {
52          switch (infix_q[ctr]) {
53              // 輸入為)，則輸出堆疊內運算子，直到堆疊內為(
54              case ')':
55                  while(stack_t[top] != '(')
56                      System.out.printf("%c", stack_t[top--]);
57                  top--;
58                  break;
59
60              // 輸入為#，則將堆疊內還未輸出的運算子輸出
61              case '#':
62                  while(stack_t[top] != '#')
63                      System.out.printf("%c", stack_t[top--]);
64                  break;
65
66              // 輸入為運算子，若小於TOP 在堆疊中所指運算子，則將堆疊所指運算子輸出
67              // 若大於等於TOP 在堆疊中所指運算子，則將輸入之運算子放入堆疊
68              case '(':
69              case '^':
70              case '*':
71              case '/':
72              case '+':
73              case '-':
74                  while (compare(stack_t[top], infix_q[ctr]) == 1)
75                      System.out.printf("%c", stack_t[top--]);
76                  stack_t[++top] = infix_q[ctr];
77                  break;
78
79              // 輸入為運算元，則直接輸出
80              default :
81                  System.out.printf("%c", infix_q[ctr]);
82          }
83      }
84  }
```

```
85
86         // 比較兩運算子優先權，若輸入運算子小於堆疊中運算子，則傳回值為 1，否則為 0
87      public int compare(char stack_o, char infix_o)
88      {
89          // 在中序表示法佇列及暫存堆疊中，運算子的優先順序表，其優先權值為 INDEX/2
90          char[] infix_priority = new char[9] ;
91          char[] stack_priority = new char[8] ;
92          int index_s = 0, index_i = 0;
93
94          infix_priority[0]='#'; infix_priority[1]=')';
95          infix_priority[2]='+'; infix_priority[3]='-';
96          infix_priority[4]='*'; infix_priority[5]='/';
97          infix_priority[6]='^'; infix_priority[7]=' ';
98          infix_priority[8]='(';
99
100         stack_priority[0]='#'; stack_priority[1]='(';
101         stack_priority[2]='+'; stack_priority[3]='-';
102         stack_priority[4]='*'; stack_priority[5]='/';
103         stack_priority[6]='^'; stack_priority[7]=' ';
104
105         while (stack_priority[index_s] != stack_o)
106             index_s++;
107         while (infix_priority[index_i] != infix_o)
108             index_i++;
109
110         return ((int)(index_s/2) >= (int)(index_i/2) ? 1 : 0);
111     }
112
113     public static void main (String args[])throws IOException //主函數
114     {
115         InfixToPostfix obj = new InfixToPostfix();
116
117         System.out.print("\n********************************\n");
118         System.out.print("       -- 有效運算子 --\n");
119         System.out.print(" ^: 次方\n");
120         System.out.print(" *: 乘       /: 除\n");
121         System.out.print(" +: 加       -: 減\n");
122         System.out.print(" (: 左括號   ): 右括號\n");
123         System.out.print("********************************\n");
124
125         obj.infix_to_postfix();
126                 System.out.println();
127     }
128 }
```

輸出結果

```
*******************************
      -- 有效運算子 --
 ^: 次方
 *: 乘        /: 除
 +: 加        -: 減
 (: 左括號   ): 右括號
*******************************
請輸入一中序運算式: (a+b)*c/d+e*f
Postfix expression: ab+c*d/ef*+
```

》程式解說

在程式中先設定一堆疊 stack_t[ ] 來存放從運算式 infix_q[ ] 中讀入運算子或運算元，並以 for 迴圈來控制每一個運算子或運算元的讀入動作，並於堆疊底下置入'#'表示結束，共有四種情況。

1. 輸入為)，則輸出堆疊內之運算子，直到遇到 (為止。

2. 輸入為 #，則將堆疊內還未輸出的所有運算子輸出。

3. 輸入為運算子，其優先權若小於 stack_t[top] 中的運算子，則將 stack_t[top]輸出，若優先權大於等於 stack_t[top] 存放的運算子，則將輸入之運算子放入堆疊中。

4. 輸入為運算元，則直接輸出。

其中運算子的優先權是以以下兩個陣列來建立的：

char[] infix_priority = new char[9]; 為在運算式中的優先權；
char[] stack_priority = new char[8]; 為在堆疊中的優先權；

運算子優先權的比較是由 compare 函數來做，在代表優先權的兩個陣列中，將每一個運算子在陣列中所在的註標值除以 2，即為運算子的優先權，如 infix_priority[ ] 中，) 為 infix_priority[1]，其優先順序為 1 / 2 等於 0；+為 infix_priority[2]，其優先順序為 2 / 2 等於 1，依此類推。所以在 compare 函數中，先找到兩運算子在陣列中的註標值，再分別除以 2 來比較，即可得知優先順序孰高。

3.6 動動腦時間

1. 將下列中序(infix)運算式轉換為前序(prefix)與後序(postfix)運算式。[3.4]

    (1) A * B % C

    (2) -A + B - C + D

    (3) A / -B + C

(4)　(A + B) * D + E / (F + A * D) + C

(5)　A / (B * C) + D * E - A * C

(6)　A && B || C || ! (E > F)

(7)　A / B * C + D % E - A / C * F

(8)　(A * B) * (C * D) % E * (F - G) / H - I - J * K / L

(9)　A * (B + C) * D

提示：前序與後序的操作二者剛反如

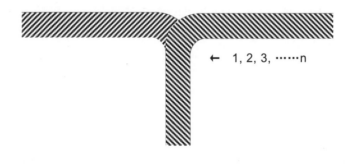

A + B * C → 後序為 ((A + B) * C) → AB + C *

往後移

前序為 ((A + B) * C) → * + ABC

往前移

2.　有一鐵路交換網路(switching network)如下：[3.1]

← 1, 2, 3, ……n

火車廂置於右邊，各節皆有編號如 1，2，3，……，n，每節車廂可以從右邊開進堆疊，然後再開到左邊，如 n = 3，若將 1，2，3 按順序開入堆疊，再駛到左邊，此時可得到 3，2，1 的順序。請問

(1)　當 n = 3 及 n = 4 時，分別有那幾種排列的方式？那幾種排序方式不可能發生？

(2)　當 n = 6 時，325641 這樣的排列是否可能發生？那 154623 的排列又是如何？

(3)　找出一公式，當有 n 個車廂時，共有幾種排列方式。

3.　在 InfixToPostfix.java 的程式實作中，若輸入 –a*b+c，則會出現錯誤的答案，試將此程式加以修整之。並加一詢問使用者是否要繼續執行此程式的功能。

4

鏈結串列

4.1 單向鏈結串列

當資料是以陣列方式存放時,若要插入(insert)或刪除(delete)某一節點(node)就比較費時了,例如在陣列中已有 a, b, d, e 四個元素,現要將 c 加入陣列中,並按字母順序排列,方法就是將 d, e 分別往後移,然後再插入 c;而刪除一元素,也必需挪移元素才不會浪費空間,上述的問題可利用鏈結串列(linked list)來解決。

通常利用陣列的方式存放資料時,我們所配置的記憶體大都會比實際所要的空間來得多,所以會造成空間的浪費,而鏈結串列則視實際的需要才配置記憶體。

鏈結串列在加入與刪除皆比陣列來得簡單容易,只要藉助指標就可以完成。但無可否認,在搜尋上,陣列比鏈結串列來得快,因為從陣列的索引(index)或註標(subscript)便可得到您想要的資料;而鏈結串列需要較多的時間去比較才能找到正確的資料。假設鏈結串列中每個節點有一整數資料(data)與指向下一個節點的指標(next)。若將節點結構定義為 Node 型態,則宣告的方式如下:

```
class Node  {
    public int data;        // 分數
    public Node next;       // 指向下一個節點的指標
}
```

這是一個很典型的單向鏈結串列(Single linked list),如串列 A = {98, 76},其圖形如下:

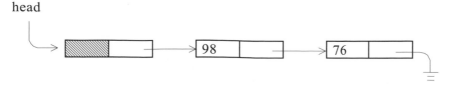

為了方便處理加入和刪除，我們假設鏈結串列的第一個節點(亦即 head 所指向的節點)的 score 欄位不放任何資料。讓我們來看看鏈結串列的加入與刪除的動作，而這些動作可能作用於前端或尾端或某一特定的節點。

為了行文方便，我們假設已定義 x, head, ptr, current, prev 皆為 Node 的物件。

4.1.1 加入動作

1. 加入一節點於串列的前端

   假設有一串列如下：

   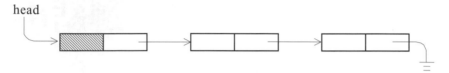

   有一節點 x 將加入於串列的前端，執行的步驟和示意圖如下：

   (1) x = new Node ();

   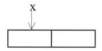

   (2) x.next = head.next;

   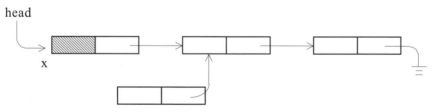

   (3) head.next = x

   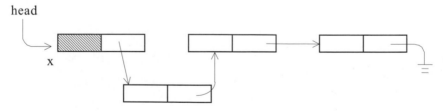

2. 加入一節點於串列的尾端

   假設有一串列如下：

   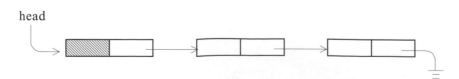

有一節點x將加入於串列的尾端，執行的步驟和示意圖如下：

(1)　x = new Node ();

(2)　x.next = null;

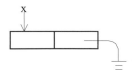

(3)　current = head.next;

　　while (current.next != null)

　　　current = current.next;

　　current.next = x;

上述的迴圈敘述主要是在追蹤串列的尾端，整個敘述的示意圖如下：

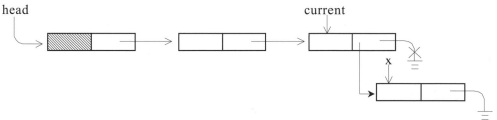

3.　加入於某一特定節點之後：

假設有一串列是依資料的大小所建立的，其片段程式如下：

JAVA 片段程式》 依據 data 由大至小建立之

```
//依分數的高低加入
public static void insert_f()
{
    ptr = new Node();
    ptr.next=null;

    System.out.print(" 請輸入一整數 ");
    ptr.data = keyboard.nextInt();
    System.out.println("");

    prev = head;
    current = head.next;
    while ((current != null) && (current.data >= ptr.data)) {
        prev = current;
```

```
        current = current.next;
    }
    ptr.next = current;
    prev.next = ptr;
}
```

》 程式解説

假設有一串列如下，

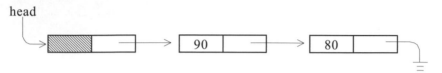

現欲要加入 85，其過程如下，首先利用 while 迴圈敘述找到適當的加入位置

```
while ((current != null) && (current.data >= ptr.data)) {
    prev = current;
    current = current.next;
}
```

得知 ptr 所指向的節點(85)應加在 prev 所指向節點的後面，接下來執行的步驟和示意圖如下：

(1) ptr.next = current;

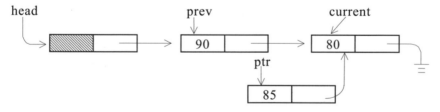

(2) prev.next = ptr; //經由此敘述，就可將 85 加入於串列中

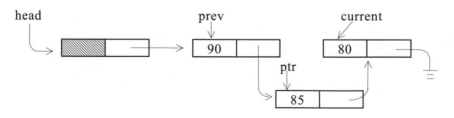

4.1.2 刪除動作

1. 刪除串列前端的節點：

   假設有一串列如下，

   今欲刪除串列的前端節點，執行的步驟和示意圖如下：

   (1) current = head.next; //current 指向 head 的下一節點

   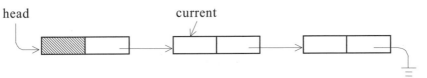

   (2) head.next = current.next; //head 的 next 指向 current 的下一節點

   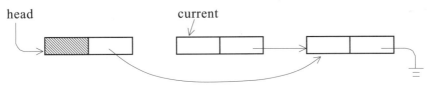

   (3) current = null; //將 current 節點回收

   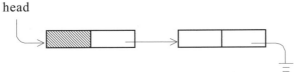

2. 刪除串列的尾端節點：

   假設有一串列如下：

   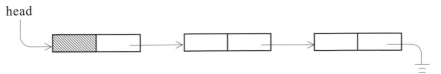

   若欲刪除串列的尾端節點，則須先追蹤串列的尾端節點，其執行的步驟與示意圖如下：

   (1) current = head.next;
   ```
   while(current.next != null ) { // 找出尾端節點
        prev = current;
        current = current.next;
   }
   ```

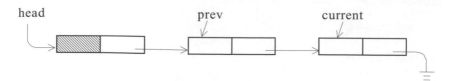

(2)　prev.next = null; //將 prev 的 next 設為 null

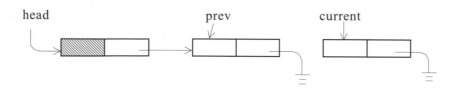

(3)　current = null;　//將 current 節點回收

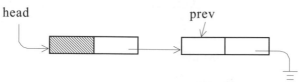

3.　刪除某一特定的節點：

　　刪除單向鏈結串列的某一特定節點之片段程式如下：

JAVA 片段程式》 刪除單向鏈結串列的某一特定節點

```java
public static void delete_f()
{
     if (head.next == null)
         System.out.print(" 串列是空的\n");
     else {
         System.out.print(" 欲刪除的資料: ");
         del_node = keyboard.nextInt();
         prev = head;
         current = head.next;
         while ((current != null) && (!(del_node.equals(current.data)))) {
             prev = current;
             current = current.next;
         }
         if (current != null) {
             prev.next = current.next;
             current = null;
             System.out.printf("%d  has been deleted\n\n", del_node);
         }
         else
             System.out.printf(" 資料不存在\n\n", del_node);
     }
}
```

》程式解說

隨機刪除某一節點，首先判斷鏈結串列是不是空的，若不是空的串列，則利用 prev 和 current 指標加以完成之，其中 current 指向即將被刪除節點，而 prev 指向即將被刪除節點的前一節點。如有一串列如下：

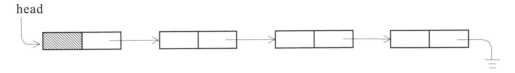

當 del_node 與 current.data 相等時，current 和 prev 分別指向適當的節點，如下圖所示：

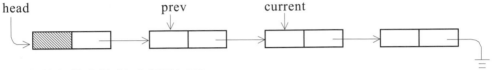

接下來執行的步驟與示意圖如下：

(1)　prev.next = current.next;　//prev 的 next 指向 current 的下一節點

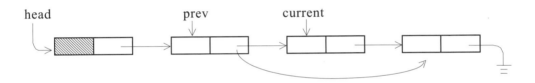

(2)　current = null;　//將 current 節點回收

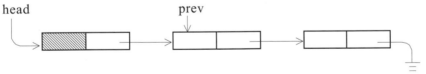

有關單向鏈結串列的加入與刪除之程式實作，請參閱 4.5 節。

4.1.3　鏈結串列的相連

串列的相連(concatenate)，顧名思義就是將某一串列加在另一串列的尾端，其片段程式如下：

JAVA 片段程式》 鏈結串列的相連

```java
public static void concatenate( )
{
    if(x == null)
       z = y;
    else if(y == null)
```

```
        z = x;
    else{
        z = x;
        xtail = x.next;
        while(xtail.next != null)
            xtail = xtail.next;
        xtail.next = y.next;
        y = null;
    }
}
```

》 程式解説

假設已有兩個鏈結串列如下所示：

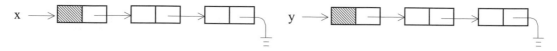

此程式乃將 x 與 y 串列合併為 z 串列，其執行的步驟與示意圖如下：

(1) 當 x 串列是空的時候，直接將 y 串列指定給 z 串列。

      if (x == null)

        z = y;

(2) 當 y 串列是空的時候，直接將 x 串列指定給 z 串列。

      if (y == null)

        z = x;

(3) 當 x 和 y 串列都不是空的

      z = x;

      xtail = x.next;

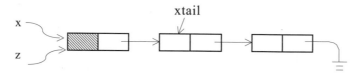

(4) while(xtail.next != null) //尋找最後一個節點

        xtail = xtail.next;

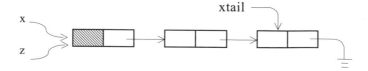

(5) 由於 y 指向的節點不含資料，所以將 y.next 指定給 xtail.next

xtail.next = y.next;

y = null;

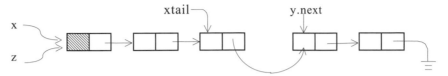

4.1.4　鏈結串列的反轉

串列的反轉(invert)，顧名思義就是將串列的前端變為尾端，尾端變為前端，其片段程式如下：

🗒️ JAVA 片段程式》 鏈結串列的反轉

```java
public static void invert( )
{
    forward = head.next;
    current = null;
    while(forward != null) {
        prev = current;
        current = forward;
        forward = forward.next;
        current.next = prev;
    }
    head.next = current;
}
```

》程式解説

此程式使用了三個 Student 物件，分別為 prev、current 與 forward，用來鎖定前、中、後三個節點，以便做反轉的工作。執行的步驟與示意圖如下：

(1)　forward = head.next;

　　　current = null;

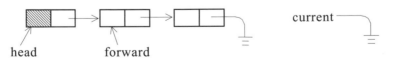

(2)　while(forward != null) {

　　　　　prev = current;

　　　　　current = forward;

```
        forward = forward.next;
        current.next = prev;
    }
```

執行完第一次的迴圈後，其示意圖如下：

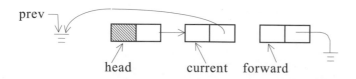

由於此時 forward 不等於 null，while 迴圈會繼續執行，直到 forward 等於 null。

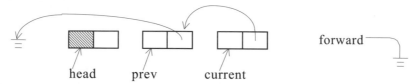

(3) head.next = current;

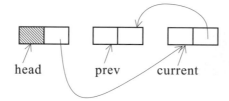

4.1.5 計算串列的長度

計算串列的長度(length)，就是計算串列中有多少個節點。其片段程式如下：

📱 JAVA 片段程式》 計算串列的長度

```java
public static int length( )
{
    int leng = 0;
    p = head.next;
    while(p != null) {
       leng++;
       p = p.next;
    }
    return leng;
}
```

》程式解説

計算串列長度十分簡單，唯一要注意的是，while 迴圈的條件判斷式為 p != null，而不是 p.next != null。這二個判斷式的差異是很大的。

練習題

1. 若有一鏈結串列有 head 及 tail 指標，tail 是指向串列尾的指標，試撰寫加入刪除此串列最後節點的片段程式。

2. 假設串列有二個節點以上，試說明下列二個片段程式，最後 current 指標指向何處？

   (1)　Node head,current;

   　　　head = new Node();

   　　　current = new Node();

   　　　current =head.next;

   　　　while (current != null)

   　　　　　current = current.next;

   (2)　Node head,current;

   　　　head = new Node();

   　　　current = new Node();

   　　　current =head;

   　　　while(current.next != null)

   　　　　　current = current.next;

4.2 環狀串列

若將單向鏈結串列的最後一個節點的 next 指標，指向第一個節點時，則稱此串列為環狀串列(circular list)，如下圖所示：

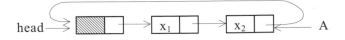

環狀串列可以從任一節點來追蹤所有節點，同樣我們也假設環狀串列第一個節點不放資料。

4.2.1 加入動作

1. 加入一節點於環狀串列的前端

    今假設有一環狀串列如下：

    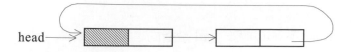

    現將 **ptr** 節點加入於環狀串列的前端，其執行的步驟與示意圖如下：

    (1)　ptr.next = head.next;

    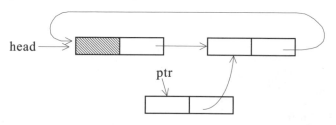

    (2)　head.next = ptr;

    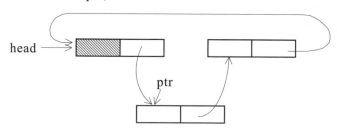

2. 加入一節點於環狀串列的尾端

    假設有一環狀串列如下：

    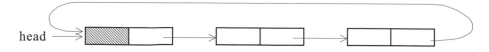

    現將 **ptr** 節點加入於環狀串列的尾端，其執行的步驟與示意圖如下：

    (1)　首先要尋找環狀串列的尾端

    　　　p = head.next;

    　　　while (p.next != head)

    　　　　　p = p.next;

與單向鏈結串列不同的是，此處是比較 p.next 是否等於 head。

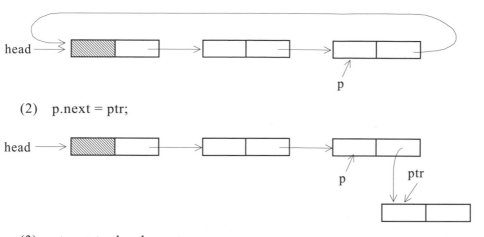

(2) p.next = ptr;

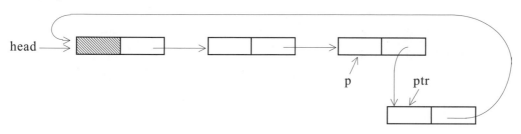

(3) ptr.next = head;

3. 加入於某一特定節點之後

假設環狀串列是依資料的大小所建立的，其片段程式如下：

JAVA 片段程式》 依資料的大小，由大至小加入於環狀串列

```
prev = head;
current = head.next;
while ((current != head) && (current.data >= ptr.data)) {
    prev = current;
    current = current.next;
}
ptr.next = current;
prev.next = ptr;
```

》程式解說

此片段程式與加入一節點於單向鏈結串列的某一特定節點相似，在此不再贅述。其差異為迴圈的判斷式，如下所示：

    while ((current != head) && (current.data >= ptr.data))

因為它是環狀串列，所以判斷 current 是否不等於 head，而不是不等於 null。

4.2.2 刪除的動作

1. 刪除環狀串列的前端

    若有一環狀串列如下：

    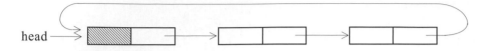

    刪除前端節點的執行步驟與示意圖如下。

    (1)　current = head.next;

    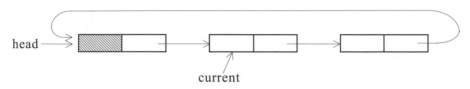

    (2)　head.next = current.next;

    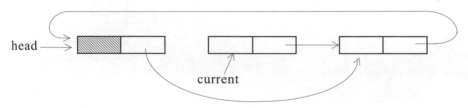

    (3)　current = null;

2. 刪除環狀串列的尾端

    有一環狀串列如下：

    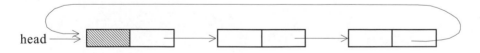

    其刪除尾端節點的執行步驟與示意圖如下。

(1) 首先找出環狀串列的尾端

```
current = head.next;
while (current.next != head) {
    prev = current;
    current = current.next;
}
```

```
prev.next = current.next;
```

```
current = null;
```

3. 刪除環狀串列的某一特定節點

刪除環狀串列的某一特定節點之片段程式如下：

📑 JAVA 片段程式》 刪除環狀鏈結串列的某一特定節點

```java
System.out.print("欲刪除的資料!");
del_node = keyboard.nextInt();
prev = head;
current = head.next;
while ((current != head) && (!(del_node.equals(current.data)))) {
    prev = current;
    current = current.next;
}
if (current != head){
    prev.next = current.next;
    current = null;
    System.out.print("del_node + " record has been deleted\n");
}
else
    System.out.print(" The " + del_node + " not found\n");
```

》 程式解說

此片段程式與刪除單向鏈結串列的某一特定節點相似，在此不再贅述。其差異在於迴圈的判斷式為

```
while ((current != head) && (!(del_node.equals(current.data))))
```

4.2.3 兩個環狀串列之相連

串列的相連就是將一串列加在另一串列的尾端，假設今有二個環狀串列如下：

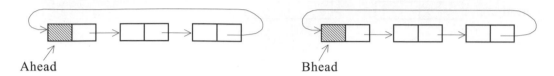

Ahead   Bhead

以下是串列相連的執行步驟與示意圖。

1. 先追蹤第一個環狀串列的尾端

   ```
   Atail = Ahead.next;
   while (Atail.next != Ahead)
       Atail = Atail.next;
   ```

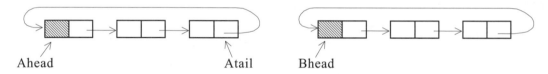

Ahead   Atail   Bhead

2. Atail.next = Bhead.next;

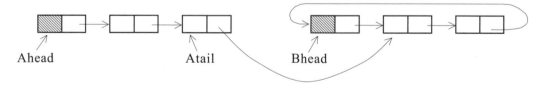

Ahead   Atail   Bhead

3. 追蹤第二個環狀串列的尾端

   ```
   Btail = Bhead.next;
   while (Btail.next != Bhead)
       Btail = Btail.next;
   ```

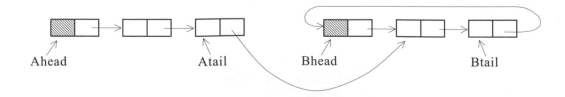

Ahead   Atail   Bhead   Btail

4.　Btail.next = Ahead;

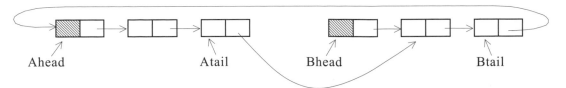

5.　Bhead = null;

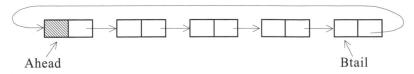

有關環狀鏈結串列的加入與刪除之程式實作，請參閱 4.5 節。

🖮 練習題

假設環狀串列如下：

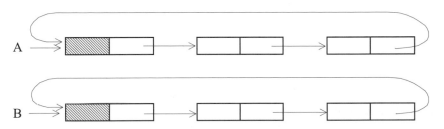

此二串列只有串列首的指標 A 和 B，試寫出將 A 和 B 相連的片段程式。

4.3　雙向鏈結串列

前面所談的單向鏈結串列，只能單方向的找尋串列中的節點，並且在加入或刪除某一節點 x 時，必先知其 x 的前一節點。

雙向鏈結串列(doubly linked list)的節點皆具有三個欄位，一為左鏈結欄(LLINK)，二為資料欄(DATA)，三為右鏈結欄(RLINK)。其中 LLINK 指向前一個節點，而 RLINK 指向後一個節點。通常會在雙向鏈結串列加上一個串列首，此串列首的資料欄假設也不存放資料。如下圖所示：

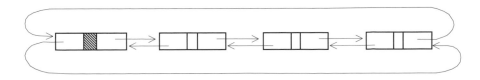

雙向鏈結串列有下列兩項特性：

假設 ptr 指向某一節點，則

　　ptr = ptr.llink.rlink = ptr.rlink.llink;

若此雙向鏈結串列是空串列，則此串列只有一個串列首

4.3.1 加入的動作

1. 加入一節點於雙向鏈結串列的前端

　　假設有一雙向鏈結串列如下：

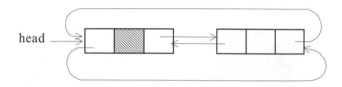

　　今欲將 ptr 的節點加入於雙向鏈結串列的前端，其執行步驟與示意圖如下：

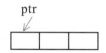

(1) 經由下列敘述即可完成

first = head.rlink;

ptr.rlink = head.rlink;

ptr.llink = head;

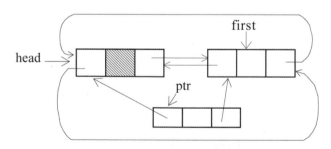

此時 ptr 的 rlink 和 llink 就可指向適當的節點。

(2) 之後，將 ptr 指定給 head 的 rlink 及 first 的 llink。

head.rlink = ptr;

first.llink = ptr;

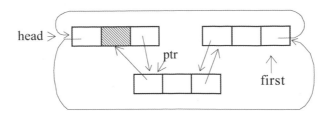

就可完成加入的動作。

2. 加入一節點於雙向鏈結串列的尾端

假設有一串列如下：

(1) 首先利用

tail = head.llink;

找到串列的尾端。

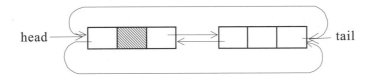

(2) ptr.rlink = tail.rlink;

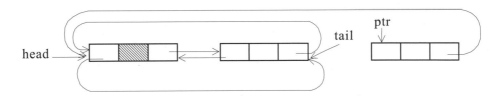

(3) tail.rlink = ptr;

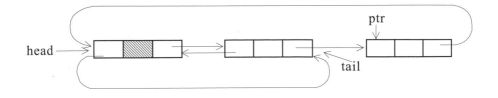

(4) ptr.llink = tail;

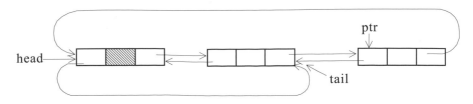

(5)　head.llink = ptr;

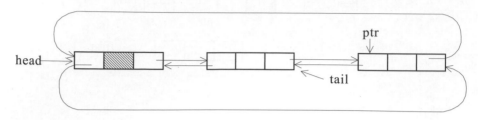

3.　加入一節點於串列某一特定節點之後

　　假設雙向鏈結串列是依資料大小所建立的，其片段程式如下：

JAVA 片段程式》 依 data 由大至小所建立的雙向鏈結串列

```
prev = head;
current = head.rlink;
while((current != head) && (current.data >= ptr.data)) {
    prev = current;
    current = current.rlink;
}
ptr.rlink = current;
ptr.llink = prev;
prev.rlink = ptr;
current.llink = ptr;
```

》程式解說

假設有一雙向鏈結串列如下，

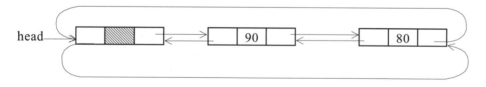

今欲將 ptr 所指向的節點(鍵值為 85)加入於雙向鏈結串列，以下是其執行步驟與示意圖。

1.　首先，利用迴圈敘述找到欲插入節點的位置

　　prev = head;

　　current = head.rlink;

　　while((current != head) && (current.data >= ptr.data)) {

　　　　prev = current;

　　　　current = current.rlink;

　　}

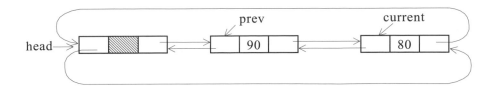

2. 之後，經由下列敘述就可達成加入的動作，

ptr.rlink = current;

ptr.llink = prev;

prev.rlink = ptr;

current.llink = ptr;

最後的圖形如下所示：

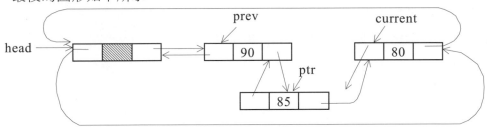

4.3.2 刪除的動作

1. 刪除雙向鏈結串列的前端節點：

此處的前端節點乃指 head.rlink 所指向的節點，因為 head 指向的節點沒有存放資料。

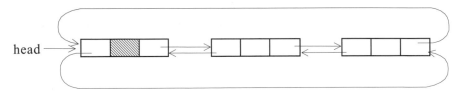

執行的步驟與示意圖如下：

(1) current = head.rlink;

(2) head.rlink = current.rlink;

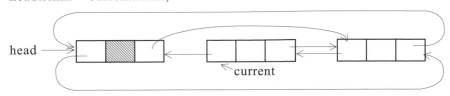

(3)　current.rlink.llink = current.llink;

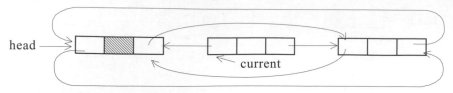

(4)　current = null;

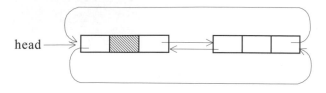

2.　刪除雙向鏈結串列的尾端節點：

刪除雙向鏈結串列尾端節點的執行步驟與示意圖如下：

(1)　首先經由下一敘述，將 tail 指向串列的尾端。

　　　tail = head.llink;

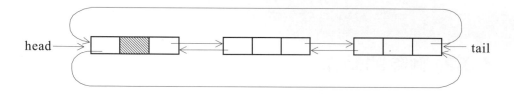

(2)　tail.llink.rlink = tail.rlink;

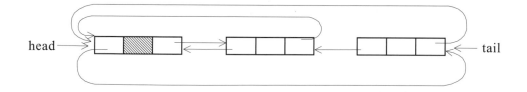

(3)　head.llink = tail.llink;

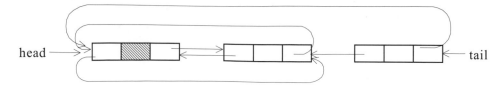

(4) tail = null;

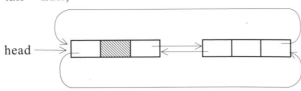

3. 刪除雙向鏈結串列的某一特定節點

刪除某一特定節點的片段程式如下：

JAVA 片段程式》 隨機刪除雙向鏈結串列的某一節點

```java
System.out.print("欲刪除的資料!");
del_node = keyboard.nextInt();
prev = head;
current = head.rlink;
while((current.rlink != head) && (!del_node.equals(current.data))) {
    prev = current;
    current = current.rlink;
}
prev.rlink = current.rlink;
current.rlink.llink = prev;
current = null;
System.out.println("The" + del_node + " record(s) deleted !!\n");
if(current == head)
    System.out.println("The" + del_node + " not found !!\n");
```

》 程式解說

此片段程式的重點如下：

1. 使用下一迴圈敘述來搜尋資料

    while ((current.rlink != head) && (!del_node.equals(current.data)))

    當找到符合的資料後，利用以下敘述

    prev.rlink = current.rlink;

    current.rlink.llink = prev;

    current = null;

    即可刪除該筆資料。

2. 使用以下的選擇敘述，判斷此資料是否存在。

    if(current == head)

        System.out.println("The" + del_node + " not found !!\n");

有關雙向鏈結串列的加入與刪除之程式實作，請參閱 4.5 節。

📖 **練習題**

1. 有一雙向鏈結串列如下：

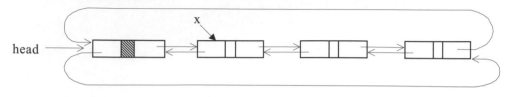

   試撰寫將一節點 new 加在 x 節點的後面之片段程式。

2. 利用上題的原始鏈結串列，試撰寫如何將 x 節點刪除之片段程式。

4.4 鏈結串列的應用

4.4.1 以鏈結串列表示堆疊

1. 加入一個節點於堆疊中：由於堆疊的運作都在同一端，因此可將它視為將節點加入於串列的前端。假設第一個節點有存放資料，如下圖所示：

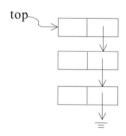

📖 **JAVA 片段程式》** 堆疊的加入

```java
public void push_stack( )
{
    ptr = new Node();
    ptr.data = java_score;
    ptr.next = top;
    top = ptr;
}
```

》程式解説

1. 程式中 java_score 為新增的資料。堆疊的加入好比將資料加入於鏈結串列的前
端。也就是將 ptr 加入於 top 之前。

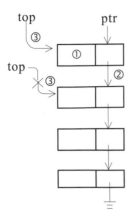

説明：

    ① ptr.data = java_score;

    ② ptr.next = top;

    ③ top = ptr;

        —✕→ 表示鏈結斷掉

2. 從堆疊刪除一節點：好比刪除鏈結串列的前端節點。

🖳 JAVA 片段程式》 堆疊的刪除

```java
public void pop_stack( )
{
    Node clear;
    if(top == null) {
        System.out.printf("堆疊是空的");
    }
    else {
        clear = top;
        Delete_data = top.data;
        top = top.next;
        clear = null;
        System.out.printf("%d 已被刪除",Delete_data);
    }
}
```

》程式解説

堆疊的刪除就如同刪除單向鏈結串列於前端，在刪除前必須先以 if(top == null)來
判斷堆疊是否為空，若是，則顯示堆疊內沒有資料。

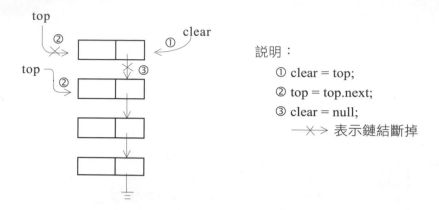

説明：

① clear = top;

② top = top.next;

③ clear = null;

    —✕→ 表示鏈結斷掉

當然也可以將堆疊的加入與刪除都作用於串列的尾端，只要作用在同一端即可。

4.4.2 以鏈結串列表示佇列

1. 加入一節點於佇列中：好比將節點加入於鏈結串列的尾端。今有一鏈結串列如下，並假設此串列第一個節點有存放資料。

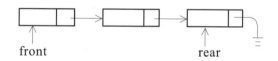

JAVA 片段程式》 佇列的加入

```java
public void enqueue( )
{
    ptr = new Node();
    ptr.data = java_score;
    ptr.next = null;
    if(rear == null)
        front = ptr;
    else
        rear.next = ptr;
    rear = ptr;
}
```

》 程式解説

1. 先判斷 rear 是否為 null; 若是，則表示新增的資料為佇列的第一筆資料;若不是，則將 rear 的 next 指向新增節點即可。執行的步驟與示意圖如下：

(a) 當 rear != null 時

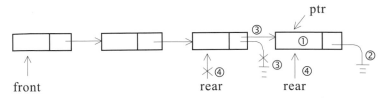

說明：

① ptr.data = java_score;

② ptr.next = null;

③ rear.next = ptr;

④ rear = ptr;

(b) 當 rear == null 時

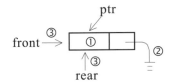

說明：

① ptr.data= java_score;

② ptr.next = null;

③ front = rear = ptr;

2. 刪除佇列的第一個節點：好比刪除鏈結串列的前端節點。

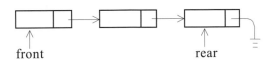

📑 JAVA 片段程式》 佇列的刪除

```java
public void dequeue( )
{
    Node clear;
    if(front == null)
    {
        System.out.printf("串列是空的");
    }
    else{
        java_score = front.data;
        clear = front;
        front = front.next;
```

```
        clear = null;
        System.out.printf("%d 已被刪除",java_score);
    }
}
```

》程式解說

若佇列的加入在串列的尾端，則刪除就是在鏈結串列的前端。當 front 等於 null 時，表示佇列內沒有資料存在。若 front 不等於 null，則比照刪除串列前端的方式來處理，如下圖所示：

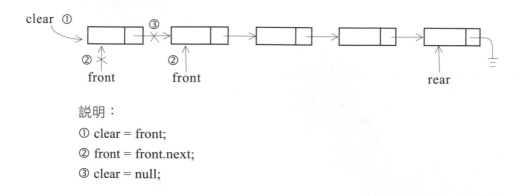

說明：

① clear = front;

② front = front.next;

③ clear = null;

4.4.3 多項式相加

多項式相加可以利用鏈結串列來完成。多項式以鏈結串列的資料結構如下：

COEF	EXP	LINK

COEF 是變數的係數，EXP 為變數的指數，而 LINK 為指向下一節點的指標。

假設有一多項式 $A = 3x^{14} + 2x^8 + 1$，以鏈結串列表示如下：

兩個多項式的相加，請看下一範例的說明。

今有二個多項式分別為

$$A = 3x^{14} + 2x^8 + 1, \quad B = 8x^{14} - 3x^{10} + 10x^6$$

以多項式表示如下：

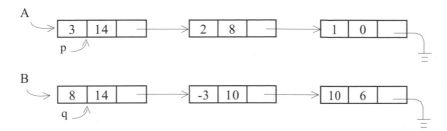

1.　此時 A、B 兩多項式的第一個節點 EXP 皆相同(EXP(p) = EXP(q))，所以相加後放入 C 串列，同時 A、B 的指標指向為下一個節點。

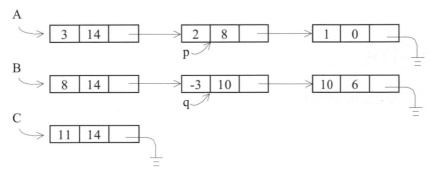

2.　由於 EXP(p) = 8 < EXP(q) = 10，因此將 B 多項式的第二個節點加入 C 多項式，並且將 q 指標指向下一個節點。

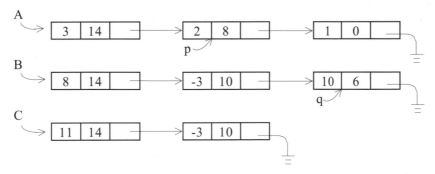

3.　由於 EXP(p) = 8 > EXP(q) = 6，因此將 A 多項式的第二個節點加入 C 多項式，並將 P 指標指向為下一個節點。

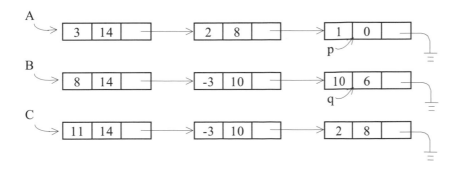

4. 依此類推，最後 C 的多項式為

$$C = 11x^{14} - 3x^{10} + 2x^8 + 10x^6 + 1$$

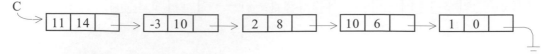

有關多項式相加之程式實作，請參閱 4.5 節。

⌨ 練習題

利用環狀串列來表示堆疊的加入和刪除。

4.5 程式實作

(一) 單向鏈結串列的運作

📋 JAVA 程式語言實作》單向鏈結串列的加入、刪除、修改與顯示

```
01   /**
02    *
03    * @author Bright
04    * Version 2
05    * update: Feb-28 2017
06    */
07
08   package singlelistver2;
09
10   import java.util.Scanner;
11   import java.util.InputMismatchException;
12
13   class Student  {
14       public String name;        // 姓名
15       public int score;          // 分數
16       public Student next;       // 下一個鏈結
17   }
18
19   class SingleListVer2
20   {
21      static Student ptr, head, current, prev, temp, modifyNode;
22      static Scanner keyboard = new Scanner(System.in);
23
24      SingleListVer2()
```

```
25      {
26          head = new Student();
27          head.next = null;
28      }
29
30      //依分數的高低加入
31      public static void insert_f()
32      {
33          System.out.println("Call insert_f().... \n");
34          ptr = new Student();
35          ptr.next=null;
36          System.out.print("Student name : ");
37          ptr.name = keyboard.next();
38
39          System.out.print("Student score: ");
40          ptr.score = keyboard.nextInt();
41          System.out.println("");
42
43          prev = head;
44          current = head.next;
45          while ((current != null) && (current.score >= ptr.score)) {
46              prev = current;
47              current = current.next;
48          }
49          ptr.next = current;
50          prev.next = ptr;
51      }
52
53      public static void delete_f()
54      {
55          System.out.println("Call delete_f().... \n");
56          String del_name="";
57          int count = 0;
58
59          if (head.next == null)
60              System.out.print("No student record\n\n");
61          else {
62              System.out.print("Delete student name: ");
63              del_name = keyboard.next();
64
65              prev = head;
66              current = head.next;
67              while ((current != null) && (!(del_name.equals(current.name)))) {
68                  prev = current;
```

```
69              current = current.next;
70           }
71           if (current != null) {
72              prev.next = current.next;
73              current = null;
74              System.out.printf("%s record is deleted\n\n", del_name);
75           }
76           else
77              System.out.printf("%s is not found\n\n", del_name);
78       }
79    }
80
81    public void modify_f()
82    {
83       System.out.println(" Call modify_f().... \n");
84       String modify_name;
85       int modify_score;
86       System.out.printf("Student name: ");
87       modify_name = keyboard.next();
88
89       prev = head;
90       current = head.next;
91       while((current != null) && !(current.name).equals(modify_name)) {
92           prev = current;
93           current = current.next;
94       }
95
96       if (current != null) {
97           System.out.printf("*************************\n");
98           System.out.printf("Original score: %d\n", current.score);
99           System.out.printf("*************************\n");
100          System.out.printf("New Score: ");
101          modify_score = keyboard.nextInt();
102          current.score = modify_score;
103          System.out.printf("Updated!\n\n");
104      }
105      else {
106          System.out.printf("%s is not found\n\n", modify_name);
107          return;
108      }
109
110      // 1. 指定 current 節點資料給 newNode
111      modifyNode = new Student();
112      modifyNode.name = current.name.substring(0);
```

```
113          modifyNode.score = current.score;
114
115          // 2. 刪除 current 節點
116          prev.next = current.next;
117
118          // 3. 再重新排序1
119          prev = head;
120          current = head.next;
121          while ((current != null) && (current.score > modifyNode.score)) {
122              prev = current;
123              current = current.next;
124          }
125          modifyNode.next = current;
126          prev.next = modifyNode;
127
128      }
129      public static void display_f()
130      {
131          int count = 0;
132          if (head.next == null)
133              System.out.print("No student record\n\n");
134          else {
135              System.out.printf("%-15s %-15s\n", "NAME", "SCORE");
136              for(int i=1; i<=25; i++)
137                  System.out.print("-");
138              System.out.printf("\n");
139              current = head.next;
140              while (current != null) {
141                  System.out.printf("%-17s", current.name);
142                  System.out.printf("%-15d\n", current.score);
143                  count++;
144                  current = current.next;
145              }
146              for(int i=1; i<=25; i++)
147                  System.out.print("-");
148              System.out.printf("\n");
149              System.out.printf("Total %d record(s) found\n\n", count);
150          }
151      }
152
153      public static void main (String args[]) // 主函數
154      {
155          int option=0;
156
```

```
157        SingleListVer2 obj = new SingleListVer2();
158        do {
159            System.out.println("******  Single list operation *****");
160            System.out.println("              <1> Insert ");
161            System.out.println("              <2> Delete ");
162            System.out.println("              <3> modify ");
163            System.out.println("              <4> Display ");
164            System.out.println("              <5> Exit ");
165            System.out.println("********************************");
166            System.out.print("    Please choice one: ");
167
168            try {
169                option = keyboard.nextInt();
170            } catch(InputMismatchException e) {
171                keyboard.nextLine();
172                System.out.printf("Not a correctly number. \n");
173                System.out.printf("Try again\n\n");
174            }
175            System.out.println("");
176            switch (option) {
177                case 1 :
178                    obj.insert_f(); // 新增函數
179                    break;
180                case 2 :
181                    obj.delete_f(); // 刪除函數
182                    break;
183                case 3 :
184                    obj.modify_f(); // 修改函數
185                    break;
186                case 4 :
187                    obj.display_f();  // 輸出函數
188                    break;
189                case 5 :
190                    System.exit(0);
191            }
192        } while (true);
193    }
194 }
```

輸出結果

```
******  Single list operation *****
      <1> Insert
      <2> Delete
      <3> modify
```

```
                <4> Display
                <5> Exit
********************************
      Please choice one: 1

Call insert_f()....

Student name : Bright
Student score: 90

******  Single list operation *****
          <1> Insert
          <2> Delete
          <3> modify
          <4> Display
          <5> Exit
********************************
      Please choice one: 1

Call insert_f()....

Student name : Mary
Student score: 80

******  Single list operation *****
          <1> Insert
          <2> Delete
          <3> modify
          <4> Display
          <5> Exit
********************************
      Please choice one: 1

Call insert_f()....

Student name : Peter
Student score: 70

******  Single list operation *****
          <1> Insert
          <2> Delete
          <3> modify
          <4> Display
          <5> Exit
********************************
      Please choice one: 4

NAME            SCORE
------------------------
Bright            90
```

```
Mary              80
Peter             70
-------------------------
Total 3 record(s) found

******   Single list operation *****
         <1> Insert
         <2> Delete
         <3> modify
         <4> Display
         <5> Exit
*********************************
    Please choice one: 3

 Call modify_f()....

Student name: Peter
*************************
Original score: 70
*************************
New Score: 85
Updated!

******   Single list operation *****
         <1> Insert
         <2> Delete
         <3> modify
         <4> Display
         <5> Exit
*********************************
    Please choice one: 4

NAME              SCORE
-------------------------
Bright            90
Peter             85
Mary              80
-------------------------
Total 3 record(s) found

******   Single list operation *****
         <1> Insert
         <2> Delete
         <3> modify
         <4> Display
         <5> Exit
*********************************
    Please choice one: 2

Call delete_f()....
```

```
Delete student name: Mary
Mary record is deleted

******  Single list operation *****
        <1> Insert
        <2> Delete
        <3> modify
        <4> Display
        <5> Exit
********************************
    Please choice one: 4

NAME            SCORE
-------------------------
Bright          90
Peter           85
-------------------------
Total 2 record(s) found

******  Single list operation *****
        <1> Insert
        <2> Delete
        <3> modify
        <4> Display
        <5> Exit
********************************
    Please choice one: 1

Call insert_f()....

Student name : Jennifer
Student score: 88

******  Single list operation *****
        <1> Insert
        <2> Delete
        <3> modify
        <4> Display
        <5> Exit
********************************
    Please choice one: 4

NAME            SCORE
-------------------------
Bright          90
Jennifer        88
Peter           85
-------------------------
Total 3 record(s) found
```

```
******  Single list operation *****
        <1> Insert
        <2> Delete
        <3> modify
        <4> Display
        <5> Exit
*********************************
    Please choice one: 5
```

(二) 環狀串列的加入與刪除

JAVA 程式語言實作》 環狀串列的加入與刪除

```java
01   package circularlist;
02
03   /**
04    *
05    * @author Bright
06    * Version 2
07    * update: March 19, 2017
08    */
09
10   import java.util.Scanner;
11   import java.util.InputMismatchException;
12
13   class Student   {
14       public String name;         // 姓名
15       public int score;           // 分數
16       public Student next;        // 下一個鏈結
17   }
18
19   class CircularList
20   {
21       static Student ptr, head, current, prev, temp, modifyNode;
22       static Scanner keyboard = new Scanner(System.in);
23
24       CircularList()
25       {
26           head = new Student();
27           head.next = head;
28       }
29
30           //依分數的高低加入
```

```
31      public static void insert_f()
32      {
33          System.out.println("Call insert_f().... \n");
34          ptr = new Student();
35          ptr.next=null;
36          System.out.print("Student name : ");
37          ptr.name = keyboard.next();
38
39          System.out.print("Student score: ");
40          ptr.score = keyboard.nextInt();
41          System.out.println("");
42
43          prev = head;
44          current = head.next;
45          while ((current != head) && (current.score >= ptr.score)) {
46              prev = current;
47              current = current.next;
48          }
49          ptr.next = current;
50          prev.next = ptr;
51      }
52
53      public static void delete_f()
54      {
55          System.out.println("Call delete_f().... \n");
56          String del_name = "";
57          int count = 0;
58
59          if (head.next == head)
60              System.out.print("No student record\n\n");
61          else {
62              System.out.print("Delete student name: ");
63              del_name = keyboard.next();
64
65              prev = head;
66              current = head.next;
67              while ((current != head) && (!(del_name.equals(current.name)))) {
68                  prev = current;
69                  current = current.next;
70              }
71              if (current != head) {
72                  prev.next = current.next;
73                  current = null;
74                  System.out.printf("%s record is deleted\n\n", del_name);
```

```
75            }
76          else
77              System.out.printf("%s is not found\n\n", del_name);
78        }
79    }
80
81    public void modify_f()
82    {
83        System.out.println(" Call modify_f().... \n");
84        String modify_name;
85        int modify_score;
86        System.out.printf("Student name: ");
87        modify_name = keyboard.next();
88
89        prev = head;
90        current = head.next;
91        while((current != head) && !(current.name).equals(modify_name)) {
92            prev = current;
93            current = current.next;
94        }
95
96        if (current != head) {
97            System.out.printf("***************************\n");
98            System.out.printf("Original score: %d\n", current.score);
99            System.out.printf("***************************\n");
100           System.out.printf("New Score: ");
101           modify_score = keyboard.nextInt();
102           current.score = modify_score;
103           System.out.printf("Updated!\n\n");
104       }
105       else {
106           System.out.printf("%s is not found\n\n", modify_name);
107           return;
108       }
109
110       // 1. 指定 current 節點資料給 newNode
111       modifyNode = new Student();
112       modifyNode.name = current.name.substring(0);
113       modifyNode.score = current.score;
114
115       // 2. 刪除 current 節點
116       prev.next = current.next;
117
118       // 3. 再重新排序1
```

```
119        prev = head;
120        current = head.next;
121        while ((current != head) && (current.score > modifyNode.score)) {
122            prev = current;
123            current = current.next;
124        }
125        modifyNode.next = current;
126        prev.next = modifyNode;
127    }
128
129    public static void display_f()
130     {
131        int count = 0;
132        if (head.next == head)
133            System.out.print("No student record\n\n");
134        else {
135            System.out.printf("%-15s %-15s\n", "NAME", "SCORE");
136            for(int i=1; i<=25; i++)
137                System.out.print("-");
138            System.out.printf("\n");
139            current = head.next;
140            while (current != head) {
141                System.out.printf("%-17s", current.name);
142                System.out.printf("%-15d\n", current.score);
143                count++;
144                current = current.next;
145            }
146            for(int i=1; i<=25; i++)
147                System.out.print("-");
148            System.out.printf("\n");
149            System.out.printf("Total %d record(s) found\n\n", count);
150        }
151    }
152
153    public static void main (String args[]) // 主函數
154    {
155        int option=0;
156
157        CircularList obj = new CircularList();
158        do {
159            System.out.println("****** Circular list operation *****");
160            System.out.println("          <1> Insert ");
161            System.out.println("          <2> Delete ");
162            System.out.println("          <3> modify ");
```

```
163        System.out.println("              <4> Display ");
164        System.out.println("              <5> Exit ");
165        System.out.println("********************************");
166        System.out.print("     Please choice one: ");
167
168        try {
169            option = keyboard.nextInt();
170        } catch(InputMismatchException e) {
171            keyboard.nextLine();
172            System.out.printf("Not a correctly number. \n");
173            System.out.printf("Try again\n\n");
174        }
175        System.out.println("");
176        switch (option) {
177            case 1 :
178                obj.insert_f(); // 新增函數
179                break;
180            case 2 :
181                obj.delete_f(); // 刪除函數
182                break;
183        case 3 :
184          obj.modify_f(); // 修改函數
185                break;
186            case 4 :
187                obj.display_f();  // 輸出函數
188                break;
189            case 5 :
190                System.exit(0);
191        }
192      } while (true);
193    }
194  }
```

輸出結果

```
******   Circular list operation *****
        <1> Insert
        <2> Delete
        <3> modify
        <4> Display
        <5> Exit
********************************
    Please choice one: 1

Call insert_f()....
```

```
Student name : Linda
Student score: 90

*****   Circular list operation *****
        <1> Insert
        <2> Delete
        <3> modify
        <4> Display
        <5> Exit
********************************
     Please choice one: 1

Call insert_f()....

Student name : Bright
Student score: 80

*****   Circular list operation *****
        <1> Insert
        <2> Delete
        <3> modify
        <4> Display
        <5> Exit
********************************
     Please choice one: 1

Call insert_f()....

Student name : Peter
Student score: 70

*****   Circular list operation *****
        <1> Insert
        <2> Delete
        <3> modify
        <4> Display
        <5> Exit
********************************
     Please choice one: 4

NAME            SCORE
------------------------
Linda           90
Bright          80
Peter           70
------------------------
Total 3 record(s) found

*****   Circular list operation *****
```

```
            <1> Insert
            <2> Delete
            <3> modify
            <4> Display
            <5> Exit
********************************
      Please choice one: 3

 Call modify_f()....

Student name: Bright
**************************
Original score: 80
**************************
New Score: 96
Updated!

******  Circular list operation *****
            <1> Insert
            <2> Delete
            <3> modify
            <4> Display
            <5> Exit
**********************************
      Please choice one: 4

NAME              SCORE
--------------------------
Bright            96
Linda             90
Peter             70
--------------------------
Total 3 record(s) found

******  Circular list operation *****
            <1> Insert
            <2> Delete
            <3> modify
            <4> Display
            <5> Exit
**********************************
      Please choice one: 2

Call delete_f()....

Delete student name: Peter
Peter record is deleted

******  Circular list operation *****
```

```
             <1> Insert
             <2> Delete
             <3> modify
             <4> Display
             <5> Exit
*********************************
     Please choice one: 4

NAME              SCORE
-------------------------
Bright            96
Linda             90
-------------------------
Total 2 record(s) found

******  Circular list operation *****
             <1> Insert
             <2> Delete
             <3> modify
             <4> Display
             <5> Exit
*********************************
     Please choice one: 1

Call insert_f()....

Student name : Jennifer
Student score: 95

******  Circular list operation *****
             <1> Insert
             <2> Delete
             <3> modify
             <4> Display
             <5> Exit
*********************************
     Please choice one: 4

NAME              SCORE
-------------------------
Bright            96
Jennifer          95
Linda             90
-------------------------
Total 3 record(s) found

******  Circular list operation *****
             <1> Insert
             <2> Delete
```

```
            <3> modify
            <4> Display
            <5> Exit
********************************
    Please choice one: 5
```

(三) 雙向鏈結串列的運作

📋 JAVA 程式語言實作》 雙向鏈結串列的加入、刪除、修改，以及顯示

```java
01   package doublelist;
02
03   /**
04    *
05    * @author Bright
06    * Version 2
07    * update date: Feb-28 2017
08    */
09
10   import java.io.*;
11   import java.util.Scanner;
12   import java.util.InputMismatchException;
13
14   // 定義一個節點，其資料包含左、右子鏈結，姓名及分數
15   class Student {
16       String name = "";    // 姓名
17       int score=0;        // 分數
18       Student llink;      // 節點的左鏈結
19       Student rlink;      // 節點的右鏈結
20   }
21
22   public class DoubleList {
23
24       Student prev, ptr, head, current, modifyNode;
25       static Scanner keyboard = new Scanner(System.in);
26
27       //初始化串列，建立一空節點為 HEAD，將左右鏈結皆指向本身
28       DoubleList()
29       {
30           ptr = new Student();
31           ptr.name = "0";
32           ptr.llink = ptr;
33           ptr.rlink = ptr;
34           head = ptr;
```

```
35        }
36
37    //加入函數，依分數的高低排序
38    public void insert_f()
39    {
40        ptr = new Student();
41        System.out.printf("\n  請輸入學生的英文姓名  : ");
42        ptr.name = keyboard.next();
43        System.out.printf("  請輸入 Java 成績 : ");
44        ptr.score = keyboard.nextInt();
45
46        System.out.println();
47        prev = head;
48        current = head.rlink;
49        while((current != head) && (current.score >= ptr.score)) {
50            prev = current;
51            current = current.rlink;
52        }
53        ptr.rlink = current;
54        ptr.llink = prev;
55        prev.rlink = ptr;
56        current.llink = ptr;
57        System.out.printf("  %s 已成功的加入\n", ptr.name);
58    }
59
60    // 刪除函數
61    public void delete_f()
62    {
63        String del_name="";
64        int count = 0;
65        current = null;
66        if(head.rlink == head)    // 無資料顯示錯誤
67            System.out.printf("\n 串列是空的 !!\n\n");
68        else {
69            System.out.printf("\n 欲刪除學生的英文姓名: ");
70            del_name = keyboard.next();
71            prev = head;
72            current = head.rlink;
73            while((current!= head) && (!del_name.equals(current.name))) {
74                prev = current;
75                current = current.rlink;
76            }
77
78            if(head != current) {
```

```
79              prev.rlink = current.rlink;
80              current.rlink.llink = prev;
81              current = null;
82              System.out.printf("%s 已被刪除了!!\n\n", del_name);
83          }
84          else
85              System.out.printf(" 串列無 %s 的資料!!\n\n", del_name);
86      }
87  }
88
89  public void modify_f()
90  {
91      String modify_name;
92      int modify_score;
93      System.out.printf("欲修改資料的姓名: ");
94      modify_name = keyboard.next();
95
96      prev = head;
97      current = head.rlink;
98      while((current != head) && !(current.name).equals(modify_name)) {
99          prev = current;
100         current = current.rlink;
101     }
102
103     if (current != head) {
104         System.out.printf("**************************\n");
105         System.out.printf("原來的分數: %d\n",current.score);
106         System.out.printf("**************************\n");
107         System.out.printf("新的分數為: ");
108         modify_score = keyboard.nextInt();
109         current.score = modify_score;
110         System.out.printf("已被修改\n");
111     }
112     else {
113         System.out.printf("無此筆資料\n");
114         return;
115     }
116
117     // 1. 指定 current 節點資料給 newNode
118     modifyNode = new Student();
119     modifyNode.name = current.name;
120     modifyNode.score = current.score;
121
122     // 2. 刪除 current 節點
```

```
123        prev.rlink = current.rlink;
124        current.rlink.llink = prev;
125        // delete current;
126        current = null;
127
128        // 3. 再重新排序
129        prev = head;
130        current = head.rlink;
131        while ((current != null) && (current.score > modifyNode.score)) {
132            prev = current;
133            current = current.rlink;
134        }
135        modifyNode.rlink = current;
136        modifyNode.llink = prev;
137        prev.rlink = modifyNode;
138        current.llink = modifyNode;
139
140    }
141    // 輸出函數
142    public void display_f()
143    {
144        int count = 0;
145
146        if(head.rlink == head) // 無資料顯示錯誤
147            System.out.printf("\n 串列是空的 !!\n");
148        else {
149            System.out.printf("\n%-10s %-10s\n", "學生姓名","Java 分數");
150            System.out.printf("--------------------------\n");
151            current = head.rlink;
152            while(current != head) {
153                System.out.printf("%-15s %-3d\n", current.name,
154                        current.score);
155                count++;
156                current = current.rlink;
157            }
158            System.out.println("--------------------------");
159            System.out.println("串列有 " + count + " 筆資料 !!\n");
160        }
161    }
162
163    // 主函數
164    public static void main (String args[])
165    {
166        int option=0;
```

```
167             DoubleList DBLink = new DoubleList();
168
169         do {
170             System.out.println();
171             System.out.println("***  雙向鏈結串列 ***");
172             System.out.println("         <1> 加入      ");
173             System.out.println("         <2> 刪除      ");
174             System.out.println("         <3> 修改      ");
175             System.out.println("         <4> 顯示      ");
176             System.out.println("         <5> 結束      ");
177             System.out.println("********************");
178             System.out.print("         請選擇 : ");
179
180             try {
181                 option = keyboard.nextInt();
182             } catch(InputMismatchException e) {
183                 keyboard.nextLine();
184                 System.out.printf("不正確的數字\n");
185                 System.out.printf("請重新輸入\n\n");
186             }
187
188             switch(option) {
189                 case 1 :
190                     DBLink.insert_f();  //新增函數
191                     break;
192                 case 2 :
193                     DBLink.delete_f();  //刪除函數
194                     break;
195                             case 3:
196                     DBLink.modify_f();  //刪除函數
197                     break;
198                 case 4 :
199                     DBLink.display_f();  //輸出函數
200                     break;
201                 case 5 :
202                     System.exit(0);
203             }
204         } while (true);
205     }
206 }
```

📑 輸出結果

```
***   雙向鏈結串列 ***
        <1> 加入
        <2> 刪除
        <3> 修改
        <4> 顯示
        <5> 結束
********************
        請選擇：1

  請輸入學生的英文姓名　：Bright
  請輸入 Java 成績：90

  Bright 已成功的加入

***   雙向鏈結串列 ***
        <1> 加入
        <2> 刪除
        <3> 修改
        <4> 顯示
        <5> 結束
********************
        請選擇：1

  請輸入學生的英文姓名　：Linda
  請輸入 Java 成績：80

  Linda 已成功的加入

***   雙向鏈結串列 ***
        <1> 加入
        <2> 刪除
        <3> 修改
        <4> 顯示
        <5> 結束
********************
        請選擇：1

  請輸入學生的英文姓名　：Mary
  請輸入 Java 成績：70

  Mary 已成功的加入

***   雙向鏈結串列 ***
        <1> 加入
        <2> 刪除
        <3> 修改
        <4> 顯示
        <5> 結束
```

```
*********************
        請選擇：4

學生姓名         Java 分數
---------------------------
Bright          90
Linda           80
Mary            70
---------------------------
串列有 3 筆資料！！


***   雙向鏈結串列 ***
        <1> 加入
        <2> 刪除
        <3> 修改
        <4> 顯示
        <5> 結束
*********************
        請選擇：3
欲修改資料的姓名：Mary
**************************
原來的分數：70
**************************
新的分數為：85
已被修改

***   雙向鏈結串列 ***
        <1> 加入
        <2> 刪除
        <3> 修改
        <4> 顯示
        <5> 結束
*********************
        請選擇：4

學生姓名         Java 分數
---------------------------
Bright          90
Mary            85
Linda           80
---------------------------
串列有 3 筆資料！！


***   雙向鏈結串列 ***
        <1> 加入
        <2> 刪除
        <3> 修改
        <4> 顯示
```

```
        <5> 結束
********************
        請選擇 : 1

  請輸入學生的英文姓名　: Peter
  請輸入 Java 成績 : 86

  Peter 已成功的加入

***  雙向鏈結串列  ***
        <1> 加入
        <2> 刪除
        <3> 修改
        <4> 顯示
        <5> 結束
********************
        請選擇 : 4

學生姓名        Java 分數
---------------------------
Bright          90
Peter           86
Mary            85
Linda           80
---------------------------
串列有 4 筆資料 !!


***  雙向鏈結串列  ***
        <1> 加入
        <2> 刪除
        <3> 修改
        <4> 顯示
        <5> 結束
********************
        請選擇 : 2

  欲刪除學生的英文姓名: Mary
Mary 已被刪除了!!


***  雙向鏈結串列  ***
        <1> 加入
        <2> 刪除
        <3> 修改
        <4> 顯示
        <5> 結束
********************
        請選擇 : 4
```

```
學生姓名        Java 分數
---------------------------
Bright          90
Peter           86
Linda           80
---------------------------
串列有 3 筆資料 !!


***   雙向鏈結串列 ***
        <1> 加入
        <2> 刪除
        <3> 修改
        <4> 顯示
        <5> 結束
********************
        請選擇 : 5
```

(四) 多項式相加

📄 JAVA 程式語言實作》多項式相加，並使用降冪排列輸入

```java
01  package polyadd;
02
03  /**
04   *
05   * @author Bright
06   * Version 2
07   * Update date: March 20, 2017
08   */
09
10  import java.io.*;
11  import java.util.Scanner;
12  import java.util.InputMismatchException;
13
14  class Poly {
15     public int coef;    /* 多項式係數 */
16     public int exp;     /* 多項式指數 */
17     Poly next;
18  };
19
20  class PolyAdd  {
21
22      public Poly ptr, eq_h1, eq_h2, ans_h;
23
24      public Poly input()
```

```
25      {
26          Poly eq_h = null, prev = null;
27          String temp;
28          Scanner keyboard = new Scanner(System.in);
29          while(true) {
30              ptr = new Poly();
31              ptr.next = null;
32              System.out.print("請輸入係數...");
33
34              try {
35                  ptr.coef = keyboard.nextInt();
36              } catch(InputMismatchException e) {
37                  keyboard.nextLine();
38                  System.out.printf("Not a correctly number.\n");
39                  System.out.printf("Try again\n\n");
40              }
41              if(ptr.coef == 0)
42                  return eq_h;
43
44              System.out.print("請輸入指數...");
45              try {
46                  ptr.exp = keyboard.nextInt();
47              } catch(InputMismatchException e) {
48                  keyboard.nextLine();
49                  System.out.printf("Not a correctly number.\n");
50                  System.out.printf("Try again\n\n");
51              }
52              if(eq_h == null)
53                  eq_h = ptr;
54              else
55                  prev.next = ptr;
56              prev = ptr;
57          }
58      }
59
60      public void poly_add()
61      {
62          Poly this1, this2, prev;
63          this1 = eq_h1;
64          this2 = eq_h2;
65          prev = null;
66          while(this1 != null || this2 != null) {
67              ptr = new Poly();
68              ptr.next = null;
```

```
69              /* 第一個多項式的指數大於第二個多項式 */
70              if((this1 != null && this2 == null) || this1 != null
71                            && this1.exp > this2.exp) {
72                  ptr.coef = this1.coef;
73                  ptr.exp = this1.exp;
74                  this1 = this1.next;
75              } else
76              /* 第一個多項式的指數小於第二個多項式 */
77              if(this1 == null || this1.exp < this2.exp) {
78                    ptr.coef = this2.coef;
79                    ptr.exp = this2.exp;
80                    this2 = this2.next;
81              } else  {     /* 兩個個多項式的指數相等，則進行相加 */
82                    ptr.coef = this1.coef + this2.coef;
83                    ptr.exp = this1.exp;
84                    if(this1 != null)
85                        this1 = this1.next;
86                    if(this2 != null)
87                        this2 = this2.next;
88              }
89
90              /* 當相加結果不等於0，則放入 ans_h 的多項式中 */
91              if(ptr.coef != 0) {
92                  if(ans_h == null)
93                      ans_h = ptr;
94                  else
95                      prev.next = ptr;
96                  prev = ptr;
97              }
98              else
99                  ptr = null;
100         }
101     }
102
103     public void show_poly(Poly head, String text)
104     {
105         Poly node;
106         node = head;
107         System.out.print(text);
108         while(node != null) {
109             System.out.print(node.coef + "x^" + node.exp);
110             if(node.next != null && node.next.coef >= 0)
111                 System.out.print("+");
112             node = node.next;
```

```
113        }
114        System.out.print("\n");
115    }
116
117    public static void main(String args[])
118    {
119        PolyAdd obj = new PolyAdd();
120        System.out.print("*************************************\n");
121        System.out.print(" -- 多項式的格式為: ax^b --\n");
122        System.out.print("*************************************\n");
123        System.out.println("\n<< 第一個多項式為 0, 則結束 >>");
124        obj.eq_h1 = obj.input();
125        System.out.println("\n<< 第二個多項式為 0, 則結束 >>");
126        obj.eq_h2 = obj.input();
127        obj.poly_add();
128        System.out.println("");
129        obj.show_poly(obj.eq_h1, "第一個多項式為: ");
130        obj.show_poly(obj.eq_h2, "第二個多項式為: ");
131        obj.show_poly(obj.ans_h, "相加結果為: ");
132    }
133 }
```

輸出結果

```
*************************************
 -- 多項式的格式為: ax^b --
*************************************

<< 第一個多項式 (若係數為 0,則結束) >>
請輸入係數...5
請輸入指數...3
請輸入係數...4
請輸入指數...2
請輸入係數...9
請輸入指數...1
請輸入係數...8
請輸入指數...0
請輸入係數...0

<< 第二個多項式 (若係數為 0,則結束) >>
請輸入係數...8
請輸入指數...2
請輸入係數...6
請輸入指數...1
請輸入係數...2
請輸入指數...0
請輸入係數...0
```

第一個多項式為：5x^3+4x^2+9x^1+8x^0
第二個多項式為：8x^2+6x^1+2x^0
　相加的結果為：5x^3+12x^2+15x^1+10x^0

4.6 動動腦時間

1. 試比較循序串列(sequential list)與鏈結串列(linked list)之優缺點。[4.1]

2. 試撰寫回收單向鏈結串列和環狀串列的片段程式，並分析其 Big-O 為何。[4.1, 4.2]

3. 試述單向鏈結串列與雙向鏈結串列有何優缺點。[4.1, 4.3]

4. 請利用鏈結串列來表示兩個多項式，例如：$A = 4x^{12} + 5x^8 + 6x^3 + 4$，$B = 3x^{12} + 6x^7 + 2x^4 + 5$。[4.4.3]

   (a) 試設計此兩多項式的資料結構。

   (b) 寫出兩多項式相加的演算法。

   (c) 分析此演算法的 Big-O。

5. 請撰寫單向鏈結串列加入與刪除某一節點之演算法。此處假設 head 指向的節點有存放資料，順便比較 head 節點不存放資料的作法。(注意：此節點可能位於前端或尾端或中間某一節點)。[4.1, 4.2, 4.3]

6. 試撰寫雙向鏈結串列的加入和刪除前端節點的演算法，此處假設 head 指向的節點有存放資料。[4.3]

5

遞迴

假設有一函數 recur,在此函數內若有一敘述又呼叫 recur 函數,則稱此函數為遞迴函數(Recursive function)。我們常會應用遞迴的觀念來處理具有規律性的問題,如 N 階乘,費氏數列,及河內塔等等。

5.1 N 階乘

n! = n * (n-1)!
(n-1)! = (n-1) * (n-2)!
(n-2)! = (n-2) * (n-3)!
 ⋮
 ⋮
1! = 1

從上述得知,某一整數 n 的階乘,即為本身 n 乘以(n 減 1)階乘,而(n 減 1)階乘,即為(n 減 1)乘以(n 減 2)階乘,…,最後是 1 的階乘為 1。其片段程式如下:

JAVA 片段程式》 以遞迴計算 n!

```java
public int fact(int n)
{
    if (n == 1)
        return (1);
    else
        return(n * fact(n-1));
}
```

在撰寫遞迴函數時，一定要有結束點，才能使函數得以往上追溯回去。如上例，當 n = 1 時，傳回 1，因此，n 為 1 時，就是此遞迴函數的結束點。

》程式解說

若以圖形表示 n! 階乘的做法；假設 n = 4，其步驟如下(注意箭頭所指的方向)：

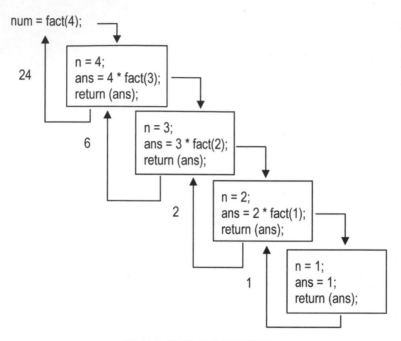

圖 5.1 計算 4!的遞迴過程

上述的片段程式是以遞迴的方式撰寫的。當然，計算 N 階乘也可以使用反覆性 (iterative)的方式撰寫之。其片段程式如下：

📱 JAVA 片段程式》 使用反覆性的方式來計算 n!

```java
public int fact_iter(int n)
{
    int sum=1;
    int  i=0;

    if (n == 0 || n == 1)          // 當n=1時,1!=1
        return 1;                  // 故直接傳回1
    else {
        for (i = 2; i <= n; i++)   // sum 記錄目前階乘之和
            sum *= i;              // sum 與 i 相乘之後存回 sum 中
    }
    return sum;
}
```

》程式解説

程式中設定 n 等於 0 或 1 時，其階乘為 1，即

　　0! = 1, 1! = 1

其餘的正整數之階乘，乃是利用一個 for 迴圈執行之，不過要注意其結果是否超出其範圍。

有關 N 階乘的程式實作，請參閱 5.4 節。

練習題

請分別利用遞迴和反覆性的方法，計算兩個整數的最大公約數(gcd)。

5.2 費氏數列

費氏數列(Fibonacci number)表示某一數為其前二個數的和，假設 $n_0 = 1$，$n_1 = 1$，則

$$n_2 = n_1 + n_0 = 1 + 1 = 2$$
$$n_3 = n_2 + n_1 = 2 + 1 = 3$$
$$\vdots$$
$$\vdots$$

所以 $n_i = n_{i-1} + n_{i-2}$

以遞迴方式計算費氏數列的片段程式如下：

JAVA 片段程式》 以遞迴方式計算費氏數列

```java
public int fibon(int n)
{
    if (n == 0 || n == 1)    // 第 0 項與第 1 項為 1
        return 1;
    else
        return(fibon(n-1) + fibon(n-2));
}
```

》程式解説

當 n 等於 0 或 1 的時，兩項皆為 1，亦即 $n_0 = 1$，$n_1 = 1$，再利用

　　fibon(n) = fibon(n-1) + fibon(n-2);

來計算費氏數列第 n 項的值。下列是費氏數列第 0 項，第 1 項，…至第 10 項的值

　　1, 1, 2, 3, 5, 8, 13, 21, 34, 55, 89

同樣也可以反覆性方式來計算費氏數列，其片段程式如下：

JAVA 片段程式》 以反覆性方式計算費氏數列

```java
public int fibon_iter(int n)
{
    int backitem1;      // 前一項值
    int backitem2;      // 前二項值
    int thisitem = 0;   // 目前項數值
    int i;

    if (n == 0)         // 費氏數列第 0 項為 1
        return 1;
    else if (n == 1)    // 第二項為 1
        return 1;
    else    {
        backitem2 = 1;
        backitem1 = 1;

        // 利用迴圈將前二項相加後放入目前項
        // 之後改變前二項的值
        for ( i = 2 ; i <= n ; i++ ) {
            // F(i) = F(i-1) + F(i-2)
            thisitem = backitem1 + backitem2;
            // 改變前二項之值
            backitem2 = backitem1;
            backitem1 = thisitem;
        }

        return (thisitem);
    }
}
```

》程式解說

費氏數列乃是利用下列公式計算之

　　$F(i) = F(i-1) + F(i-2);$

即某一項是前二項的和。其中 thisitem 表示目前這一項的數值，而 backitem1 和 backitem2 分別表示前第一項和前第二項的數值。經由 for 迴圈就可以輕易求出費氏數列中某一項的數值。

有關費氏數列的程式實作，請參閱 5.4 節。

5.3　一個典型的遞迴範例：河內塔

十九世紀在歐洲有一遊戲稱為河內塔(Hanoi towers)，有 64 個大小不同的金盤子，三個鑲鑽石的柱子分別為 A、B、C，今想把 64 個金盤子，借助 B 柱子，從 A 柱子，移至 C 柱子，遊戲規則為：

1.　每次只能搬移一個盤子；

2.　盤子有大小之分，而且大盤子在下，小盤子在上。

假設有 n 個金盤子(1, 2, 3, ..., n-1)，數字愈大表示重量愈重，其搬移的演算法如下：

1.　假使 n = 1 則

　　(1)　搬移第 1 個盤子，從 A 至 C

2.　否則

　　(1)　搬移 n-1 個盤子，從 A 至 B，藉助 C

　　(2)　搬移第 n 個盤子，從 A 至 C

　　(3)　搬移 n-1 個盤子，從 B 至 C，藉助 A

有關河內塔的片段程式如下：

📑 JAVA 片段程式》 河內塔

```java
public static void tower(int n, char from, char aux, char to)
{
    if (n == 1)
        System.out.printf("Move disk %d from %c --> %c\n", n, from, to);
    else {
        // 將 A 上 n-1 個盤子借助 C 移至 B
        tower(n-1, from, to, aux) ;
        System.out.printf("Move disk %d from %c --> %c\n", n, from, to);
        // 將 B 上 n-1 個盤子借助 A 移至 C
        tower(n-1, aux, from, to) ;
    }
}
```

》程式解說

假設以 3 個金盤子為例：從 A 柱子搬到 C 柱子，而 B 為輔助的柱子。

》說明

1. 將 1 號金盤子從 A 搬到 C

2. 將 2 號金盤子從 A 搬到 B，結果如下圖所示：

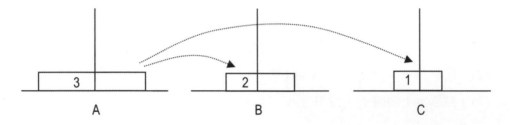

3. 將 1 號金盤子由 C 搬到 B

4. 將 3 號金盤子由 A 搬到 C，結果如下圖所示：

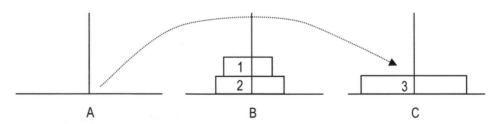

5. 將 1 號金盤子由 B 搬到 A

6. 將 2 號金盤子由 B 搬到 C，結果如下圖所示：

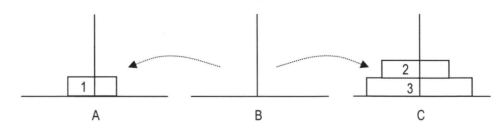

7.　將 1 號金盤子由 A 搬到 C，結果如下圖：

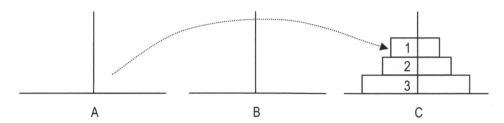

完成了！

程式追蹤的示意圖如下：

tower(3, A, B, C)

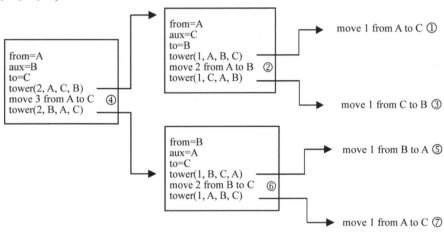

有關河內塔的程式實作，請參閱 5.4 節。

⌨ 練習題 - ▪

利用上述河內塔的片段程式，請自行揣摩有 4 個金盤子的處理過程。

- ▪

5.4 程式實作

(一) 利用遞迴方式計算 N 階乘

JAVA 程式語言實作》利用遞迴方式計算 N 階乘

```java
01  package factor;
02
03  /**
04   *
05   * @author Bright
06   * Version 3
07   * Update date: August 20, 2018
08   */
09
10  import java.io.*;
11  import java.util.Scanner;
12  import java.util.InputMismatchException;
13
14  class Factor
15  {
16
17      public int fact(int n)
18      {
19          if (n == 1)
20              return (1);
21          else
22              return(n * fact(n-1));
23      }
24
25      public static void main (String args[])  //主函數
26      {
27          Scanner keyboard = new Scanner(System.in);
28          Factor obj = new Factor();
29          String ch = "";
30          int n=0;
31
32          System.out.print("-----Factorial counting Using Recursive----");
33          do {
34              System.out.print("\nEnter a number( 0<=n<=12 ) to count n!: ");
35
36              try {
37                  n = keyboard.nextInt();
38              } catch(InputMismatchException e) {
```

```
39              keyboard.nextLine();
40              System.out.printf("Not a correctly number.\n");
41              System.out.printf("Try again\n\n");
42          }
43
44          // n 值在一般系統中超過 13 會產生 overflow 得到不正確的值
45          if ( n < 0 || n >12 )
46              System.out.println("input out of range !\n");
47          else
48              System.out.println(n + "! = " + obj.fact(n) + "\n");
49
50          System.out.print("Continue (y/n) ? ");
51          ch = keyboard.next();
52      } while (ch.equals("y")) ;
53    }
54 }
```

📑 輸出結果

```
-----Factorial counting Using Recursive----
Enter a number( 0<=n<=12 ) to count n!: 5
5! = 120

Continue (y/n) ? y

Enter a number( 0<=n<=12 ) to count n!: 10
10! = 3628800

Continue (y/n) ? y

Enter a number( 0<=n<=12 ) to count n!: 12
12! = 479001600

Continue (y/n) ? n
```

(二) 利用遞迴方式計算費氏數列

📑 **JAVA 程式語言實作》** 利用遞迴方式計算費氏數列

```
01  package fib;
02
03  /**
04    *
05    * @author Bright
06    * Version 3
07    * Update date: August 20, 2018
```

```
08      */
09
10    import java.io.*;
11    import java.util.Scanner;
12    import java.util.InputMismatchException;
13
14    class Fib
15    {
16        public int fibon(int n)
17        {
18            if ( n == 0 || n == 1)  // 第0項與第1項為1
19                return 1;
20            else
21                return( fibon(n-1) + fibon(n-2) );
22        }
23
24        public static void main (String args[])   // 主函數
25        {
26            Scanner keyboard = new Scanner(System.in);
27            Fib obj= new Fib();
28            String ch="";
29            int n=0;
30
31            System.out.print("-----Fibonacci numbers using recursive-----");
32            do {
33                System.out.print("\nEnter a number(n>=0) : ");
34                try {
35                    n = keyboard.nextInt();
36                } catch(InputMismatchException e) {
37                    keyboard.nextLine();
38                    System.out.printf("Not a correctly number.\n");
39                    System.out.printf("Try again\n\n");
40                }
41
42                // n 值大於0
43                if (n < 0)
44                    System.out.printf("Number must be > 0\n\n");
45                else
46                    System.out.println("Fibonacci(" + n + ") = " + obj.fibon(n) + "\n");
47                System.out.print("Contiune (y/n) ? ");
48                ch = keyboard.next();
49            } while (ch.equals("y"));
50        }
51    }
```

📑 輸出結果

```
-----Fibonacci numbers using recursive-----
Enter a number(n>=0) : 15
Fibonacci(15) = 987

Contiune (y/n) ? y

Enter a number(n>=0) : 20
Fibonacci(20) = 10946

Contiune (y/n) ? y

Enter a number(n>=0) : 30
Fibonacci(30) = 1346269

Contiune (y/n) ? y

Enter a number(n>=0) : 35
Fibonacci(35) = 14930352

Contiune (y/n) ? n
```

(三) 利用遞迴方式解河內塔問題

📑 **JAVA 程式語言實作》** 利用遞迴方式解河內塔問題

```
01  package hanoi;
02
03  /**
04   *
05   * @author Bright
06   * Version 3
07   * Update date: August 20, 2018
08   */
09
10  // Rules :
11  //      河內塔問題目的乃在三根柱子中,將 n 個盤子從
12  //      A 柱子搬到 C 柱中,每次只移動一盤子,而且必須遵守
13  //      每個盤子都比其上面的盤子還要大的原則。
14  //
15  // Ans :
16  //      河內塔問題的想法必須針對最底端的盤子。
17  //      我們必須先把 A 柱子頂端 n-1 個盤子想辦法(借助 C 柱)移至 B 柱子
18  //      然後才能將想最底端的盤子移至 C 柱。
19  //      此時 C 有最大的盤子,B 總共 n-1 個盤子,A 柱則無。
20  //      只要再借助 A 柱子,將 B 柱 n-1 個盤子移往 C 柱即可:
```

```
21  //
22  //      tower(n-1,A,C,B) ;
23  //      將 A 頂端 n-1 個盤子借助 C 移至 B
24  //      tower(n-1,B,A,C) ;
25  //      將 B 上的 n-1 個盤子借助 A 移至 C
26
27  import java.io.*;
28  import java.util.Scanner;
29  import java.util.InputMismatchException;
30
31  class Hanoi
32  {
33      // 遞迴函數呼叫求河內塔之解
34      public static void tower(int n, char from, char aux, char to)
35      {
36          if (n == 1)
37              System.out.printf("Move disk %d from %c --> %c\n", n, from, to);
38          else {
39              // 將 A 上 n-1 個盤子借助 C 移至 B
40              tower(n-1, from, to, aux) ;
41              System.out.printf("Move disk %d from %c --> %c\n", n, from, to);
42              // 將 B 上 n-1 個盤子借助 A 移至 C
43              tower(n-1, aux, from, to) ;
44          }
45      }
46
47      public static void main (String args[]) //主函數
48      {
49          Scanner keyboard = new Scanner(System.in);
50          Hanoi obj = new Hanoi();
51          int n = 0 ;
52          String ch = "";
53          char A='A', B='B', C='C';
54
55          System.out.print("-----Hanoi Tower Implementaion----\n");
56          // 輸入共有幾個盤子在 A 柱子中
57          do {
58              System.out.printf("How many disks in A? ");
59              try {
60                  n = keyboard.nextInt();
61              } catch(InputMismatchException e) {
62                  keyboard.nextLine();
63                  System.out.printf("Not a correctly number. \n");
64                  System.out.printf("Try again\n\n");
```

```
65            }
66            if (n == 0)
67                System.out.print("no disk to move\n");
68            else
69                obj.tower(n,A,B,C) ;
70            System.out.printf("\nContinue (y/n)? ");
71            ch = keyboard.next();
72        } while (ch.equals("y"));
73
74    }
75 }
```

輸出結果

```
-----Hanoi Tower Implementaion----
How many disks in A? 3
Move disk 1 from A --> C
Move disk 2 from A --> B
Move disk 1 from C --> B
Move disk 3 from A --> C
Move disk 1 from B --> A
Move disk 2 from B --> C
Move disk 1 from A --> C

Continue (y/n)? y
How many disks in A? 5
Move disk 1 from A --> C
Move disk 2 from A --> B
Move disk 1 from C --> B
Move disk 3 from A --> C
Move disk 1 from B --> A
Move disk 2 from B --> C
Move disk 1 from A --> C
Move disk 4 from A --> B
Move disk 1 from C --> B
Move disk 2 from C --> A
Move disk 1 from B --> A
Move disk 3 from C --> B
Move disk 1 from A --> C
Move disk 2 from A --> B
Move disk 1 from C --> B
Move disk 5 from A --> C
Move disk 1 from B --> A
Move disk 2 from B --> C
Move disk 1 from A --> C
Move disk 3 from B --> A
Move disk 1 from C --> B
Move disk 2 from C --> A
Move disk 1 from B --> A
```

```
Move disk 4 from B --> C
Move disk 1 from A --> C
Move disk 2 from A --> B
Move disk 1 from C --> B
Move disk 3 from A --> C
Move disk 1 from B --> A
Move disk 2 from B --> C
Move disk 1 from A --> C

Continue (y/n)? n
```

5.5 動動腦時間

1. 發揮您的想像力，舉一、二個範例，並詳細說明其遞迴的作法。[ch5]

2. 承上題，將您所舉的範例，利用 Java 程式加以實作之(含遞迴和反覆性)。[ch5]

樹狀結構

樹的定義如下：樹是由節點(nodes)和邊(edges)所組成的集合。它包括 (1)有一特殊的節點，稱為樹根(root)；(2)其餘的節點分成 n 個(n ≥ 0) 互斥的集合 T_1，T_2，…，T_n，每一個集合皆是一棵樹。T_1，T_2，…，T_n是樹根的子樹(subtrees)。

6.1 一些專有名詞

我們利用圖 6-1 來說明樹狀結構的一些專有名詞。

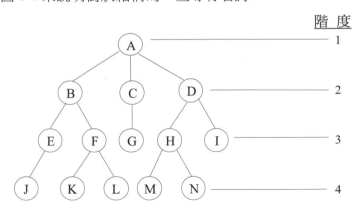

圖 6-1 樹的表示法

1. 節點(node)與邊(edge)：節點代表某項資料，而邊是指由一節點到另一節點的分支。如圖 6-1 有 14 個節點，其節點的資料是英文字母。

2. 祖先(ancestor)節點與子孫(descendant)節點：若從節點 X 有一條路徑通往節點 Y，則 X 是 Y 的祖先，Y 是 X 的子孫。如圖 6-1，節點 A 可通往 K，故稱 A

是 K 的祖先，而 K 是 A 的子孫。其實我們可以說樹根是所有節點的祖先節點，而所有節點是樹根的子孫節點。

3. 父節點(parent node)與子節點(children node)：若節點 X 直接到節點 Y，則稱 X 為 Y 的父節點，Y 為 X 的子節點。如圖 6-1，A 為 B、C、D 的父節點，B、C、D 為 A 的子節點。

4. 兄弟節點(sibling node)：具有相同父節點的子節點。如圖 6-1 的 B、C、D 為 A 節點的兄弟節點。

5. 非終點節點(non-terminal node)：有子節點的節點稱之。如圖 6-1，除了 J、K、L、G、M、N、I 外，其餘的節點皆為非終點節點。

6. 終點節點(terminal node)或樹葉節點(leaf node)：沒有子節點的節點稱為終點節點，如圖 6-1，J、K、L、G、M、N、I 皆為樹葉節點。

7. 分支度(degree)：一個節點的分支度是它擁有子節點的個數。如圖 6-1 的 A 節點之分支度為 3，而 B 為 2。一棵樹的分支度，以此棵數中具有最大分支度稱之，如圖 6-1，這棵樹的分支度為 3。

8. 階度(level)：樹中節點世代的關係，一代為一個階度，樹根的階度為 1，如圖 6-1 所示，此棵樹的階度為 4。

9. 高度(height)：樹中某節點的高度，為此節點到至樹葉節點的最長路徑(path)之長度，如圖 6-1 的 A 節點高度為 3，C 節點的高度為 1。而樹的高度取此棵樹所有節點中高度最大的。如圖 6-1，此棵樹的高度為 3。

10. 深度(depth)：某個節點的深度，為此節點至樹根的路徑長度，如圖 6-1 的 C 節點其深度為 1，而 M、N 節點的深度為 3，同理，E 節點的深度為 2。

樹林(forest)是由 n 個(n ≥ 0)互斥樹(disjoint trees)所組合而成的。一棵樹若去除樹根，則將形成樹林。如圖 6-1，若移去節點 A，則形成三棵樹林。

樹的表示方法除了以圖 6-1 的方法來表示外，亦可以使用(A (B (E (J), F (K, L))), C (G), D (H (M, N), I)) 來表示，如節點 D 有 2 個子節點，分別是 H, I；而節點 H 又有 2 個子節點 M, N。節點 C 有一子節點 G。節點 B 有二個子節點 E 和 F，節點 E 有一個子節點 J，節點 F 有二個子節點 K 和 L，最後節點 A 有三個子節點 B、C、D。

前面曾提及一個節點的分支度即為它擁有子節點的個數。由於每個節點分支度不一樣，所以儲存的欄位長度取決於這棵樹的分支度。因此節點的資料結構如下：

DATA	LINK1	LINK2	......	LINKn

假設有一棵樹的分支度為 k，並有 n 個節點，則它需要 nk 個 LINK 欄位。從圖 6-1 得知，除了樹根外，每一節點都有一 LINK 所指向它，所以共有 n–1 個 LINK，這樣造成了 nk – (n–1) = nk – n + 1 個 LINK 浪費，大約有三分之二的 LINK 都是空的。為了避免浪費太多的空間，將一般樹化為二元樹(binary tree)是有必要的。

練習題

有一棵樹其分支度為 8，並且有 25 個節點，試問此棵樹需要多少個 LINK 欄位，實際上用了幾個，浪費了幾個 LINK。

6.2 二元樹

二元樹(binary tree)的定義如下：它是由節點所組成的有限集合，這個集合不是空集合就是由左子樹(left subtree)和右子樹(right subtree)所組成的。其中左子樹和右子樹也可以是空集合。

二元樹與一般樹不同的地方是：

1. 二元樹的節點個數可以是零，而一般樹至少要有一個節點(樹根)。

2. 二元樹有左、右順序之分，而一般樹則沒有。

3. 二元樹中每一節點的分支度至多為 2，而一般樹則無此限制。

如圖 6-2 之(a)與(b)是兩棵不一樣的二元樹，圖 6-2 之(a)，右子樹是空集合，而圖 6-2 之(b)，左子樹是空集合。

(a)   (b)

圖 6-2 兩棵不一樣的二元樹

讓我們再看下面三棵二元樹：

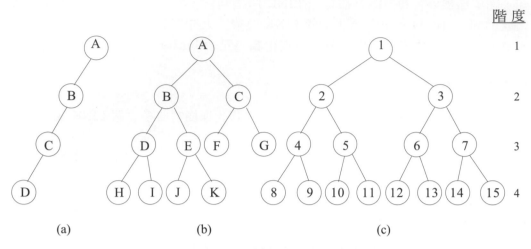

圖 6-3　三棵不同性質的二元樹

其中圖 6-3 之(a)稱為左斜樹(left skewed tree)，因為每一節點的右子樹皆為空集合，當然右斜樹(right skewed tree)就是左子樹為空集合。有一棵階度等於 k 的二元樹，若含有 $2^k - 1$ 個節點數，則稱之為滿枝二元樹(fully binary tree)，若含有的節點數少於 $2^k - 1$，而且節點排列的順序如同滿枝二元樹，則稱之為完整二元樹 (complete binary tree)。圖 6-3 之(c)其階度為 4，而且共有 $2^4 - 1 = 15$ 個節點，所以它是一棵滿枝二元樹; 而圖 6-3 之(b)，其階度也是 4，但節點數少於 15 個，而且每個節點的排列順序如同圖 6-3 之(c)，所以它是一棵完整二元樹。

我們再來看看有關二元樹的一些現象如下：

1. 一棵二元樹在第 i 階度的最多節點數為 2^{i-1}, i ≥1。

2. 一棵階度(或深度)為 k 的二元樹，最多的節點數為 $2^k - 1$，k ≥ 1。

3. 一棵二元樹，若 n_0 表示所有的樹葉節點，n_2 表示所有分支度為 2 的節點，則 $n_0 = n_2 +1$。

圖 6-3 之(c)所示第 4 階度的最多節點數為 $2^{(4-1)} = 8$，而全部節點為 $2^4 - 1 = 15$ 個。

假設 n_1 是分支度為 1 的節點數，n 是節點總數。由於二元樹所有節點的分支度皆小於等於 2，因此 $n = n_0 + n_1 + n_2$。除了樹根外，每一節皆點都有分支(branch)指向它本身，假若有 B 個分支個數，則 n = B + 1；每一分支皆由分支度為 1 或 2 的節點引出，所以 $B = n_1 + 2n_2$，將它代入 n = B + 1 ⇒ $n = n_1 + 2n_2 + 1$。而 n 也等於 $n_0 + n_1 + n_2$，故 $n_0 + n_1 + n_2 = n_1 + 2n_2 + 1$，所以 $n_0 = n_2 + 1$，由此得證。圖 6-3 之(c)，樹葉節點有 8 個，$n_2 = 7$，所以 $n_0 = n_2 + 1 \Rightarrow 8 = 7 + 1$。

如果有一n個節點的完整二元樹，以循序的方式編號，如圖6-3(c) 所示，則樹中任何一個節點i，$1 \leq i \leq n$，具有下列關係：

1. 若 $i = 1$，則 i 為樹根，且沒有父節點。若 $i \neq 1$，則第 i 個節點的父節點為 $\lfloor i/2 \rfloor$ (此處的 $\lfloor i/2 \rfloor$ 表示小於或等於 i / 2 的最大正整數)。

2. 若 $2i \leq n$，則節點 i 的左子節點在 2i。若 $2i > n$，則沒有左子節點。

3. 若 $2i + 1 \leq n$，則節點 i 的右子節點在 2i + 1。若 $2i + 1 > n$，則沒有右子節點。

⌨ 練習題

有一棵二元樹如下：

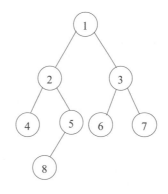

1. 試回答下列問題 (yes 或 no)
   (1) 它是一棵二元樹嗎？
   (2) 它是一棵滿枝二元樹嗎？
   (3) 它是一棵完整二元樹嗎？

2. 假設樹根的階度為 1，而且整棵二元樹的階度為 8，試回答下列問題
   (1) 此棵二元樹共有多少個節點。
   (2) 在第 6 階度最多有多少節點。

3. 假使樹葉節點共有 128 個，試問分支度為 2 的節點共有多少個。

6.3 二元樹的表示方法

如何將二元樹的節點儲存在一維陣列呢？我們可以想像此二元樹為滿枝二元樹，第 i 階度具有 2^{i-1} 個節點，依此類推。假若是三元樹，則第 i 階度會有 3^{i-1} 個節點。圖 6-4 之(a)、(b)、(c)分別是圖 6-3 之(a)、(b)、(c)儲存在一維陣列的表示法。

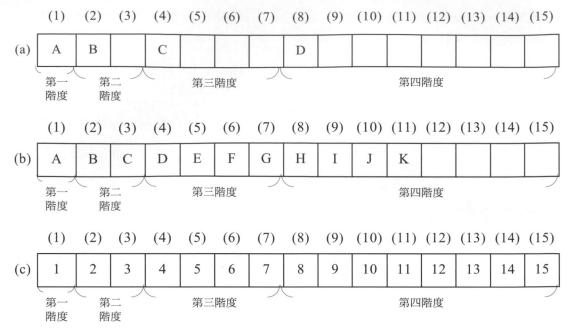

圖 6-4 以一維陣列儲存的表示法

上述的循序表示法，對完整二元樹或滿枝二元樹都相當合適。其它的二元樹，如左、右斜樹則會造成許多空間的浪費，而且在加入或刪除某一節點時，往往需要移動很多節點位置。此問題可以利用鏈結方式來解決，將每一節點劃分三個欄位，左鏈結(left link)以 LLINK 表示，資料(data)以 DATA 表示，右鏈結(right link)則以 RLINK 表示之，如圖 6-5 所示：

圖 6-5 二元樹的資料結構

依據圖 6-5 的節點表示法，就可以將圖 6-3 之(b)以圖 6-6 來表示。

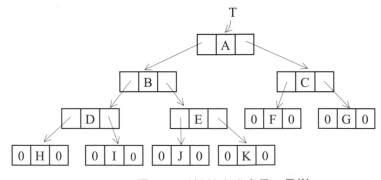

圖 6-6 以鏈結方式表示二元樹

練習題

若以一維陣列儲存一棵三元樹，則每一階度所儲存的節點應如何表示之。

6.4 二元樹追蹤

如何拜訪二元樹中的所有節點，可利用以下三種追蹤方式：

1. 中序追蹤(inorder traversal)：先拜訪左子樹，然後樹根，最後是右子樹。

2. 前序追蹤(preorder traversal)：先拜訪樹根，然後左子樹，最後是右子樹。

3. 後序追蹤(postorder traversal)：先拜訪左子樹，然後右子樹，最後是樹根。

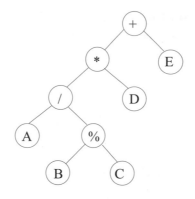

圖 6-7 一棵二元樹

圖 6-7 以中序追蹤所得的資料排列是 A / B ％ C * D + E，前序追蹤所得的資料排列是+ * / A ％ B C D E，而後序追蹤所得的資料排列是 A B C ％ / D * E +。

練習題

1. 有一棵二元樹

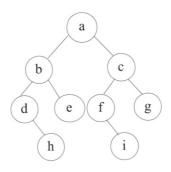

試分別利用前序追縱，中序追蹤及後序追蹤，列出拜訪資料的順序。

6.5 二元搜尋樹

二元搜尋樹(binary search tree)的定義如下：二元搜尋樹可以是空集合，假使不是空集合，則樹中的每一節點均含有一鍵值，並具以下的特性：

1. 左子樹的所有鍵值均小於樹根的鍵值。

2. 右子樹的所有鍵值均大於樹根的鍵值。

3. 左子樹和右子樹亦是二元搜尋樹。

6.5.1 二元搜尋樹的加入與刪除

二元搜尋樹的加入和刪除都很簡單，由於二元搜尋樹的特性是左子樹中的所有鍵值均小於樹根的鍵值，而右子樹中的所有鍵值均大於樹根的鍵值。因此加入某一鍵值只要從樹根逐一比較，根據鍵值的大小往右或往左，就可找到此鍵值要加入的位置。假設有一棵二元搜尋樹如下圖所示：

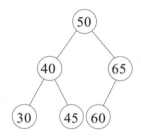

首先加入 48，將它加在 45 的右邊，結果如下圖所示：

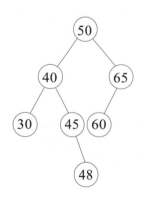

繼續加入 90，結果如下圖所示：

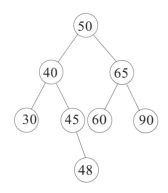

刪除某一節點時，若刪除的是樹葉節點，則直接刪除之，若不是樹葉節點，則必需在左子樹找一最大的節點，或在右子樹找一最小的節點，來取代將被刪除的節點。若有一棵二元搜尋樹，如下圖所示：

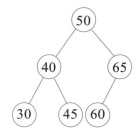

刪除 50，則可利用上述的方法調整之：

1.　以右子樹中最小的節點 60 取代之，如下圖所示：

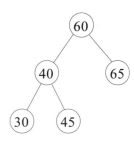

2.　或以左子樹中最大的節點 45 取代之，如下圖所示：

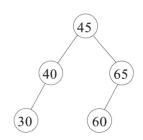

我們以一範例來說明刪除的演算法。假設有一棵二元搜尋樹如下：

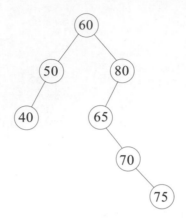

今欲刪除 60，則首先從 60 的右子樹找一最小的節點(65)來替代，並以 re_node 指標指向它，接著找尋 re_node 的父節點，並以 parent 指標指向它，其示意圖如下：

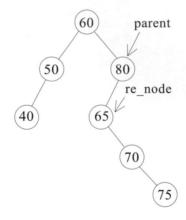

若 re_node 指向節點的右子樹還有節點(左子樹不可能有節點，為什麼？)，則將 re_node 的右鏈結指定給 parent 的左鏈結，敘述如下：

    parent.llink = re_node.rlink;

其示意圖如下所示：

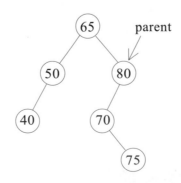

若 re_node 指向的節點其右子樹是空的,則將 null 指定給 parent 的左鏈結,敘述如下:

parent.llink = null;

6.5.2 二元搜尋樹的搜尋

如何判斷鍵值 X 是否在二元搜尋樹中,首先將 X 與樹根比較,若 X 等於樹根,則表示找到; 若 X 大於樹根,則往右子樹搜尋;否則,往左子樹搜尋。圖 6-8 中的 (a),(b)皆為二元搜尋樹,不過其搜尋次數不太一樣

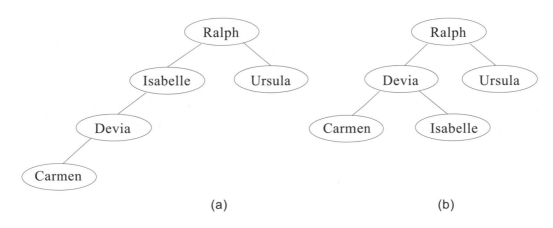

(a)   (b)

圖 6-8 兩種可能的二元搜尋樹

在(a)中搜尋一個鍵值,最壞的情況需要四次比較,而(b)是三次,因此(b)比(a)佳。平均而言,在(a)中搜尋 Ralph 的比較次數為一次,Isabelle 與 Ursula 各為二次,Devia 為三次,Carmen 為四次。假使搜尋各鍵值的機率相等,則(a)的平均比較次數為 2.4 次 ((1 + 2 + 2 + 3 + 4) / 5 = 2.4),而(b)的平均比較次數為 2.2 次 ((1 + 2 + 2 + 3 + 3) / 5 = 2.2) ,所以(b)還是比(a)好。

一棵擁有 n 個節點的二元樹,其必有 n+1 個空白的鏈結,若將這些空白鏈結以外部節點(external node)型態表示,則稱此二元樹為為延伸二元樹(extended binary tree)。我們定義外徑長(external path length)為所有外部節點到樹根之距離的總和。而內徑長(internal path length)為所有內部節點至樹根之距離的總和。

圖 6-9 表示(a),(b)皆為延伸二元樹,方塊表示外部節點,其中(a)的外徑長 E = (2 + 2 + 4 + 4 + 3 + 2) = 17,內徑長 I = (1 + 3 + 2 + 1) = 7。

內徑長與外徑長的關係是 E = I + 2n,其中 n 是節點數,如圖 6-9 之(a)共有 5 個節點,17 = 7 + 2 * 5,由此得證。圖 6-9 (b)外徑長為 16,內徑長為 6,共有 5 個節點,16 = 6 + 2 * 5。

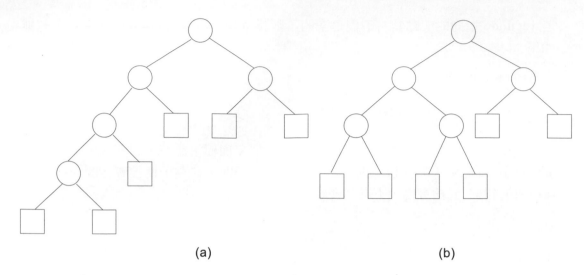

(a)   (b)

圖 6-9　延伸二元樹，其中包含內部節點(圓圈所示)和外部節點(正方形所示)

由 $E = I + 2n$ 即可得知，若此二元樹有最大的 E，則其必有最大的 I。試問在什麼情況下有最大與最小的 I 值呢？當樹呈傾斜狀時具有最大的 I 值。而完整二元樹則具有最小的 I 值，如圖 6-10 之(a)、(b)所示。

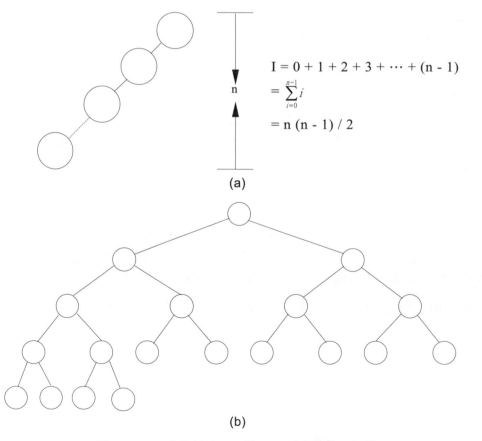

$$I = 0 + 1 + 2 + 3 + \cdots + (n - 1)$$
$$= \sum_{i=0}^{n-1} i$$
$$= n (n - 1) / 2$$

(a)

(b)

圖 6-10　(a)為傾斜的二元樹，(b)為完整的二元樹

有關二元搜尋樹加入與刪除的程式實作，請參閱 6.7 節。

練習題

1. 有一陣列共 10 個資料如下所示：

   20，30，10，50，60，40，45，5，15，25

   試依序上述資料建立一棵二元搜尋樹

2. 承上題所建立的二元搜尋樹，依序加入 3 和 13 後，再刪除 50 的二元搜尋樹。

6.6 其它論題

1. 如何將一般樹化為二元樹

   本節將討論如何將樹和樹林(forest)轉換為二元樹的方法。

   將一般樹化為二元樹的步驟如下：

   (1) 將同一父節點的兄弟節點連接在一起。

   (2) 將不是連到最左的子節點之鏈結刪除。

   (3) 順時針旋轉 45 度，如圖 6-12(a)、(b)、(c)所示。

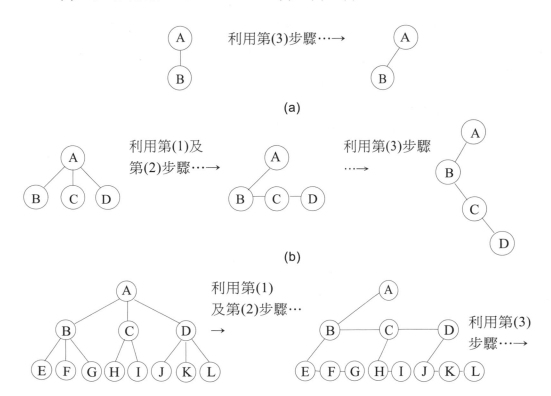

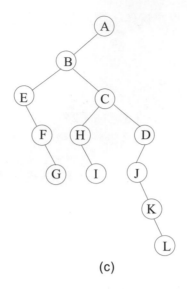

(c)

圖 6-11 二元樹轉換方式

2. 如何將樹林轉換為二元樹呢？我們以圖 6-12 的樹林(共有三棵樹)來說明，其執行的步驟如下：

(1) 先將樹林中的每棵樹化為二元樹(不旋轉 45 度)。

(2) 把所有二元樹的樹根節點連結在一起。

(3) 旋轉 45 度。

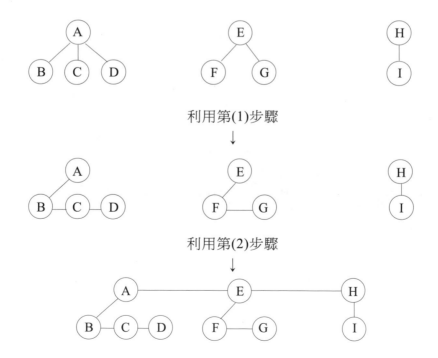

利用第(3)步驟

↓

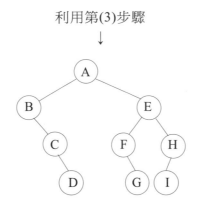

圖 6-12　將樹林轉換為二元樹

3. 決定唯一的二元樹

我們可從[中序追蹤與前序追蹤]或[中序追蹤與後序追蹤]畫出其所對應的二元樹。但無法從[前序追蹤與後序追蹤]畫出其所對應的二元樹。

如給予中序追蹤是 FDHGIBEAC，而前序追蹤是 ABDFGHIEC。由前序追蹤得知，A 是樹根，且由中序追蹤得知，C 是 A 的右子點。

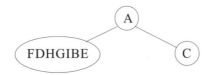

由前序追蹤得知，B 是 F、D、H、G、I 及 E 的父節點，並從中序追蹤得知，E 是 B 的右子點。

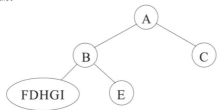

再由前序追蹤得知，D 是 F、H、G 及 I 的父節點，並從中序追蹤得知，F 是 D 的左子點，H、G 及 I 是 D 的右子點。

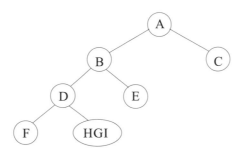

最後，由前序追蹤得知，G 是 H 與 I 的父節點，並從中序追蹤得知，H 是 G 的左子點，I 是 G 的右子點。

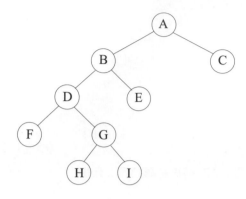

我們也可以從中序與後序追蹤畫出其所對應的二元樹：

1. 中序：BCDAFEHIG

2. 後序：DCBFIHGEA

由後序追蹤得知，A 為樹根，再由中序追蹤得知，對應的二元樹應為

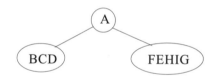

由後序追蹤得知，B 為 C 與 D 節點的樹根，再由中序追蹤得知，C 與 D 為 B 節點的右節點，而 F、E、H、I 及 G 節點的樹根為 E。

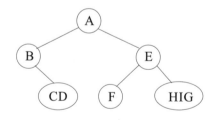

C 為 D 節點的樹根，G 為 H 與 I 節點的樹根，再由中序追蹤得知，H 與 I 節點應為 G 的左節點。

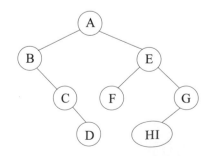

由前序追蹤得知，H 為 I 的樹根，而由中序追蹤得知，I 在 H 節點的右邊，故最後的二元樹為

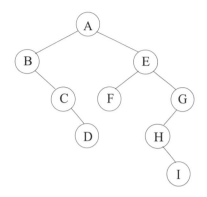

練習題

1. 將圖 6.1 的一般樹轉換為二元樹。

2. 已知有一棵二元樹，中序追蹤為 ECBDA，前序追蹤為 ABCED，試畫出其所對應的二元樹。

3. 已知有一棵二元樹，中序追蹤為 DFBAEGC，後序追蹤為 FDBGECA，試畫出其所對應的二元樹。

6.7 程式實作

(一) 二元搜尋樹的運作

JAVA 程式語言實作》二元搜尋樹的加入、刪除、修改，以及顯示

```
01  package binarysearchtree;
02
03  /**
04   *
05   * @author Bright
06   */
07
08  import java.io.*;
09  import java.util.Scanner;
10  import java.util.InputMismatchException;
11
12  class Student {
13      String name;    // 學生姓名
```

```
14      int score;        // 學生成績
15      Student llink;   // 左子鏈結
16      Student rlink;   // 右子鏈結
17   };
18
19   public class BinarySearchTree {
20
21      Student root, ptr;
22      Scanner keyboard = new Scanner(System.in);
23
24      // 建構函數
25      BinarySearchTree()
26      {
27          root = null;
28      }
29
30      // 新增函數; 新增一筆新的資料
31      public void insert_f()
32      {
33          String name = "";
34          int score = 0;
35          System.out.printf("\n=====INSERT DATA=====\n");
36          System.out.print("Enter student name: ");
37          name = keyboard.next();
38
39          System.out.print("Enter student score: ");
40          score = keyboard.nextInt();
41
42          access(name, score);
43      }
44
45      // 刪除函數; 將資料從二元搜尋樹中刪除
46      public void delete_f()
47      {
48          String name = "";
49          if (root == null) {
50              System.out.println("No student record!");
51              return;
52          }
53          System.out.printf("\n=====DELETE DATA=====\n");
54          System.out.print("Enter student name: ");
55          name = keyboard.next();
56
57          removing(name);
```

```
58          }
59
60          // 修改函數; 修改學生成績
61          public void modify_f()
62          {
63              Student node;
64              String name = "";
65              if (root == null) { // 判斷根節點是否為 null
66                  System.out.println("No student record!");
67                  return;
68              }
69              System.out.printf("\n=====MODIFY DATA=====\n");
70              System.out.print("Enter student name: ");
71              name = keyboard.next();
72
73              if ((node = search(name)) == null)
74                  System.out.println("Student " + name + " not found!");
75              else {
76                  // 列出原資料狀況
77                  System.out.println("Original student name: " + node.name);
78                  System.out.println("Original student score: " + node.score);
79                  System.out.print("Enter new score: ");
80                  node.score = keyboard.nextInt();
81
82                  System.out.println("Student " + name + " has been modified");
83              }
84          }
85
86          // 輸出函數; 依照人名由小至大輸出至螢幕
87          public void show_f()
88          {
89              if (root == null) { // 判斷根節點是否為 null
90                  System.out.println("No student record!");
91                  return;
92              }
93              System.out.printf("\n=====SHOW DATA=====\n");
94              inorder(root);   // 以中序法輸出資料
95          }
96
97          // 處理二元搜尋樹，將新增資料加入至二元搜尋樹中
98          public void access(String name, int score)
99          {
100             Student node, prev = null;
101             if (search(name) != null) { // 資料已存在則顯示錯誤
```

```
102           System.out.println("Student " + name + " has existed!");
103               return;
104          }
105        ptr = new Student();
106        ptr.name = name;
107        ptr.score = score;
108        ptr.llink = ptr.rlink = null;
109        if (root == null)   // 當根節點為 null 的狀況
110            root = ptr;
111        else { // 當根節點不為 null 的狀況
112            node = root;
113            while (node != null) {      // 搜尋資料插入點
114                prev = node;
115                if (ptr.name.compareTo(node.name) < 0)
116                    node = node.llink;
117                else
118                    node = node.rlink;
119            }
120            if (ptr.name.compareTo(prev.name) < 0)
121                prev.llink = ptr;
122            else
123                prev.rlink = ptr;
124        }
125     }
126
127     // 將資料從二元搜尋樹中移除
128     public void removing(String name)
129     {
130        Student del_node;
131        if ((del_node = search(name)) == null) { // 找不到資料則顯示錯誤
132            System.out.println("Student " + name + " not found!");
133            return;
134        }
135         // 節點不為樹葉節點的狀況
136        if (del_node.llink != null || del_node.rlink != null)
137            del_node = replace(del_node);
138        else  // 節點為樹葉節點的狀況
139            if (del_node == root)
140                root = null;
141            else
142                connect(del_node, 'n');
143        del_node = null;  // 釋放記憶體
144        System.out.println("Student " + name + " has been deleted!");
145     }
```

```
146
147        // 尋找刪除非樹葉節點的替代節點
148        public Student replace(Student node)
149        {
150            Student re_node;
151            // 當右子樹找不到替代節點，會搜尋左子樹是否存在替代節點
152            if ((re_node = search_re_r(node.rlink)) == null)
153                re_node = search_re_l(node.llink);
154            if (re_node.rlink != null)  // 當替代節點有右子樹存在的狀況
155                connect(re_node, 'r');
156            else
157                if (re_node.llink != null)  // 當替代節點有左子樹存在的狀況
158                    connect(re_node, 'l');
159                else  // 當替代節點為樹葉節點的狀況
160                    connect(re_node, 'n');
161            node.name = re_node.name;
162            node.score = re_node.score;
163            return re_node;
164        }
165
166        // 調整二元搜尋樹的鏈結，link 為 r 表示處理右鏈結，為 l 表處理左鏈結，
167        // 為 m 則將鏈結指向 null
168        public void connect(Student node, char link)
169        {
170            Student parent;
171            parent = search_p(node);  // 搜尋父節點
172            if (node.name.compareTo(parent.name) < 0)  // 節點為父節點左子樹的狀況
173                if (link == 'r')  /* link 為 r */
174                    parent.llink = node.rlink;
175                else if (link == 'l')  /* link 為 l */
176                    parent.llink = node.llink;
177                else  /* link 為 n */
178                    parent.llink = null;
179
180            /* node 節點為父節點右子樹的狀況 */
181            else if (link == 'r')  /* link 為 r */
182                    parent.rlink = node.rlink;
183                else if (link == 'l')  /* link 為 l */
184                    parent.rlink = node.llink;
185                else  /* link 為 n */
186                    parent.rlink = null;
187        }
188
189        // 以中序法輸出資料，採遞迴方式
```

```
190    public void inorder(Student node)
191    {
192        if (node != null) {
193            inorder(node.llink);
194            System.out.printf("%-15s %-3d\n", node.name, node.score);
195            inorder(node.rlink);
196        }
197    }
198
199    // 搜尋 target 所在節點
200    public Student search(String target)
201    {
202        Student node;
203        node = root;
204        while (node != null) {
205            if (target.compareTo(node.name) == 0)
206                return node;
207            else
208                if (target.compareTo(node.name) < 0)   // target 小於目前節點，往左搜尋
209                    node = node.llink;
210                else   // target 大於目前節點，往右搜尋
211                    node = node.rlink;
212        }
213        return node;
214    }
215
216    // 搜尋右子樹替代節點
217    Student search_re_r(Student node)
218    {
219        Student re_node;
220        re_node = node;
221        while (re_node != null && re_node.llink != null)
222            re_node = re_node.llink;
223        return re_node;
224    }
225
226    // 搜尋左子樹替代節點
227    public Student search_re_l(Student node)
228    {
229        Student re_node;
230        re_node = node;
231        while (re_node != null && re_node.rlink != null)
232            re_node = re_node.rlink;
```

```
233          return re_node;
234      }
235
236      // 搜尋 node 的父節點
237      Student search_p(Student node)
238      {
239          Student parent;
240          parent = root;
241          while(parent != null) {
242              if (node.name.compareTo(parent.name) < 0)
243                  if (node.name.compareTo(parent.llink.name) == 0)
244                      return parent;
245                  else
246                      parent = parent.llink;
247              else
248                  if (node.name.compareTo(parent.rlink.name) == 0)
249                      return parent;
250                  else
251                      parent = parent.rlink;
252          }
253          return null;
254      }
255
256      public static void main(String args[])
257      {
258          int option = 0;
259          Scanner keyboard = new Scanner(System.in);
260          BinarySearchTree obj = new BinarySearchTree();
261
262          while (true) {
263              System.out.println("");
264              System.out.println("***********************");
265              System.out.println("        <1> insert        ");
266              System.out.println("        <2> delete        ");
267              System.out.println("        <3> modify        ");
268              System.out.println("        <4> show          ");
269              System.out.println("        <5> quit          ");
270              System.out.println("***********************");
271              System.out.print("Enter your choice: ");
272              try {
273                  option = keyboard.nextInt();
274              } catch(InputMismatchException e) {
275                  keyboard.nextLine();
```

```
276            System.out.printf("Not a correctly number.\n");
277            System.out.printf("Try again\n\n");
278        }
279     switch (option) {
280        case 1:
281            obj.insert_f();
282            break;
283        case 2:
284            obj.delete_f();
285            break;
286        case 3:
287            obj.modify_f();
288            break;
289        case 4:
290            obj.show_f();
291            break;
292        case 5:
293            System.exit(0);
294        default:
295            System.out.println("Wrong option!");
296        }
297      }
298    }
299  }
```

📑 輸出結果

```
***********************
     <1> insert
     <2> delete
     <3> modify
     <4> show
     <5> quit
***********************
Enter your choice: 1

=====INSERT DATA=====
Enter student name: Peter
Enter student score: 90

***********************
     <1> insert
     <2> delete
     <3> modify
     <4> show
     <5> quit
***********************
```

```
Enter your choice: 1

=====INSERT DATA=====
Enter student name: Mary
Enter student score: 80


***********************
        <1> insert
        <2> delete
        <3> modify
        <4> show
        <5> quit
***********************
Enter your choice: 1

=====INSERT DATA=====
Enter student name: Cathy
Enter student score: 70


***********************
        <1> insert
        <2> delete
        <3> modify
        <4> show
        <5> quit
***********************
Enter your choice: 4

=====SHOW DATA=====
Cathy           70
Mary            80
Peter           90


***********************
        <1> insert
        <2> delete
        <3> modify
        <4> show
        <5> quit
***********************
Enter your choice: 3

=====MODIFY DATA=====
Enter student name: Mary
Original student name: Mary
Original student score: 80
Enter new score: 90
Student Mary has been modified


***********************
```

```
            <1> insert
            <2> delete
            <3> modify
            <4> show
            <5> quit
************************
Enter your choice: 4

=====SHOW DATA=====
Cathy           70
Mary            90
Peter           90

************************
            <1> insert
            <2> delete
            <3> modify
            <4> show
            <5> quit
************************
Enter your choice: 2

=====DELETE DATA=====
Enter student name: Peter
Student Peter has been deleted!

************************
            <1> insert
            <2> delete
            <3> modify
            <4> show
            <5> quit
************************
Enter your choice: 4

=====SHOW DATA=====
Cathy           70
Mary            90

************************
            <1> insert
            <2> delete
            <3> modify
            <4> show
            <5> quit
************************
Enter your choice: 1

=====INSERT DATA=====
Enter student name: Jennifer
```

```
Enter student score: 98

***********************
        <1> insert
        <2> delete
        <3> modify
        <4> show
        <5> quit
***********************
Enter your choice: 4

=====SHOW DATA=====
Cathy           70
Jennifer        98
Mary            90

***********************
        <1> insert
        <2> delete
        <3> modify
        <4> show
        <5> quit
***********************
Enter your choice: 5
```

6.8 動動腦時間

1. 試說明一般樹與二元樹有何不同？為何要將一般樹化為二元樹。[6.2, 6.6]

2. 有一棵二元樹如下

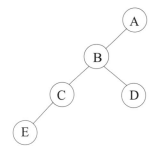

   請列出所有的樹葉節點和非樹葉節點，並註明每一節點的階度。[6.1]

3. 將第 2 題的二元樹，以陣列和鏈結的型式表示之：[6.3]

4. 有一棵樹的形狀如下：[6.1]

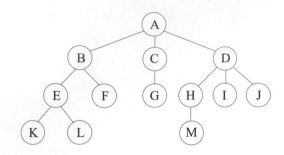

試回答下列問題：

(1) 節點 B 的分支度

(2) 此棵樹的分支度

(3) 此棵樹的階度

(4) 節點 I 的兄弟節點

5. 一棵 ternary tree(分支度為 3 的三元樹)可以用一維陣列來表示嗎？若不可以，請解釋之。若可以，請用以下的這棵 ternary tree 來說明如何擷取樹中的每個節點。[6.3]

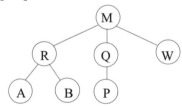

6. 將下列三棵二元樹，分別以中序，前序和後序來追蹤資料。[6.4]

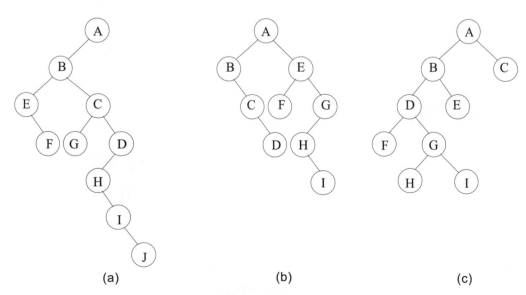

(a)　　　　　　　　　　　(b)　　　　　　　　　　　(c)

7. 請將下列的一般樹化為二元樹。[6.6]

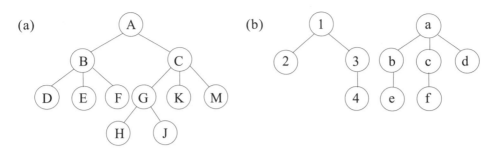

8. 若以前序追蹤所得的資料為 ABCDEFGH，以中序追蹤所得的資料為 CDBAFEHG，根據前序追蹤與中序追蹤所得的資料，畫出其所對應的二元樹。[6.6]

9. 試回答下列的問題。[6.2]

   (a) 將下表所列的資料，繪出其所對應的二元樹。

輸入順序	姓名	成績
1	Lin	81
2	Lee	70
3	Wang	58
4	Chen	77
5	Fan	63
6	Li	90
7	Yu	95
8	Pan	85

   (b) 假若您所用的程式語言若沒有表示樹的方法，則應如何將上表的資料以二元樹來加以儲存呢？

   (c) 略述使用二元樹之優缺點。

10. 試撰寫一演算法來計算一棵二元樹的樹葉節點，然後再以 Java 程式執行之。[6.2]

11. 試問 n 個節點可畫出多少個二元樹。[6.2]

Heap 結構

7.1 何謂堆積?

何謂堆積(Heap)?定義如下:堆積是一棵二元樹,樹根的鍵值大於子樹的鍵值,而且不管左子樹和右子樹的大小,此乃與二元搜尋樹最大的差異,因為在二元搜尋樹中右子樹的所有鍵值大於左子樹的所有鍵值。如下圖

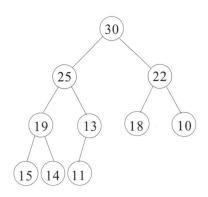

它是一棵 Heap,而不是二元搜尋樹。為了行文方便,底下將以 Heap 表示堆積。

Heap 可用於排序上,此方法稱為堆積排序(Heap sort),請參閱第 12 章。如何將一棵二元樹調整為一棵 Heap 呢?調整的方法有二種,第一種方法是由上而下。這種方法有二種方式:

1. 從樹根開始與其左、右子節點相比,若樹根比其左、右子節點來得大,則不用交換;反之,則要交換。如下所示:

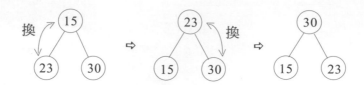

2. 我們也可以讓父節點所屬的子節點先比，找出子節點的最大者，之後，再與其父節點相比。如上圖，將 23 和 30 的較大者和父節點 15 比較，由於 30 大於 15，故將 30 和 15 對調。如下所示：

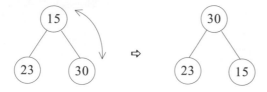

第 2 種方式的優點為父節點和子節點至多只交換一次而已，所以大都以此種方式行之。Heap 不是唯一，如上述我們利用不同的方式得到不同的 Heap 結構，因為 Heap 只要父節點大於子節點即可。所以左子節點和右子節點誰較大就不管它了。

第二種方法為由下而上，先算出此棵樹的節點數目，假設 n，再取其 $\lfloor n/2 \rfloor$，從節點 $\lfloor n/2 \rfloor$ 開始到樹根，分別與它的最大子節點相比，若子節點的鍵值較大，則相互對調。

例如有一棵二元樹如下：

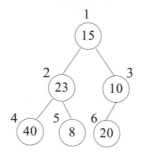

此棵樹共有 6 個節點，節點上的分別標記第 1 個，第 2 個，...，等等的數字，首先 $\lfloor n/2 \rfloor$ 為 3，故從第 3 個節點開始。第 3 個節點的子節點分別是第 6 個節點和第 7 個節點(此題沒有第 7 個節點)，故以第 6 節點的 20 和第 3 節點的 10 相比，由於 20 大於 10，所以要交換

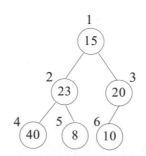

接下來，第 2 節點的子節點為第 4 和 5 節點，選最大值 40 (因為 40 大於 8)，且 40
又大於 23，故要交換，情形如下：

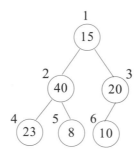

最後，第 1 節點的子節點為第 2 和 3 節點，其值分別為 40，20，選最大的 40 與父
節點(第 1 節點)的值 15 相比，40 大於 15，所以要交換，結果如下：

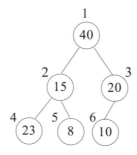

記得對調後要繼續往下與最大的子節點相比，看看是否還要對調。當 15 和 40 交換
後，15 需要再和其最大子節點的鍵值(23)相比，由於 23 大於 15，故需要再交換，
最後的結果如下圖所示：

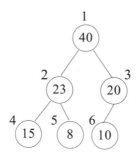

7.1.1 Heap 的加入

假設有一棵 Heap 如下：

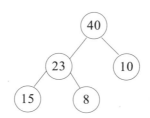

我們以加入 30 及 50 來說明其調整的過程。

首先，依照完整二元樹的特性將 30 加進來，如下圖所示：

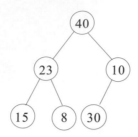

由於 30 大於 10，所以要加以調整，如下圖所示：

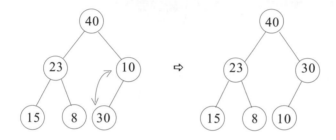

接著加入 50

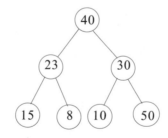

因為不符合 Heap 的定義，所以需加以調整之，如下圖所示：

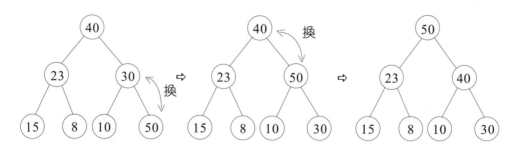

7.1.2 Heap 的刪除

Heap 的刪除，首先以完整二元樹的最後一節點取代被刪除的節點，然後判斷是否為一棵 Heap，若不是，則要加以調整。請看以下的範例。有一棵 Heap 如下，首先刪除 30，此時將以 10 來取代，並加以調整之。

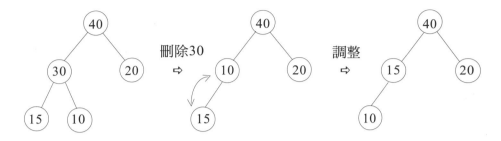

再刪除 40，此時以 10 取代之，且將子節點中最大者(20)和父節點(10)互相對調。

再看一範例，若要刪除下一棵 Heap 的 40

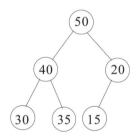

首先，以 15 取代 40 (因為 15 在完整二元樹中是最後一個節點)

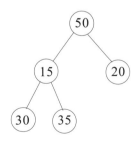

接著將 15 和其所屬的最大子節點(35)比較，由於 35 大於 15，故將 15 和 35 交換

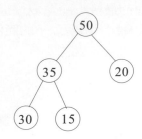

之後，再與 35 的父節點(50)比較，因為 35 小於 50，所以不需交換。

有關 Heap 的程式實作，請參閱 7-4 節。

⌨ 練習題

1. 請將下列的二元樹調整為一棵 Heap

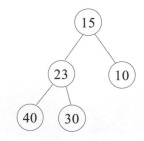

2. 將下列的資料建立成一棵 Heap。

    20，30，10，50，60，40，45，5

    [提示：先將它建立成一棵完整二元樹，之後再依據 Heap 的特性調整之。]

3. 承 2，將已建立的 Heap，分別刪除 30 和 60。

7.2 Min-Max heap

以上所介紹的 Heap 稱之為 Max heap。在 Max heap 中，父節點的鍵值大於子節點鍵值; 反之，若父節點的鍵值小於子節點的鍵值，則稱它為 Min heap，如下圖所示。

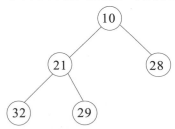

由於其加入與刪除的方法與 Max heap 相似，在此就不再贅述了。除了上述的 Max heap 和 Min heap 外、還有 Min-Max heap 和 Deap，我們將分別在此節和 7.3 節加以說明。

Min-Max heap 包含了 Min heap 與 Max heap 的特徵，如下圖所示：

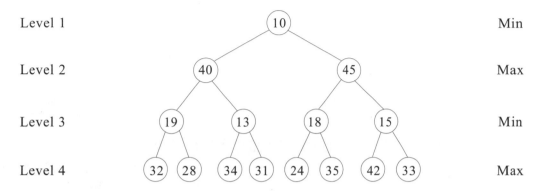

我們就直接以上圖來說明 Min-Max heap 的定義。

1. Min-Max heap 是以一層 Min heap，一層 Max heap 交互構成的，如 Level 1 中各節點的鍵值一律小於它的子節點(10 小於 40、45)，Level 2 中各節點的鍵值一律大於它的子節點(40 大於 19、13；45 大於 18、15)，而 Level 3 的節點鍵值又小於它的子節點(19 小於 32、28；13 小於 34、31；18 小於 24、35；15 小於 42、33)。

2. 樹中為 Min heap 的部份，仍需符合 Min heap 的特性，如上圖中 Level 1 的節點鍵值小於 Level 為 3 的子樹(10 小於 19、13、18、15)。

3. 樹中為 Max heap 的部份，仍需符合 Max heap 的特性，如上圖中 Level 2 的節點鍵值大於 Level 為 4 之子樹(40 大於 32、28、34、31；45 大於 24、35、42、33)。

7.2.1 Min-Max heap 的加入

Min-Max heap 的加入與 Max heap 的原理差不多，加入後要調整至符合上述 Min-Max heap 的定義。假設有一棵 Min-Max heap 如下：

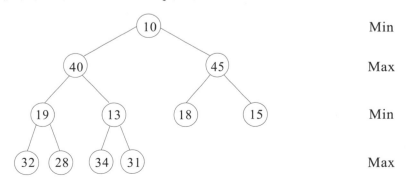

加入 5 的步驟如下：

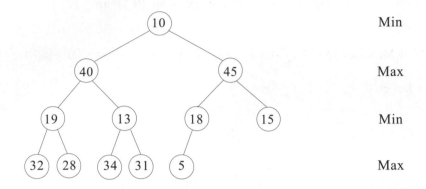

加入後，由於 18 < 5，不符合第(1)項定義，需將 5 與 18 交換

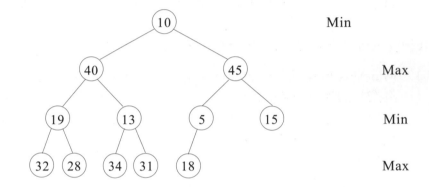

交換後，由於 10 < 5，不符合第(2)項定義，需將 5 與 10 對調

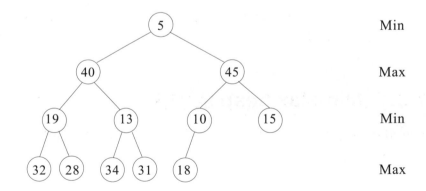

上圖已符合 Min-Max heap 的定義，所以不需再調整。

承上，再加入 50，其步驟如下：

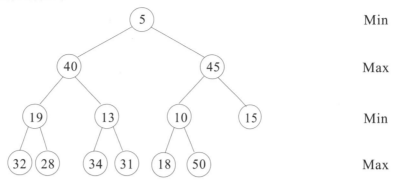

加入後 45 < 50，不符合第(3)項定義，需將 45 與 50 交換

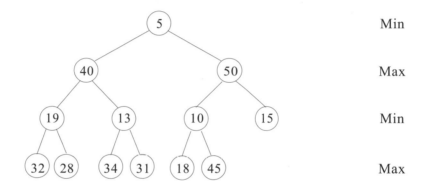

上圖已符合 Min-Max heap 的定義，因此不需再調整。

7.2.2 Min-Max heap 的刪除

若刪除 Min-Max heap 的最後一個節點，則直接刪除即可；否則，先以樹中最後一個編號的節點，取代被刪除節點，之後再作調整動作。假設已存在一棵 Min-Max heap 如下：

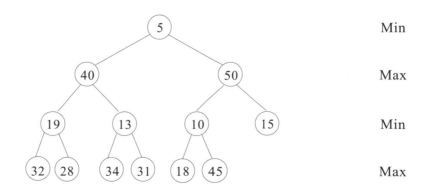

刪除 45，則直接刪除。

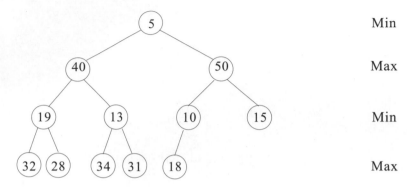

再刪除 40，則需以最後一個節點的鍵值 18 來取代 40

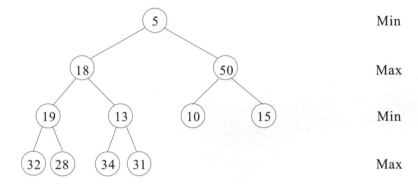

交換後 18 < 19，不符合第(1)項定義，需將 18 與 19 交換

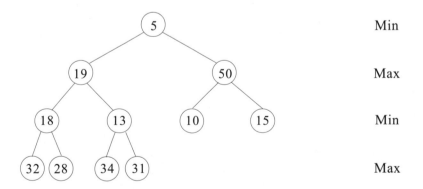

交換後，由於 19 小於 32、28、34、31，不符合第(3)項定義，需將 19 與最大的鍵值 34 交換

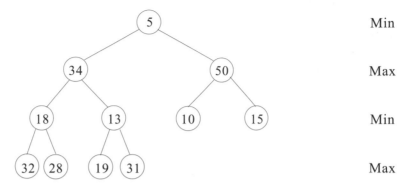

此時已符合 Min-Max heap 的定義，所以不必再做調整。

練習題

1. 利用 7.1 節練習題第 2 題的資料，建立成一棵 Min heap。

2. 有一棵 Min-Max heap 如下：

   (a) 請依序加入 17，8 和 2，並畫出其所對應的 Min-Max heap。

   (b) 承(a)，依序刪除 20 和 10。

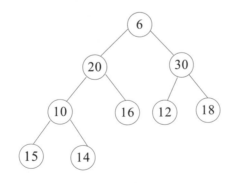

7.3 Deap

Deap 同時具備 Max heap 與 Min heap 的特徵，其定義如下：

1. Deap 的樹根不儲存任何資料，為一空節點。

2. 樹根的左子樹是一棵 Min heap；右子樹則是一棵 Max heap。

3. Min heap 與 Max heap 中存在一對應的關係，假設左子樹中有一節點為 i，則在右子樹中必存在一節點 j 與之對應，此時 i 必需小於等於 j。如下圖中的 5 與 35 對應；12 與 30 對應，18 與 22 對應，16 與 29 對應，21 與 32 對應。那麼 25 與右子樹中的哪一個節點對應呢？當某一節點在右子樹中找不到對應節點時，該節點會與對應的右子樹之父節點相對應，所以 25 會與右子樹中鍵值為 32 的節點相對應，25 小於 32。

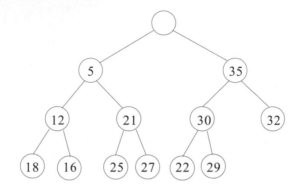

7.3.1 Deap 的加入

Deap 的加入動作與 Heap 相同，將新鍵值加入於整棵樹的最後，再調整至符合 Heap 的定義，我們以一範例來說明 Deap 的加入。假設已存在一 Deap 如下：

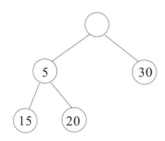

若加入 25，加入後右子樹仍為一棵 Max heap，且左子樹對應節點 15 小於等於右子樹節點 25，符合 Deap 的定義，如下圖所示：

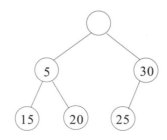

加入 17。加入後的圖形如下所示：

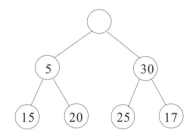

此時右子樹仍為 Max heap，但 17 小於其左子樹的對應節點 20，故將 17 與 20 交換

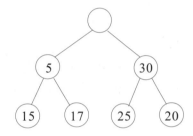

加入 40，如下圖所示：

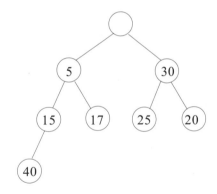

加入後，左子樹雖為 Min heap，但 40 大於其所對應節點 25 (與節點 40 所對應右子樹節點的父節點)，不符合 Deap 定義，故需將 40 與 25 交換，如下圖所示：

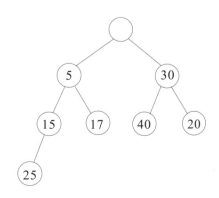

交換後，右子樹不是一棵 Max heap，需將 40 與 30 對調，如下圖所示：

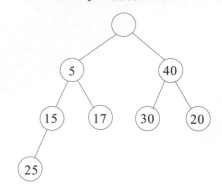

7.3.2 Deap 的刪除

Deap 的刪除動作與 Heap 一樣，當遇到刪除節點非最後一個節點時，要以最後一個節點的鍵值取代刪除節點，並加以調整之，直到符合 Deap 的定義為止。假設有一棵 Deap 如下：

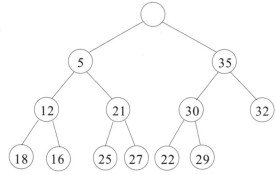

若刪除 29，則直接刪除之，如下圖所示：

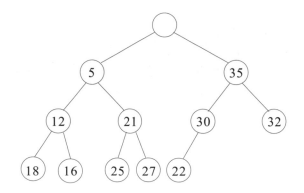

若刪除 21，則以最後一個節點 22 取代之。檢查左子樹仍為一棵 Min heap，且節點鍵值 22 小於其對應節點 32，所以不需要調整。結果如下圖所示：

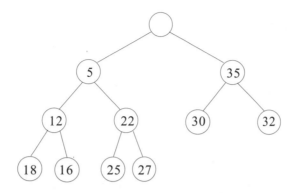

再刪除 12，並以最後一個節點 27 取代

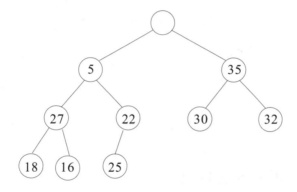

由於左子樹不符合 Min heap 的定義，故需將 27 與其子節點中最小者(16)交換，如下圖所示：

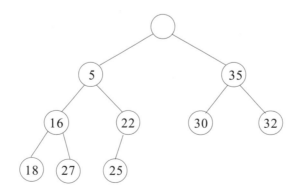

由於 16 小於其對應的節點 30，所以不需再調整。

⌨ 練習題

1. 有一棵 Deap 如下：

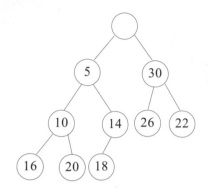

(a) 請依序畫出加入 2 和 50 所對應的 Deap。

(b) 承(a)，畫出刪除 50 後的 Deap。

7.4 程式實作

(一)利用 Heap 處理會員進出資料

📄 **JAVA 程式語言實作》** 利用 Heap 處理會員進出資料

```java
01  package heap;
02
03  /**
04   *
05   * @author Bright
06   * Version 2
07   * Update date: March 20, 2017
08   */
09
10  import java.io.*;
11  import java.util.Scanner;
12  import java.util.InputMismatchException;
13
14  class Heap {
15      final int MAX=100;   // 定義此 Heap 之最大元素個數
16      int[] heap_tree = new int[MAX]; // Heap 陣列
```

```
17        int last_index;      // 最後一筆資料的 INDEX
18        Scanner keyboard = new Scanner(System.in);
19
20        Heap() // 建構函數
21        {
22            last_index=0;
23        }
24
25        // 新增函數
26        public void insert_f()
27        {
28            int id_temp=0;
29
30            if (last_index >= MAX-1) { // 資料數超過上限，顯示錯誤訊息
31                System.out.println("   \n   Login members are more than "+(MAX-1)+" !!");
32                System.out.println("       Please wait for a Minute ...\n");
33            }
34            else {
35                System.out.print("\n   Please enter login ID number: ");
36                id_temp=keyboard.nextInt();
37
38                create(id_temp); // 建立 Heap
39                System.out.println("         Login successfully!!\n");
40            }
41        }
42
43        // 刪除函數
44        public void delete_f()
45        {
46            int id_temp=0,del_index=0;
47
48            if (last_index<1) { // 無資料存在，顯示錯誤訊息
49                System.out.println("\n       No member to logout!! ");
50                System.out.println("       Please check again!! \n");
51            }
52            else {
53                System.out.print("\n   Please enter logout ID number: ");
54                id_temp=keyboard.nextInt();
55
56                del_index = search(id_temp);
57                if (del_index==0) { // 沒找到資料，顯示錯誤訊息
58                    System.out.println("         ID number not found!!\n");
59                }
60                else {
```

```
61            removes(del_index);   // 刪除資料，並調整 Heap
62            System.out.println("  ID number " + id_temp + " logout!!\n");
63          }
64        }
65    }
66
67    // 輸出函數
68    public void display_f()
69    {
70        int option=0;
71
72        if (last_index<1)  // 無資料存在，顯示錯誤訊息
73            System.out.println("\n        No member to show!!\n\n");
74        else {
75            System.out.println();
76            System.out.println("************************");
77            System.out.println("*    <1> increase     *");// 選擇第一項為由小到大排列
78            System.out.println("*    <2> decrease     *");// 選擇第二項為由大到小排列
79            System.out.println("************************");
80            do {
81                System.out.print("\n   Please enter your option: ");
82                try {
83                    option = keyboard.nextInt();
84                } catch(InputMismatchException e) {
85                    keyboard.nextLine();
86                    System.out.printf("Not a correctly number. \n");
87                    System.out.printf("Try again\n\n");
88                }
89            } while(option!= 1 && option != 2);
90            show(option);
91        }
92    }
93
94    // 建立資料於 Heap, ID_TEMP 為新增資料
95    public void create(int id_temp)
96    {
97        heap_tree[++last_index]=id_temp; // 將資料新增於最後
98        adjust_u(heap_tree, last_index); // 調整新增資料
99    }
100
101    // 從 Heap 中刪除資料,INDEX_TEMP 為欲刪除資料之 INDEX
102    public void removes(int index_temp)
103    {
104        // 以最後一筆資料代替刪除資料
```

```
105        heap_tree[index_temp]=heap_tree[last_index];
106        heap_tree[last_index--]=0;
107        if (last_index>1) { // 當資料筆數大於 1 筆，則做調整
108            // 當替代資料大於其 PARENT NODE，則往上調整
109            if (heap_tree[index_temp]>heap_tree[index_temp/2] && index_temp>1)
110                adjust_u(heap_tree, index_temp);
111            else // 替代資料小於其 CHILDREN NODE，則往下調整
112                adjust_d(heap_tree, index_temp, last_index-1);
113        }
114    }
115
116    // 印出資料於螢幕
117    public void show(int op)
118    {
119        int[] heap_temp=new int[MAX];
120        int c_index=0;
121        char tChar;
122
123        // 將 Heap 資料複製到另一個陣列作排序工作
124        for (c_index=1;c_index<=last_index;c_index++)
125            heap_temp[c_index]=heap_tree[c_index];
126        // 將陣列調整為由小到大排列
127        for (c_index=last_index-1;c_index>0;c_index--) {
128            exchange(heap_temp,1,c_index+1);
129            adjust_d(heap_temp,1,c_index);
130        }
131        System.out.println("\n\n        ID number");
132        System.out.println(" ********************");
133        // 選擇第一種方式輸出，以遞增方式輸出--使用堆疊
134        // 選擇第二種方式輸出，以遞減方式輸出--使用佇列
135        switch(op) {
136            case 1 :
137                for (c_index = 1; c_index <= last_index; c_index++)
138                    System.out.println(" "+heap_temp[c_index]);
139                break;
140            case 2 :
141                for (c_index = last_index; c_index > 0; c_index--)
142                    System.out.println(" "+heap_temp[c_index]);
143                break;
144        }
145        System.out.println(" ********************");
146        System.out.println(" Total member: "+last_index+"\n");
147    }
148
```

```
149        // 從下而上調整資料, INDEX 為目前資料在陣列之 INDEX
150        public void adjust_u(int temp[],int index)
151        {
152            while(index>1) { // 將資料往上調整至根為止
153                if (temp[index]<=temp[index/2])  // 資料調整完畢就跳出，否則交換資料
154                    break;
155                else
156                    exchange(temp,index,index/2);
157                index /= 2;
158            }
159        }
160
161        // 從上而下調整資料, INDEX1 為目前資料在陣列之 INDEX，INDEX2 為最後一筆資料在陣列之 INDEX
162        public void adjust_d(int temp[], int index1, int index2)
163        {
164            // ID_TEMP 記錄目前資料，INDEX_TEMP 則是目前資料之 CHILDREN NODE 的 INDEX
165            int id_temp=0, index_temp=0;
166
167            id_temp = temp[index1];
168            index_temp = index1 * 2;
169            // 當比較資料之 INDEX 不大於最後一筆資料之 INDEX，則繼續比較
170            while (index_temp <= index2) {
171                if ((index_temp < index2) && (temp[index_temp] < temp[index_temp+1]))
172                    index_temp++;   // INDEX_TEMP 記錄目前資料之 CHILDREN NODE 中較大者
173                if (id_temp >= temp[index_temp])  // 比較完畢則跳出，否則交換資料
174                    break;
175                else {
176                    temp[index_temp/2] = temp[index_temp];
177                    index_temp *= 2;
178                }
179            }
180            temp[index_temp/2] = id_temp;
181        }
182
183        // 交換傳來之 ID1 及 ID2 儲存之資料
184        public void exchange(int arr[], int id1, int id2)
185        {
186            int id_temp;
187
188            id_temp = arr[id1];
189            arr[id1]=arr[id2];
190            arr[id2]=id_temp;
191        }
192
```

```
193        //  尋找陣列中 ID_TEMP 所在
194      public int search(int id_temp)
195      {
196          int c_index=0;
197
198          for (c_index=1;c_index<=MAX-1;c_index++)
199              if(id_temp==heap_tree[c_index])
200                  return c_index; //  找到則回傳資料在陣列中之 INDEX
201          return 0; //  沒找到則回傳 0
202      }
203
204      public static void main (String args[])
205      {
206          Scanner keyboard = new Scanner(System.in);
207          int option=0;
208          Heap obj = new Heap();
209
210          do {
211              System.out.println("******** HeapTree Program  ********");
212              System.out.println("          <1> Login            ");
213              System.out.println("          <2> Logout           ");
214              System.out.println("          <3> Show             ");
215              System.out.println("          <4> Exit             ");
216              System.out.println("*********************************");
217              System.out.print("\n          Choice :          ");
218              try {
219                  option = keyboard.nextInt();
220              } catch(InputMismatchException e) {
221                  keyboard.nextLine();
222                  System.out.printf("Not a correctly number.\n");
223                  System.out.printf("Try again\n\n");
224              }
225              switch(option) {
226                  case 1 :
227                      obj.insert_f();  // 新增函數
228                      break;
229                  case 2 :
230                      obj.delete_f();  // 刪除函數
231                      break;
232                  case 3 :
233                      obj.display_f(); // 輸出函數
234                      break;
235                  case 4 :
236                      System.exit(0);
```

```
237          }
238       } while (true);
239    }
240 }
```

📄 輸出結果

```
******** HeapTree Program  ********
        <1> Login
        <2> Logout
        <3> Show
        <4> Exit
********************************

        Choice : 1

    Please enter login ID number: 1001
        Login successfully!!

******** HeapTree Program  ********
        <1> Login
        <2> Logout
        <3> Show
        <4> Exit
********************************

        Choice : 1

    Please enter login ID number: 1004
        Login successfully!!

******** HeapTree Program  ********
        <1> Login
        <2> Logout
        <3> Show
        <4> Exit
********************************

        Choice : 1

    Please enter login ID number: 2002
        Login successfully!!

******** HeapTree Program  ********
        <1> Login
        <2> Logout
        <3> Show
        <4> Exit
********************************
```

```
        Choice : 1

   Please enter login ID number: 3002
        Login successfully!!

******** HeapTree Program  ********
        <1> Login
        <2> Logout
        <3> Show
        <4> Exit
********************************

        Choice : 3

************************
*     <1> increase      *
*     <2> decrease      *
************************

  Please enter your option: 1


      ID number
*******************
1001
1004
2002
3002
*******************
Total member: 4

******** HeapTree Program  ********
        <1> Login
        <2> Logout
        <3> Show
        <4> Exit
********************************

        Choice : 3

************************
*     <1> increase      *
*     <2> decrease      *
************************

  Please enter your option: 2


      ID number
*******************
```

```
3002
2002
1004
1001
********************
Total member: 4

******** HeapTree Program  ********
        <1> Login
        <2> Logout
        <3> Show
        <4> Exit
********************************

         Choice : 2

   Please enter logout ID number: 1004
        ID number 1004 logout!!

******** HeapTree Program  ********
        <1> Login
        <2> Logout
        <3> Show
        <4> Exit
********************************

         Choice : 3

************************
*      <1> increase       *
*      <2> decrease       *
************************

  Please enter your option: 1


      ID number
********************
1001
2002
3002
********************
Total member: 3

******** HeapTree Program  ********
        <1> Login
        <2> Logout
        <3> Show
        <4> Exit
********************************
```

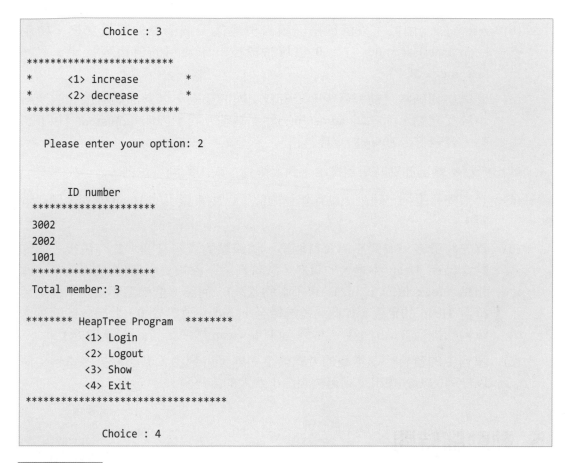

```
            Choice : 3

************************
*     <1> increase       *
*     <2> decrease       *
************************

  Please enter your option: 2


        ID number
********************
3002
2002
1001
********************
Total member: 3

******** HeapTree Program  ********
            <1> Login
            <2> Logout
            <3> Show
            <4> Exit
*******************************

            Choice : 4
```

》 **程式解説**

1. 我們使用陣列來儲存 Heap 的資料，並利用 last_index 變數，記錄目前 Heap 最後一筆資料的 index 值。

2. 新增節點：

   (a) insert_f( )函數：先要求使用者輸入新增節點的值(若是陣列還有空間)，再呼叫 create( )函數來建立新節點。

   (b) create( )函數：先將資料加入於 Heap 的最後一個節點後，再由下往上調整，使其符合 Heap 的定義。

   (c) 某節點之父節點的 index 值，為該節點的 index 值除以 2，呼叫 adjust_u( ) 函數，使節點不段往上調整，直到該節點所儲存的資料小於父節點為止。

3. 刪除節點：

   (a) delete_f( )函數：要求使用者輸入想要刪除的資料，先以 search( )函數尋找該資料所在節點後，再呼叫 removes( )函數將資料從 Heap 陣列中移除。

(b) removes( )函數：先將欲刪除資料與最後一個節點的資料交換，使用 heap_tree[last_index--] = 0 敘述將最後一筆資料的值指定為 0，並將 last_index 減 1。

(c) 最後必須調整之前與最後一筆資料交換的節點，若該節點所儲存的資料小於父節點，則呼叫 adjust_u( )往上調整，否則呼叫 adjust_d( )往下調整，直至符合 Heap 的定義為止。

4. 輸出節點：輸出節點時可選擇由小到大排列，或由大到小排列。

(a) 必須先產生另一陣列來儲存陣列的值，以此新產生的 Heap 陣列來儲存資料。

(b) 首先將最後一個節點的資料與第一個節點的資料交換，此時最後一個節點會儲存 Heap 中最大的資料，該資料將不會被更新(因為代表最後一個節點 index 值的 c_index 會不斷的遞減)，而第一個節點必須往下調整至符合 Heap 的定義，如此反覆進行至 c_index 值等於 0。此時，此陣列內資料的排列會呈由小到大排列。(有關 Heap 排序，請參閱第 12 章)

(c) 陣列中的資料若以堆疊的方式輸出，則可得到由大到小的排序資料；而以佇列的方式輸出，則可得到由小到大的排序資料。

7.5 動動腦時間

1. 以下而上方法，將下一圖形調整為一棵 Heap。[7.1]

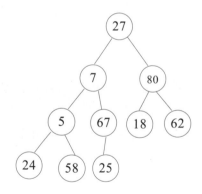

2. 有一棵 Heap 如下 [7.1]

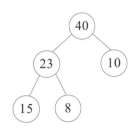

　試回答下列的問題

　(a)　請依序畫出加入 60 和 20 後所對應的 Heap。

　(b)　承(a)，依序畫出刪除 60 與 23 後的 Heap。

3. 試將下列資料建立一棵 Min heap。[7.1]

　　20，30，10，50，60，40，45，5，15，25。

4. 將下列的二元樹調整為 Min-Max heap。[7.2]

　(a)　　　　　　　　　　　　　　(b)

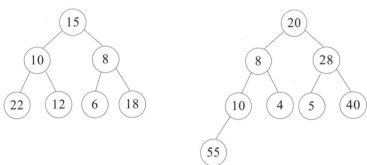

5. 承第 4 題的(b)，分別畫出先加入 2，之後刪除 40 的 Min-Max heap。[7.2]

6. 有一棵樹的樹根不存放資料，如下圖所示：[7.3]

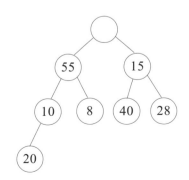

試回答下列的問題

(a) 請將它調整為一棵 Deap。

(b) 承(a)，畫出加入 5 之後的 Deap。

(c) 承(b)，畫出刪除 55 之後的 Deap。

8

高度平衡二元搜尋樹

8.1 何謂高度平衡二元搜尋樹

高度平衡二元搜尋樹(height balanced binary search tree)是在 1962 年由 Adelson-Velskii 和 Landis 所提出的，因此又稱為 AVL-tree。AVL-tree 定義如下：空樹 (empty tree)是高度平衡二元搜尋樹，假使 T 不是空的二元樹，則需符合下列兩個條件：(1)T_L 和 T_R 亦是高度平衡二元搜尋樹，(2) $| h_L - h_R | \leq 1$，其中 T_L 和 T_R 分別是此二元樹的左子樹和右子樹，而 h_L 及 h_R 分別為 T_L 和 T_R 的高度。

在一棵二元樹中，假設有一節點 p，其左子樹(T_L)和右子樹(T_R)的高度分別是 h_L 和 h_R，而 BF(p)表示 p 節點的平衡因子(balance factor)。如何計算平衡因子呢？很簡單，只要將 h_L 減去 h_R 即可。在 AVL-tree 中的每一節點之平衡因子均為 -1 或 0 或 1，即 $| BF(p) | \leq 1$。

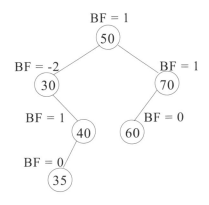

圖 8-1 一棵二元樹的平衡因子

圖 8-1 不是一棵 AVL-tree，因為 30 節點的平衡因子為 -2。每一節點之平衡因子計算如下：50 節點的左子樹的高度為 3，而右子樹高度為 2，故 50 的平衡因子為 3 - 2 = 1。30 節點的左子樹高度為 0，而右子樹為 2，故平衡因子為 0 - 2 = -2。其餘節點的平衡因子，如圖 8-1 所示。

8.2 高度平衡二元搜尋樹的加入

高度平衡二元搜尋樹在加入或刪除後，可能會造成不平衡，此時可利用 LL，RR，LR，RL 等四種不同的調整方式，使其符合 AVL-tree 的定義。其中 LL 與 RR; LR 與 RL 是相互對稱。假設加入的新節點為 N，若有一距此節點 N 最近，而且平衡因子為±2 的祖先節點 p，則上述四種調整方式的適用時機如下：

1. LL：加入的新節點 N 在節點 p 的左邊的左邊。
2. RR：加入的新節點 N 在節點 p 的右邊的右邊。
3. LR：加入的新節點 N 在節點 p 的左邊的右邊。
4. RL：加入的新節點 N 在節點 p 的右邊的左邊。

8.2.1 LL 型

原有 AVL-tree 如下：

加入 30 後，其圖形如下：

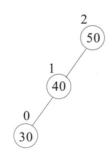

我們很容易的看出它不是一棵 AVL-tree，因為 50 節點的平衡因子為 2。由於 30 節點是位於 50 節點左邊的左邊，所以其調整的方式為 LL 型。

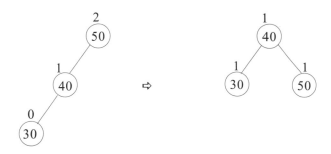

從右圖得知，只要將左圖的 40 節點往上提，50 節點往下拉，並加在 40 節點的右方即可。

再舉一例，假設有一棵 AVL-tree 如下：

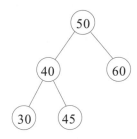

加入 20 節點後的圖形如下：

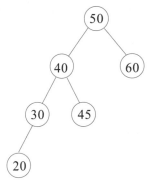

由上圖得知，50 節點的平衡因子為 2，其調整的方式也是 LL 型。雖然 20 節點位於 50 節點左邊的左邊的左邊，但我們只要取前兩項即可。若加入的節點不是 20，而是 35，雖然 35 位於 50 節點左邊的左邊的右邊，但它仍然也是屬於 LL 型。調整的方式是從節點 20 往上找一個與它最接近，而且平衡因子的絕對值大於 1 的節點，如上圖的 50。此時 20 節點位於 50 節點左邊的左邊，故屬於 LL 型的調整方式。注意，我們只要調整從 50 節點到加入的 20 節點間，其中所經過的前兩個節點(40、30)即可。

如下圖所示：

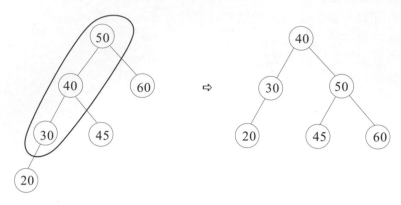

有關 LL 型的調整方式的演算法，我們以上述範例加以說明之。

假設有一 AVL-tree 如下：

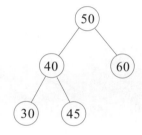

今加入 20 節點後，知其不符合 AVL-tree 的定義。此時的 pivot 是指到與新加入節點 20 最接近，而且平衡因子之絕對值大於 1 的節點，如下圖的 50 節點。

經由

    pivot_next = pivot.llink;

    temp = pivot_next.rlink;

以上敘述的示意圖如下：

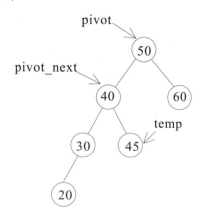

再經由下列的步驟

　　pivot_next.rlink = pivot;

　　pivot.llink = temp;

就可完成調整的方式。最後的圖形如下：

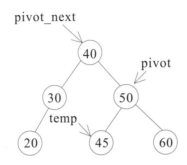

8.2.2　RR 型

原有的 AVL-tree 如下：

加入 70 後，其圖形如下：

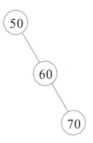

我們很容易的看出它不是一棵 AVL-tree，因為 50 節點的平衡因子為 -2。由於 70
節點位於 50 節點右邊的右邊，所以其調整的方式為 RR 型。

從右圖得知，只要將左圖的 60 節點往上提，50 節點往下拉，並加在 60 節點的左方即可。

再舉一例，假設有一棵 AVL-tree 如下：

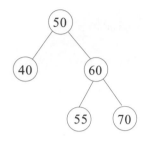

今欲加入 80 節點，其圖形如下：

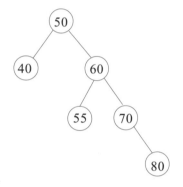

從上圖得知，50 節點的平衡因子為 -2，其調整的方式也是 RR 型。雖然 80 節點位於 50 節點右邊的右邊的右邊，但我們只要取前兩項即可。若加入的節點不是 80，而是 65，雖然它位於 50 節點右邊的右邊的左邊，但它仍然也是屬於 RR 型。調整的方式是從節點 80 往上找一個與它最接近，而且平衡因子之絕對值大於 1 的節點，如上圖的 50。此時 80 節點位於 50 節點右邊的右邊，故屬於 RR 型的調整方式。注意，我們只要調整從 50 節點到加入的 80 節點間的前兩個節點(60、70)即可。如下圖所示：

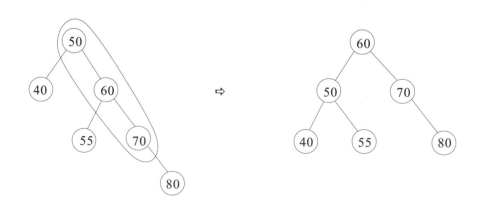

RR 型的調整方式的演算法與 LL 型很相似，在此不再贅述。

8.2.3 LR 型

原有 AVL-tree 如下：

加入 45 後，其圖形如下：

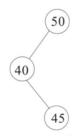

我們可以輕易的看出它不是一棵 AVL-tree，因為 50 節點的平衡因子為 2。由於 45 節點位於 50 節點左邊的右邊，所以其調整的方式為 LR 型。

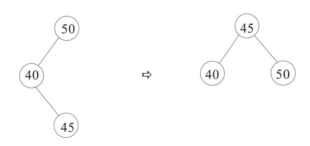

從右圖得知只要將左圖的 45 節點往上提，因為 50 大於 45，所以將它加在 45 節點的右方；40 節點則加在 45 節點的左方，因為 40 小於 45。

再舉一例，假設有一棵 AVL-tree 如下：

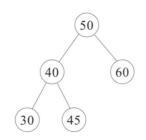

今欲加入 42 節點，其圖形如下：

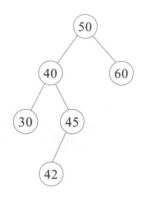

由上圖得知，50 節點的平衡因子為 2，其調整的方式也是 LR 型。雖然 42 節點位於 50 節點左邊的右邊的左邊，但我們只要取前兩項即可。所以若加入的節點不是 42，而是 48，雖然它位於 50 節點左邊的右邊的右邊，但它仍然也是屬於 LR 型。調整的方式是從節點 42 往上找一個與它最接近，而且平衡因子之絕對值大於 1 的節點，如上圖的 50。此時 42 節點位於 50 節點左邊的右邊，故屬於 LR 型的調整方式。注意，我們只要調整從 50 節點到加入的 42 節點間的前兩個節點(40、45)即可。

如下圖所示：

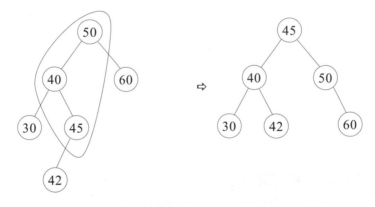

有關 LR 型的調整方式的演算法，我們以一範例加以說明之。

假設有一 AVL-tree 如下：

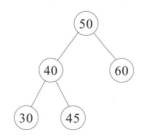

首先加入 42 節點，如圖 8-4 所示，它不符合 AVL-tree 的定義。此時的 pivot 是指到與加入節點 42 最接近，而且平衡因子之絕對值大於 1 的節點，如圖 8-4 的節點 50。以下是調整的執行步驟及其示意圖。

步驟(一)： pivot_next = pivot.llink;
　　　　　 temp = pivot_next.rlink;

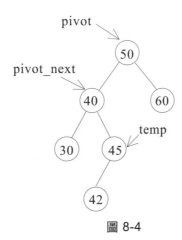

圖 8-4

步驟(二)： pivot.llink = temp.rlink

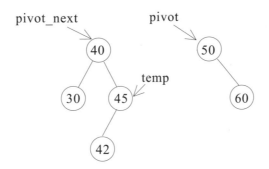

步驟(三)： pivot_next.rlink = temp.llink

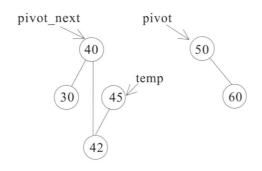

步驟(四)：temp.llink = pivot_next

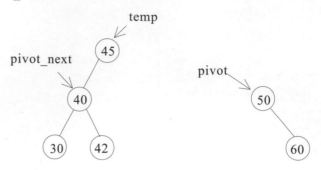

步驟(五)：temp.rlink = pivot

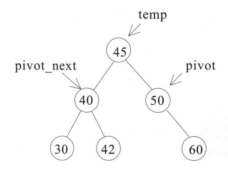

8.2.4 RL 型

原有 AVL-tree 如下：

加入 56 後，其圖形如下：

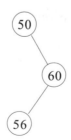

我們很容易的看出它不是一棵 AVL-tree，因為 50 節點的平衡因子為 -2。由於 56 節點位於 50 節點右邊的左邊，所以其調整的方式為 RL 型。

從右圖得知只要將左圖的 56 節點往上提，將 60 節點加在 56 節點的右方，因為 60 大於 56；50 節點加在 56 節點的左方，因為 50 小於 56。

再舉一例，假設有一棵 AVL-tree 如下：

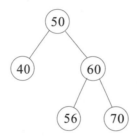

今欲加入 52 節點，其圖形如下：

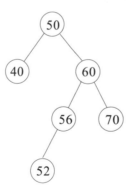

由上圖得知，50 節點的平衡因子為 -2，其調整的方式也是 RL 型。雖然 52 節點位於 50 節點右邊的左邊的左邊，但我們只要取前兩項即可。所以若加入的節點不是 52，而是 58，雖然它位於 50 節點右邊的左邊的右邊，但它仍然也是屬於 RL 型。調整的方式為從節點 52 往上找到一個與它最接近，而且平衡因子的絕對值大於 1 的節點，如上圖的 50。此時 52 節點位於 50 節點右邊的左邊，故屬於 RL 型的調整方式，注意我們只要調整從 50 節點到加入的 52 節點間的前兩個節點(60、56)即可。如下圖所示：

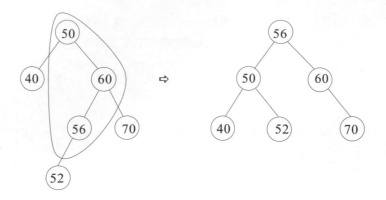

RL 型的調整方式的演算法與 LR 型相似，在此不再贅述。

我們來看一綜合的範例，利用上述各種調整方式使其再平衡(rebalanced)。假設原來的 AVL-tree 是空的。

1. 加入 Mary。加入後的 AVL-tree 如下圖所示：

    因為它符合 AVL-tree 的定義，所以不需做調整。

2. 加入 May。加入後的 AVL-tree 如下圖所示：

    符合 AVL-tree 的定義，所以不需做調整。

3. 加入 Mike。加入後的 AVL-tree 如下圖所示，因為它不符合 AVL-tree 的定義，我們必需利用 RR 的調整方式使之再平衡。

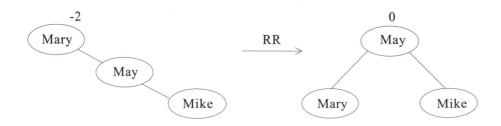

4. 加入 Devin。加入後的 AVL-tree 如下圖所示，因為它符合 AVL-tree 的定義，
   所以不需要調整。

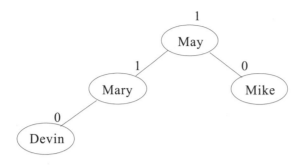

5. 加入 Bob。加入後的 AVL-tree 如下圖所示，因為它不符合 AVL-tree 的定義，
   而且是屬於 LL 型，必需利用 LL 型的調整方式使之平衡。

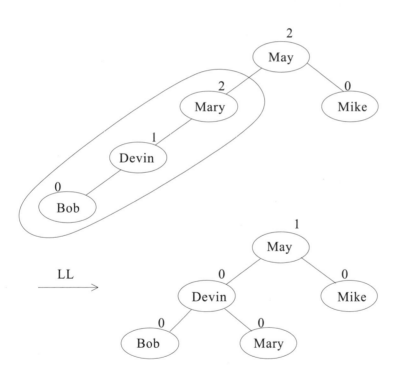

6. 加入 Jack。加入後的 AVL-tree 如下圖所示,因為它不符合 AVL-tree 的定義,而且 Jack 加在 May 節點的左子樹的右子樹,必需利用 LR 型的調整方式使之再平衡。

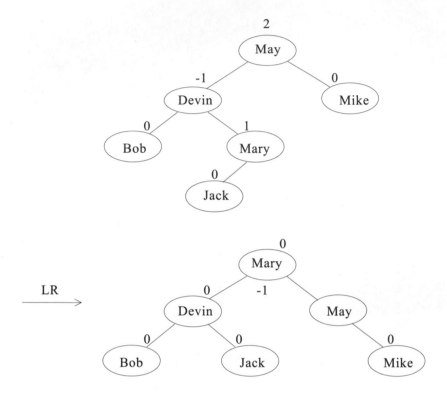

7. 加入 Helen。加入後的 AVL-tree 如下圖所示,由於各節點的 BF(平衡因子)絕對值皆小於 2,符合 AVL-tree 的定義,所以不需要調整。

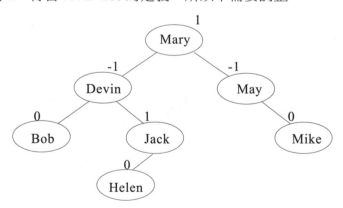

8. 加入 Joe。加入後的 AVL-tree 如下圖所示,因為它符合 AVL-tree,所以不需要調整。

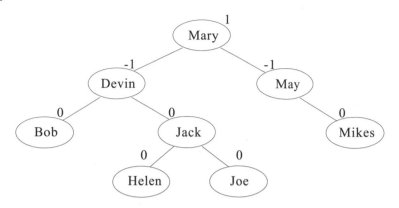

9. 加入 Ivy。加入後的 AVL-tree 如下圖所示,此時有兩個節點的 BF 的絕對值大於 1,如 Mary 和 Devin。根據定義,選擇與加入節點 Ivy 最靠近的節點 Devin,知其為 RL 型,因此利用 RL 型的調整方式使之再平衡。注意!只要調整圈起來的部份即可。

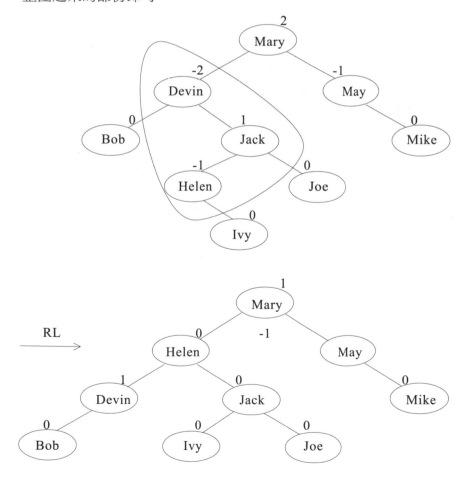

10. 加入 John。加入後的 AVL-tree 如下圖所示,並得知它不符合 AVL-tree 的定義,可用 LR 型的調整方式使之再平衡。

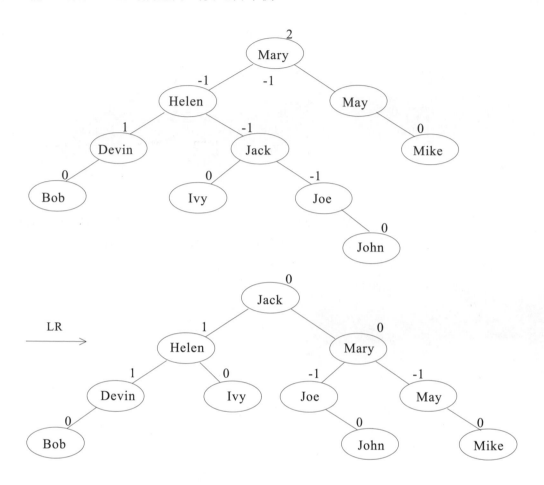

11. 加入 Peter。加入後的 AVL-tree 如下圖所示,並得知它不符合 AVL-tree 的定義。可以 RR 的調整方式使之再平衡。

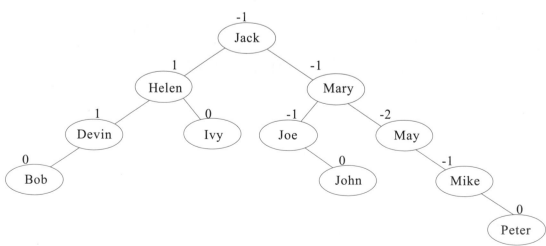

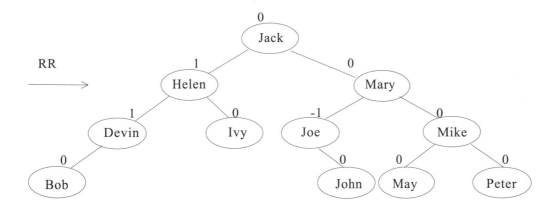

12. 加入 Tom 後的 AVL-tree 如下圖所示。因其符合 AVL-tree 的定義，所以不需要調整。

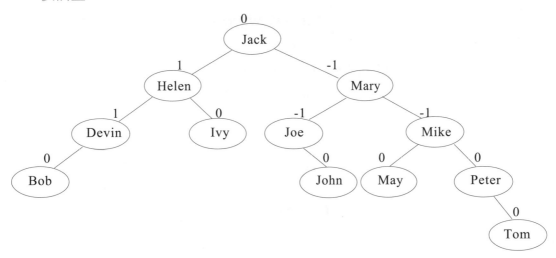

🎹 練習題

1. 將下列的鍵值依序建立一棵 AVL tree，若加入一鍵值時，不符合 AVL–tree 的定義，則加以調整之，並寫出其所對應的型態，如 RR，LL，LR 或 RL。鍵值如下：Jan，Feb，Mar，Apr，May，Jun，July，Aug，Sep，Oct，Nov 及 Dec。

8.3 高度平衡二元搜尋樹的刪除

高度平衡二元搜尋樹的刪除方法與二元搜尋樹相同,當刪除的動作完成後,必需再計算平衡因子,並做適當的調整。

假設存在一棵 AVL-tree,如圖 8-2 所示:

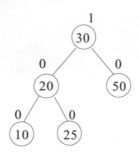

圖 8-2　一棵 AVL-tree

若刪除<u>樹葉節點 50</u>,結果如圖 8-3 所示:

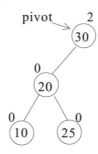

圖 8-3

刪除節點 50 後,重新計算每一節點的 BF,從替代節點往上尋找 pivot(遇到第一個 BF 值的絕對值大於 1 的節點)為 30。當我們找到 pivot 後,如何得到其調整型態,可利用下列的步驟完成之。

步驟一:　檢查 pivot 節點的 BF 值,(1)若大於等於 0,則往左子樹找下一個節點,(2)若小於 0,則往右子樹找下一個節點。以圖 8-3 為例,pivot 節點 30 之 BF 值為 2,大於等於 0,故往 pivot 節點的左子樹找下一個節點是 20。

步驟二： 由於節點 20 的 BF 值也是大於等於 0，故可得知其調整型態為 LL 型。調
整結果如下：

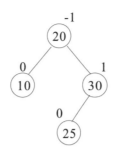

上例是刪除樹葉節點，現我們來看刪除非樹葉節點的範例。有一棵 AVL-tree 如下
圖 8-4 所示：

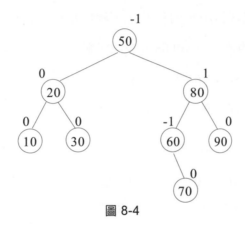

圖 8-4

刪除 80，若我們以右子樹中最小鍵值的節點作為替代節點，從圖 8-4 得知是 90 節
點，以 90 取代 80，結果如圖 8-5 所示：

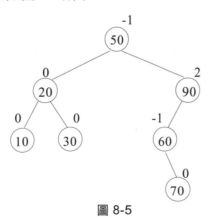

圖 8-5

接下來要如何調整呢？假想是在刪除圖 8-4 的樹葉節點 90，並利用上述刪除樹葉節點的調整方法。從圖 8-5 得到 pivot 節點 90，由於它的 BF 值為 2，大於 1 等於 0，故往左子樹去找下一個節點，知其為節點 60，而且它的 BF 值為 -1，所以調整的型態為 LR 型。調整後的結果如下圖所示：

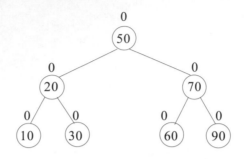

由以上範例，大致可以歸納出在何種狀況下應以那種方式來調整。

當 pivot.BF >= 0，再判斷 pivot 的下一個節點

$$\begin{cases} \text{(1). pivot.llink.BF} >= 0 & \Rightarrow \text{LL 型} \\ \text{(2). pivot.llink.BF} < 0 & \Rightarrow \text{LR 型} \end{cases}$$

當 pivot.BF < 0，再判斷 pivot 的下一個節點

$$\begin{cases} \text{(1). pivot.rlink.BF} >= 0 & \Rightarrow \text{RL 型} \\ \text{(2). pivot.rlilnk.BF} < 0 & \Rightarrow \text{RR 型} \end{cases}$$

有關高度平衡二元搜尋樹之程式實作，請參閱 8.3 節。

⌨ 練習題

1. (a) 有一棵 AVL–tree 如下

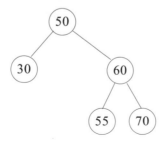

試問刪除 30 後的 AVL–tree 為何？

(b)　有一棵 AVL–tree

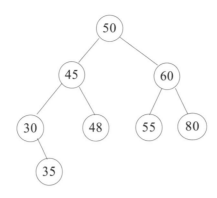

試問刪除 45 後的 AVL–tree 為何？(請以右子樹中的最小鍵值取代之)。

8.4　程式實作

(一) 利用 AVL-TREE 處理學生成績資料

JAVA 程式語言實作》 利用 AVL-TREE 處理學生成績資料

```java
01  package avltree;
02
03  /**
04   *
05   * @author Bright
06   * Version 3
07   * Update date: August 20, 2018
08   */
09
10
11  import java.io.*;
12  import java.util.Scanner;
13  import java.util.InputMismatchException;
14
15  // 定義一個 Node 的資料結構(Class)，其資料含兩個子鏈結，儲存姓名、分數、節點BF 值
16  class Student {
17      public String name; // 姓名
18      public int score; // 分數
19      public int bf; // 節點BF 值
20      public Student llink,rlink ; //節點子鏈結
```

```
21    }
22
23    class AVLTree {
24        Student ptr, root, current, prev, pivot, pivot_prev;
25        Scanner keyboard = new Scanner(System.in);
26        int nodecount = 0; /* 用來計算node 個數 */
27
28        AVLTree() { // 建構子
29            root=prev=pivot_prev=null;
30        }
31
32        // 新增函數
33        public void insert_f()
34        {
35            String name_t="";
36            int score_t=0;
37
38            System.out.printf("\n*********** Insert Node ***********\n");
39            System.out.print("   Please enter student name   : ");
40            name_t = keyboard.next();
41
42            System.out.print("   Please enter student score : ");
43            score_t = keyboard.nextInt();
44
45            System.out.println("\n              New Node              ");
46            System.out.println("------------------------------------");
47            System.out.println("      Name : " + name_t + "     Score : " + score_t);
48            System.out.println("************************************\n");
49            nodecount++; /* 將node 加1 */
50            sort_f(name_t,score_t);
51        }
52
53        // 處理 AVL-TREE 之資料輸入
54        public void sort_f(String name_t,int score_t)
55        {
56            int op;
57            current = root;
58            while ((current != null) && !name_t.equals(current.name)) {
59                if (name_t.compareTo(current.name)<0) { // 插入資料小於目前位置，則往左移
60                    prev = current;
61                    current = current.llink;
62                }
63                else { // 若大於目前位置，則往右移
64                    prev = current;
```

```
65              current = current.rlink;
66          }
67      }
68      // 找到插入位置，無重覆資料存在
69      if ((current==null) || !name_t.equals(current.name)) {
70          ptr = new Student();   // 配置記憶體
71          ptr.name = name_t;
72          ptr.score = score_t;
73          ptr.llink = null;
74          ptr.rlink = null;
75          if (root == null) // ROOT 不存在，則將 ROOT 指向插入資料
76              root = ptr;
77          else
78              if (ptr.name.compareTo(prev.name)<0)
79                  prev.llink = ptr;
80              else
81                  prev.rlink = ptr;
82          bf_count(root);
83          pivot = pivot_find();
84          if (pivot != null) { // PIVOT 存在，則須改善為 AVL-TREE
85              op = type_find();
86              switch(op) {
87                  case 11 :
88                      type_ll();
89                      break;
90                  case 22 :
91                      type_rr();
92                      break;
93                  case 12 :
94                      type_lr();
95                      break;
96                  case 21 :
97                      type_rl();
98                      break;
99              }
100         }
101         bf_count(root);  // 重新計算每個節點的 BF 值
102     }
103     else {  // 欲插入資料 KEY 已存在，則顯示錯誤
104         System.out.println("     ADD  New Node  error !!");
105         System.out.println("     student <" + name_t + "> has existed !");
106     }
107 }
108
```

```
109      // 計算BF 值，使用後序法逐一計算
110      public void bf_count(Student trees)
111      {
112          if (trees != null) {
113              bf_count(trees.llink);
114              bf_count(trees.rlink);
115              // BF 值計算方式為左子樹高減去右子樹高
116              trees.bf = height_count(trees.llink) - height_count(trees.rlink);
117          }
118      }
119
120      public int height_count(Student trees)
121      {
122          if (trees == null)
123              return 0;
124          else
125              if (trees.llink == null && trees.rlink == null)
126                  return 1;
127              else
128                  return 1 + (height_count(trees.llink) > height_count(trees.rlink) ?
129                          height_count(trees.llink) : height_count(trees.rlink));
130      }
131
132      public student pivot_find()
133      {
134          int i;
135          current = root;
136          pivot = null;
137          for (i =0; i<=nodecount-1; i++) {
138              // 當BF 值的絕對值小於等於1，則將PIVOT 指向此節點
139              if (current.bf < -1 || current.bf > 1) {
140                  pivot = current;
141                  if(pivot != root)
142                      pivot_prev = prev;
143                  System.out.println("current pivot name: " + current.name);
144              }
145              if (current.bf > 0) { /* 左子樹的高度較高 */
146                  prev = current;
147                  current = current.llink;
148              }
149              else if (current.bf < 0 ) { /* 右子樹的高度較高 */
150                  prev = current;
151                  current = current.rlink;
152              }
```

```
153              }
154          return pivot;
155      }
156
157      public int type_find()
158      {
159          int i, op_r = 0;
160          current = pivot;
161          for (i = 0; i < 2; i++) {
162              if (current.bf > 0) { /* 左子樹的高度較高 */
163                  current = current.llink;
164                  if (op_r == 0)
165                      op_r+=10;
166                  else
167                      op_r++;
168              }
169              else if (current.bf < 0 ) { /* 右子樹的高度較高 */
170                  current = current.rlink;
171                  if (op_r == 0)
172                      op_r+=20;
173                  else
174                      op_r+=2;
175              }
176          }
177          // 傳回值 11、22、12、21 分別代表 LL、RR、LR、RL 型態
178          return op_r;
179      }
180
181  // LL 型態
182  public void type_ll()
183  {
184      Student pivot_next, temp;
185
186      pivot_next = pivot.llink;
187      temp = pivot_next.rlink;
188      pivot_next.rlink = pivot;
189      pivot.llink = temp;
190      if (pivot == root)
191          root = pivot_next;
192      else
193          if (pivot_prev.llink == pivot)
194              pivot_prev.llink = pivot_next;
195          else
196              pivot_prev.rlink = pivot_next;
```

```
197            }
198
199        // RR 型態
200        public void type_rr()
201        {
202            Student pivot_next, temp;
203
204            pivot_next = pivot.rlink;
205            temp = pivot_next.llink;
206            pivot_next.llink = pivot;
207            pivot.rlink = temp;
208            if (pivot == root)
209                root = pivot_next;
210            else
211                if (pivot_prev.llink == pivot)
212                    pivot_prev.llink = pivot_next;
213                else
214                    pivot_prev.rlink = pivot_next;
215        }
216
217        // LR 型態
218        public void type_lr()
219        {
220            Student pivot_next, temp;
221
222            pivot_next = pivot.llink;
223            temp = pivot_next.rlink;
224            pivot.llink = temp.rlink;
225            pivot_next.rlink = temp.llink;
226            temp.llink = pivot_next;
227            temp.rlink = pivot;
228            if (pivot == root)
229                root = temp;
230            else
231                if (pivot_prev.llink == pivot)
232                    pivot_prev.llink = temp;
233                else
234                    pivot_prev.rlink = temp;
235        }
236
237        // RL 型態
238        public void type_rl()
239        {
240            Student pivot_next, temp;
```

```
241
242        pivot_next = pivot.rlink;
243        temp = pivot_next.llink;
244        pivot.rlink = temp.llink;
245        pivot_next.llink = temp.rlink;
246        temp.rlink = pivot_next;
247        temp.llink = pivot;
248        if (pivot == root)
249            root = temp;
250        else
251            if (pivot_prev.llink == pivot)
252                pivot_prev.llink = temp;
253            else
254                pivot_prev.rlink = temp;
255    }
256
257 //輸出函數
258  public void list_f()
259  {
260
261      if (root==null) { //無資料存在，則顯示錯誤
262          System.out.println("\n      No Student record exist !!");
263      }
264      else {
265          list_data(); //中序列印
266      }
267  }
268
269 //將 Node 資料以中序方式印出
270  public void list_data()
271  {
272      System.out.println("\n\n******** List Data ********\n");
273      System.out.printf("%-15s %-10s\n", "Name", "Score");
274      System.out.println("----------------------------");
275      inorder(root);
276      System.out.println("----------------------------");
277  }
278
279 // 中序使用遞迴
280  public void inorder(Student trees)
281  {
282      try {
283          inorder(trees.llink);
284          System.out.printf("%-16s", trees.name);
```

```
285            System.out.printf("%3d\n", trees.score);
286            inorder(trees.rlink);
287        } catch (NullPointerException e) {}
288    }
289
290    //修改函數
291    public void modify_f()
292    {
293        String name_t="";
294        int score_t=0;
295
296        if (root==null) { //無資料存在，則顯示錯誤
297            System.out.println("\n      No Student record exist !!");
298        }
299        else {
300            System.out.printf("\n*********** Modify Node ***********\n");
301            System.out.print("    Please enter student name  : ");
302            name_t = keyboard.next();
303
304            current=root;
305            while ((current != null) && (!name_t.equals(current.name))) {
306                if (name_t.compareTo(current.name) < 0)
307                    current = current.llink;
308                else
309                    current = current.rlink;
310            }
311            // 若找到欲更改資料，則列出原資料，並要求輸入新的資料
312            if (current != null) {
313                System.out.println("\n        Student name  : " +current.name);
314                System.out.println("        Studnet score : " +current.score);
315                System.out.println("\n*********************************");
316                System.out.print("    Please enter new score : ");
317                current.score = keyboard.nextInt();
318
319                System.out.printf("    Data updated successfully");
320            }
321            else { // 找不到資料，則顯示錯誤
322                System.out.println("\n    Student : " +name_t+ "  Not Found !!!");
323            }
324        }
325        System.out.println("\n");
326    }
327
328    //刪除函數
```

```
329      public void delete_f()
330      {
331          Student clear;
332          int op;
333          String name_t="", tempn="";
334
335          if (root == null) { //無資料存在，則顯示錯誤
336              System.out.println("\n      No Student record exist !!");
337          }
338          else {
339              System.out.println("\n*********** Delete Node ***********\n");
340              System.out.print("   Please enter student name  : ");
341              name_t = keyboard.next();
342              tempn = name_t;
343              current = root;
344              //尋找刪除點
345              while (current != null && !name_t.equals(current.name)) {
346                      // 若刪除資料鍵值小於目前所在資料，則往左子樹
347                      if (name_t.compareTo(current.name)<0) {
348                          prev = current;
349                          current = current.llink;
350                      }
351                      // 否則往右子樹
352                      else {
353                          prev = current;
354                          current = current.rlink;
355                      }
356              }
357              // 找到欲刪除資料的狀況
358              if (current!=null && name_t.equals(current.name)) {
359                  // 當欲刪除資料底下無左右子樹存在的狀況
360                  if (current.llink == null && current.rlink == null) {
361                      clear = current;
362                      if (name_t.equals(root.name)) // 欲刪除資料為ROOT
363                          root = null;
364                      else {
365                          // 若不為ROOT，則判斷其為左子樹或右子樹
366                          if (name_t.compareTo(prev.name) < 0)
367                              prev.llink = null;
368                          else
369                              prev.rlink = null;
370                      }
371                      clear = null;
372                  }
```

```
373             else {
374                 // 以左子樹最大點代替刪除資料
375             if (current.llink != null) {
376                 clear = current.llink;
377                 while (clear.rlink != null) {
378                     prev = clear;
379                     clear = clear.rlink;
380                 }
381                 current.name=clear.name;
382                 current.score = clear.score;
383                 if (current.llink == clear)
384                     current.llink = clear.llink;
385                 else
386                     prev.rlink = clear.llink;
387             }
388             else {   // 以右子樹最小點代替刪除資料
389                 clear = current.rlink;
390                 while (clear.llink != null) {
391                     prev = clear;
392                     clear = clear.llink;
393                 }
394                 current.name=clear.name;
395                 current.score = clear.score;
396                 if (current.rlink == clear)
397                     current.rlink = clear.rlink;
398                 else
399                     prev.llink = clear.rlink;
400             }
401             clear = null;
402         }
403         bf_count(root);
404         if (root != null) { // 若ROOT 不存在，則無需作平衡改善
405             pivot = pivot_find();        // 尋找 PIVOT 所在節點
406             while (pivot != null) {
407                 op = type_find();
408                 switch(op) {
409                     case 11 :
410                         type_ll();
411                         break;
412                     case 22 :
413                         type_rr();
414                         break;
415                     case 12 :
416                         type_lr();
```

```
417                          break;
418                      case 21 :
419                          type_rl();
420                          break;
421                  }
422                  bf_count(root);
423                  pivot = pivot_find();
424              }
425          }
426          nodecount--; /* 將 node 減 1 */
427          System.out.printf("\n   Student %s has been deleted\n", tempn);
428      }
429      else { //找不到資料，則顯示錯誤
430          System.out.printf("\n   Student %s not found !!!\n", tempn);
431      }
432    }
433  }
434
435  //主函數
436  public static void main (String args[])
437  {
438      Scanner keyboard = new Scanner(System.in);
439      int option=0;
440
441      AVLTree obj = new AVLTree();
442      do {
443        System.out.printf("\n");
444        System.out.println("******* AVLtree Program *********");
445        System.out.println("                                 ");
446        System.out.println("          <1> Insert Node        ");
447        System.out.println("          <2> Delete Node        ");
448        System.out.println("          <3> Modify Node        ");
449        System.out.println("          <4> List   Node        ");
450        System.out.println("          <5> Exit               ");
451        System.out.println("                                 ");
452        System.out.println("*********************************");
453        System.out.print("\n          Choice :           ");
454        try {
455            option = keyboard.nextInt();
456        } catch(InputMismatchException e) {
457            keyboard.nextLine();
458            System.out.printf("Not a correctly number. \n");
459            System.out.printf("Try again\n\n");
460        }
```

```
461              switch(option) {
462                  case 1 :
463                      obj.insert_f();   //新增函數
464                      break;
465                  case 2 :
466                      obj.delete_f();   //刪除函數
467                      break;
468                  case 3 :
469                      obj.modify_f();    //修改函數
470                      break;
471                  case 4 :
472                      obj.list_f();      //輸出函數
473                      break;
474                  case 5 :
475                      System.exit(0);
476                  }
477          } while (true);
478      }
479  }
```

📋 輸出結果

```
*******  AVLtree Program *********

       <1> Insert Node
       <2> Delete Node
       <3> Modify Node
       <4> List   Node
       <5> Exit


*********************************


         Choice : 1

*********** Insert Node ************
  Please enter student name  : Peter
  Please enter student score : 90

          New Node
---------------------------------------
     Name : Peter     Score : 90
*************************************


*******  AVLtree Program *********

       <1> Insert Node
       <2> Delete Node
```

```
          <3> Modify Node
          <4> List   Node
          <5> Exit

*******************************

          Choice : 1

*********** Insert Node ***********
  Please enter student name  : Mary
  Please enter student score : 80

            New Node
-------------------------------------
    Name : Mary    Score : 80
***********************************


*******  AVLtree Program *********

          <1> Insert Node
          <2> Delete Node
          <3> Modify Node
          <4> List   Node
          <5> Exit

*******************************

          Choice : 1

*********** Insert Node ***********
  Please enter student name  : Cathy
  Please enter student score : 70

            New Node
-------------------------------------
    Name : Cathy    Score : 70
***********************************

current pivot name: Peter

*******  AVLtree Program *********

          <1> Insert Node
          <2> Delete Node
          <3> Modify Node
          <4> List   Node
          <5> Exit

*******************************
```

```
        Choice : 4


******** List Data *********

Name            Score
-----------------------------
Cathy           70
Mary            80
Peter           90
-----------------------------

*******  AVLtree Program *********

        <1> Insert Node
        <2> Delete Node
        <3> Modify Node
        <4> List   Node
        <5> Exit


*********************************

        Choice : 2

************ Delete Node ************

  Please enter student name  : Peter

  Student Peter has been deleted

*******   AVLtree Program *********

        <1> Insert Node
        <2> Delete Node
        <3> Modify Node
        <4> List   Node
        <5> Exit


*********************************

        Choice : 4


******** List Data *********

Name            Score
-----------------------------
Cathy           70
Mary            80
```

```
----------------------------

******   AVLtree Program *********

        <1> Insert Node
        <2> Delete Node
        <3> Modify Node
        <4> List   Node
        <5> Exit

********************************

           Choice : 3

*********** Modify Node ***********
   Please enter student name  : Cathy

        Student name  : Cathy
        Studnet score : 70

**********************************
   Please enter new score : 90
    Data updated successfully


******   AVLtree Program *********

        <1> Insert Node
        <2> Delete Node
        <3> Modify Node
        <4> List   Node
        <5> Exit

********************************

           Choice : 4


******** List Data *********

Name           Score
----------------------------
Cathy          90
Mary           80
----------------------------

******   AVLtree Program *********

        <1> Insert Node
        <2> Delete Node
```

```
        <3> Modify Node
        <4> List    Node
        <5> Exit


********************************

            Choice : 5
```

》 程式解說

1. 上例是以鏈結串列來處理 AVL-tree 資料的新增、刪除、修改及輸出。

2. 新增節點：

    (a) insert_f( )函數：要求使用者輸入新增節點的資料，並呼叫 sort_f( )函數來建立新的節點，並加以排序，使其符合 AVL-tree 的定義。

    (b) AVL-tree 的新增方法與二元搜尋樹加入方法相同，重點在於新增節點後必須判斷它是否符合 AVL-tree 的定義，若不符合，則必須加以調整之。在新增節點完畢後，呼叫 bf_count( )函數以計算各節點之 bf 值，並以 pivot_find( )函數搜尋節點中是否存在 pivot。

    (c) bf_count( )函數：使用遞迴的方式，逐一計算每個節點的 bf 值。bf 值是左子樹的高度減去右子樹的高度，並呼叫 height_count( )函數以遞迴的方式計算樹的高度。

    (d) pivot_find( )：從 root 開始往新增節點 ptr 的方向(即 ptr 與目前指標 current 所指向節點的關係，若 ptr 為 current 的左子樹，則往左；反之，則往右)，找出 bf 的絕對值大於 1 的節點。

    (e) 找到 pivot 後，呼叫 type_find( )函數找尋調整方式，11 代表 LL，22 代表 RR，12 代表 LR，21 代表 RL。type_find( )的搜尋方式是由 pivot 往新增節點 ptr 往下判斷。舉例來說，若 ptr 為目前指標所在之左子樹，則往左(即 L)，接下來，若 ptr 為目前指標所在之右子樹，則往右(即 R)，如此則為 LR 的調整的型式，計算時第一步 L 為 10，第二步 R 為 2，10 加 2 為 12，代表 LR。其它調整的型式，可依此類推。

3. 刪除節點：

    delete_f( )函數：要求使用者輸入欲刪除資料，其刪除節點的方式亦與二元搜尋樹相同，當刪除節點不為樹葉節點時，必須以左子樹最大的節點，或右子樹最小的節點來與取代刪除的節點。刪除完畢後，與新增一樣會呼叫 bf_count( )來重新計算各節點之 bf 值。

4. 修改節點資料：

modify_f( )函數：要求使用者輸入欲修改節點，列出原始資料後，再要求使用者輸入新的資料。

5. 輸出節點：

節點的資料輸出是採中序追蹤，然後呼叫 inorder( )函數，以遞迴的方式將節點的資料由小到大輸出。

8.5 動動腦時間

1. 何謂高度平衡二元搜尋樹(或 AVL-tree)，並詳加追蹤 AVL-tree 在加入、刪除某一鍵值的演算法。[8.1]

2. 簡述 AVL–tree 各種再平衡(rebalanced)的型態。[8.1]

3. 請依序加入下列的鍵值：

Mar，May，Nov，Aug，Apr，Jan，Dec，July，Feb，June，Oct，Sep，建立其所對應的 AVL–tree。當加入某一鍵值時，若不符合 AVL–tree，則加以調整之。[8.1]

2-3 Tree 與 2-3-4 Tree

9.1 2-3 Tree

一棵 2-3 Tree 必須符合下列幾項定義:

1. 2-3 Tree 中的節點可以存放一筆或兩筆記錄(record)。

2. 在非樹葉節點中,若只有一筆記錄－data,則此節點必有兩個子節點－左子節點與右子節點。假設 data 的鍵值為 data.key,則

    (1) 左子節點存放記錄的鍵值必須小於 data.key;

    (2) 右子節點存放記錄的鍵值必須大於 data.key。

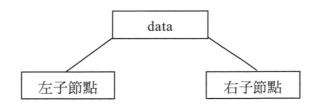

3. 在非樹葉節點中,若有兩筆記錄－Ldata 與 Rdata,則此節點必有三個子節點－左子節點、中子節點與右子節點。假設 Ldata 與 Rdata 的鍵值分別為 Ldata.key 與 Rdata.key,則

    (1) Ldata.key < Rdata.key;

    (2) 左子節點存放記錄的鍵值必須小於 Ldata.key;

    (3) 中子節點存放記錄的鍵值必須大於 Ldata.key,小於 Rdata.key;

    (4) 右子節點存放記錄的鍵值必須大於 Rdata.key。

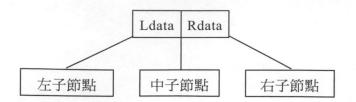

4. 所有的樹葉節點必須在同一階度。

9.1.1 2-3 Tree 的加入

從 2-3 Tree 中開始搜尋，若加入的記錄在 2-3 Tree 中找不到，則尋找此記錄要加入於 2-3 Tree 的那一節點，

1. 若該節點只有一筆記錄，則直接加入。

2. 若該節點已存在兩筆記錄，加入後將位居中間鍵值的記錄，往上移到此節點的父節點，並將此節點一分為二。

請看範例之說明，有一棵 2-3 Tree，如圖 9-1 所示：

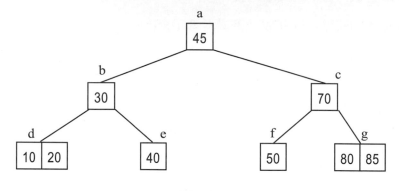

圖 9-1

(1) 加入 60。依搜尋結果將 60 加入於 f 節點，由於 f 節點的鍵值數只有一個，所以直接加入即可。

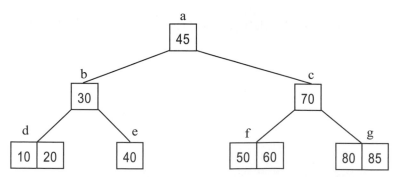

(2)　承(1)，加入 90。它將加到 g 節點，由於 g 節點原先已有兩個鍵值，因此必需將 g 節點劃分為 g, h 兩個節點，然後將中間鍵值 85 加到 g 節點的父節點 c 中。

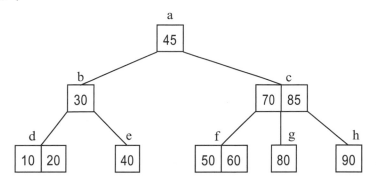

(3)　承(2)，加入 55。它將加到 f 節點，由於 f 節點原先已有兩個鍵值，所以必需將 f 加以劃分為 f 與 i，並將中間的鍵值 55 往上移到它的父節點 c。又由於 c 節點原先也有兩個鍵值，勢必也要劃分 c 節點為二，其為 c, j，並將中間鍵值 70 往上移到它的父節點 a。

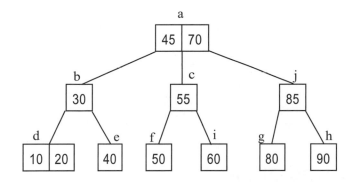

(4)　承(3)，加入 15。和上述的情形相同，在此就不再贅述，結果如下圖所示：

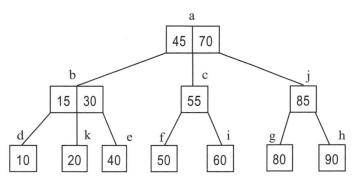

(5) 承(4)，加入 25。如下圖所示：

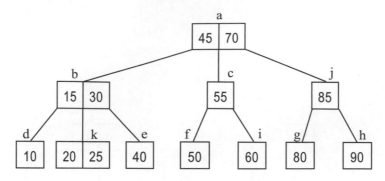

(6) 承(5)，加入 17。結果如下圖所示：

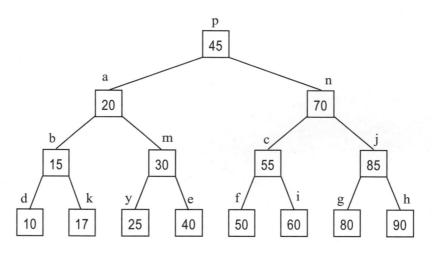

9.1.2 2-3 Tree 的刪除

2-3 Tree 的刪除分成兩部份：一為刪除的節點是樹葉節點，二為刪除的節點為非樹葉節點。我們以圖 9-2 來說明。

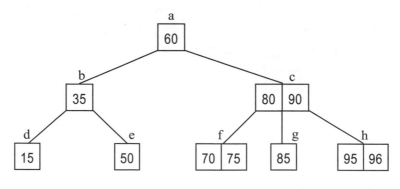

圖 9-2 2-3 Tree

1. 若刪除的節點是樹葉節點

   (1) 如欲刪除鍵值 70，因為刪除此鍵值後，f 節點中還有一個鍵值，尚符合
       2-3 Tree 的定義，所以不必調整，結果如下圖所示。

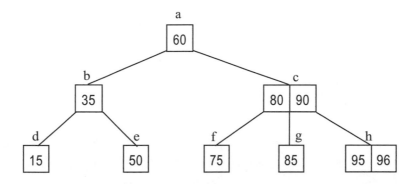

   (2) 若刪除後，該節點已不存在任何的鍵值，因為不符合 2-3 Tree 的定義(2-3
       Tree 中的節點必須有一筆或兩筆記錄)，所以必需加以調整。調整方式如
       下：

       (a) 如欲刪除下圖左 p 節點的鍵值 85，可找右邊的兄弟節點 p'，若 p'
           節點存在兩個鍵值，則取出 p 的父節點 pf 中大於欲刪除的鍵值
           (85)，但小於 p' 節點的所有鍵值，此鍵值為 90，將它放入 p，然後
           從 p' 節點取出最小的鍵值(95)放入 pf節點。

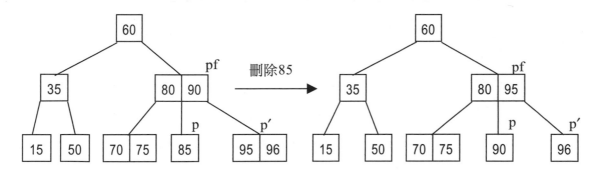

       (b) 如欲刪除下圖左 p 節點的鍵值 90，因為在 p 節點右邊找不到有一
           節點含有兩個鍵值，所以找其左邊的兄弟節點。若有一左兄弟節點
           q'，則從 p 的父節點 pf 取出小於欲刪除的鍵值(90)，但大於 q' 的所
           有鍵值，此鍵值為 80，將它放入 p，然後從 q' 中取出最大的鍵值
           (75)放入 pf節點。

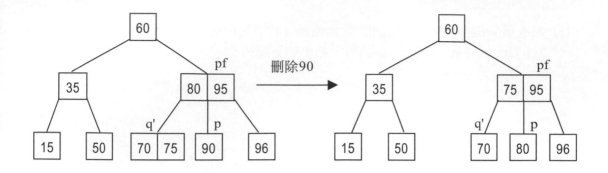

(c) 假若欲刪除的節點 p 為一只有一個鍵值的中子節點，且其左、右兄弟節點的鍵值個數也只有一個，此時有二種調整的方式，如下所示：

    i   若 p 節點有右兄弟節點 p′，則將其<u>父節點 pf 中大於 p 節點的鍵值且小於 p′ 節點的鍵值與節點 p′合併成新的節點</u>。若刪除下圖中的 80，則將 95 和 96 合併為一新節點。示意圖如下：

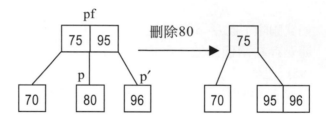

    ii   也可以找 p 節點的左兄弟節點 q′，將其<u>父節點 pf 中小於 p 節點的鍵值且大於 q′節點的鍵值與 q′節點合併成新的節點</u>。若刪除下圖中的 80，則將 70 和 75 合併為一新節點。示意圖如下：

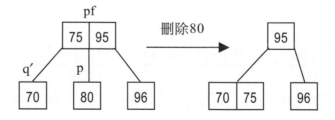

(d) 若刪除的節點 p 是左子節點，則將其右兄弟節點 p′ 與父節點 pf 中小於 p′ 節點的鍵值合併成一新的節點，其示意圖如下：

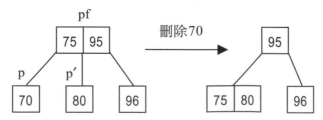

反之，若刪除的節點 p 是右子節點，則將其左兄弟節點 q′ 與父節點 pf 中大於 q′ 節點的鍵值合併成一新的節點。

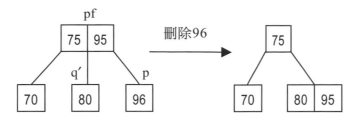

2. 若刪除的節點為非樹葉節點

假設欲刪除的鍵值 x 為非樹葉節點，此時可往該鍵值(x)的右鏈結找尋一樹葉節點 p′，在 p′中找一個最小值 y，以此值代替 x 值。也可往該鍵值(x)的左鏈結找尋一樹葉節點 q′，在 q′中找一個最大值 y，以此值代替 x 值。通常我們習慣先往右鏈結方向尋找，但這不是絕對的。我們以範例來說明，假設有一 2-3 Tree，如圖 9.3 所示：

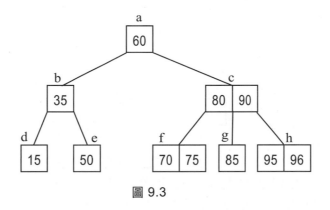

圖 9.3

若刪除 60，則找到 p′ 節點為 f，並從中取出最小值 70 來代替 60，如下圖所示：

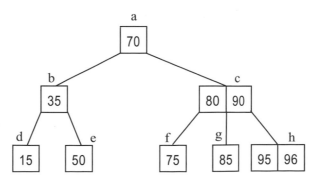

承上圖，刪除 70，由於 p'節點(即 f)只有一個鍵值，此時就好比刪除樹葉節點 f，我們可找其右兄弟節點 g 與 c 節點中的鍵值 80 合併為 k 節點。

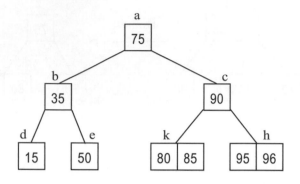

承上圖，刪除 90，其右節點為節點 h，將最小值 95 代替 90，如下圖所示：

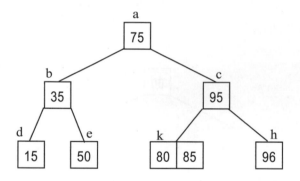

承上圖，刪除 95，以 96 取代之，此時就好比刪除樹葉節點 96 一樣，此時可將它的左兄弟節點的最大鍵值(85)加到 c 節點，然後將 c 節點的 96 往下調至 h 節點。注意! 當刪除 95 時，c 節點已被 96 替換了。結果如下圖所示：

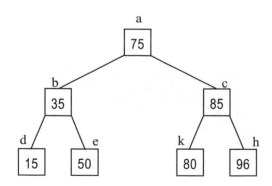

💻 練習題

1. 有一棵 2-3 Tree 如下：

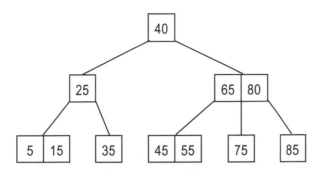

請依序加入 50，10，22 及 12，並畫出其所對應的 2-3 Tree。

2. 有一棵 2-3 Tree 如下：

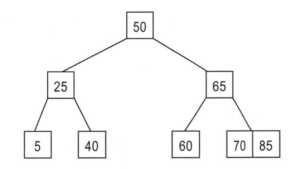

請依序刪除 60 及 70，並畫出其所對應的 2-3 Tree。

3. 有一棵 2-3 Tree 如下：

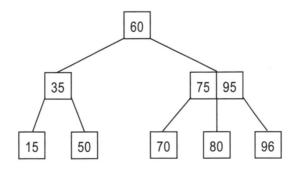

請依序刪除 70、80 及 96，並畫出其所對應的 2-3 Tree。

9.2 2-3-4 Tree

2-3-4 Tree 為 2-3 Tree 觀念的擴充。一棵 2-3-4 Tree 須符合下列定義：

1. 2-3-4 Tree 中的節點可以存放一筆、兩筆或三筆記錄。

2. 在非樹葉節點中，若只有一筆記錄 data，則此節點必有兩個子節點－左子節點與右子節點。假設記錄 data 的鍵值為 data.key，則

    (1) 左子節點存放的記錄鍵值必須小於 data.key；

    (2) 右子節點存放的記錄鍵值必須大於 data.key。

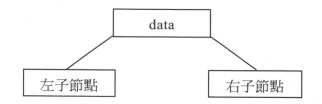

3. 在非樹葉節點中，若有兩筆記錄 Ldata 與 Rdata，則此節點必有三個子節點－左子節點、中子節點與右子節點。假設記錄 Ldata 與 Rdata 的鍵值分別為 Ldata.key 與 Rdata.key，則

    (1) Ldata.key < Rdata.key；

    (2) 左子節點存放的記錄鍵值必須小於 Ldata.key；

    (3) 中子節點存放的記錄鍵值必須大於 Ldata.key，小於 Rdata.key；

    (4) 右子節點存放的記錄鍵值必須大於 Rdata.key。

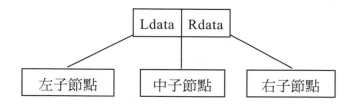

4. 在非樹葉節點中，若有三筆記錄 Ldata、Mdata 與 Rdata，則此節點必有四個子節點－左子節點、左中子節點、右中子節點與右子節點。假設記錄 Ldata、Mdata 與 Rdata 的鍵值分別為 Ldata.key、Mdata.key 與 Rdata.key，則

    (1) Ldata.key < Mdata.key < Rdata.key；

    (2) 左子節點存放的記錄鍵值必須小於 Ldata.key；

    (3) 左中子節點存放的記錄鍵值必須大於 Ldata.key，小於 Mdata.key；

    (4) 右中子節點存放的記錄鍵值必須大於 Mdata.key，小於 Rdata.key；

(5)　右子節點存放的記錄鍵值必須大於 Rdata.key。

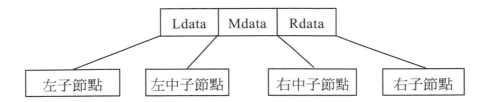

5.　所有的樹葉節點必須在同一階度。

9.2.1　2-3-4 Tree 的加入

2-3-4 Tree 的加入與 2-3 Tree 十分類似，先來看一個簡單的例子。假設存在一 2-3-4
Tree，如下圖所示：

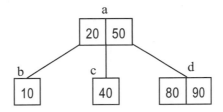

1.　加入 60，依搜尋的結果將 60 加入 d 節點，由於加入後 d 節點的鍵值數為 3，
　　還是符合 2-3-4 Tree 的定義，所以不需加以調整，如下圖所示：

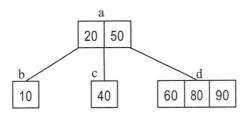

2.　若再加入 70 於 d 節點，加入後 d 節點的鍵值數為 4，已不符合 2-3-4 Tree 的
　　定義，此時將[60,70,80,90]中的第二個(½)鍵值 70 移到父節點 a，並將 d 節點
　　劃分為 d、e 兩個節點，d 節點有 60，而 e 節點有 80、90。

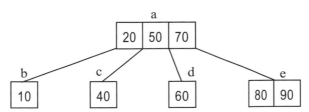

9.2.2 2-3-4 Tree 的刪除

2-3-4 Tree 的刪除如同 2-3 Tree。在此就不再贅述。底下僅介紹 2-3-4 Tree 刪除樹葉節點的鍵值的動作，以下圖為例：

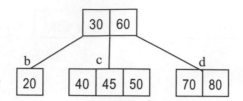

1. 刪除 70。由於刪除鍵值 70 後，d 節點還有一個鍵值，故可直接將 70 刪除

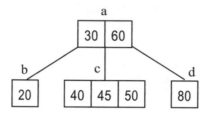

2. 刪除 20，此時 b 節點的鍵值數為 0，此時可先向它的右兄弟節點求救，發現其右兄弟節點 c 還存在三個鍵值，此時將 b 的父節點 a 之鍵值 30(此鍵值要大於 b 節點中的鍵值且小於 c 節點中的鍵值)搬移至 b 節點，再將 c 節點的鍵值 40 搬移至其父節點 a，結果如下圖所示：

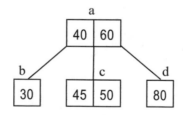

3. 刪除 30，刪除後不符合 2-3-4 Tree 定義，向其右兄弟節點 c 求救，調整後如下圖所示：

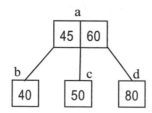

練習題

1. 有一 2-3-4 Tree 如下：

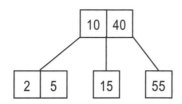

請依序加入 8，30 及 6，並畫出其所對應的 2-3-4 Tree。

2. 有一 2-3-4 Tree 如下：

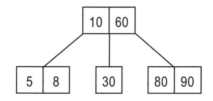

請依序刪除 80，30，8 及 90，並畫出其所對應的 2-3-4 Tree。

9.3 動動腦時間

1. 依下列的題意，畫出其所對應的 2-3 Tree。[9.1]

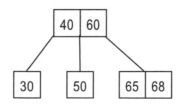

(a) 加入鍵值 62

(b) 原來的 2-3 Tree 刪除鍵值 50

(c) 原來的 2-3 Tree 刪除鍵值 60

2. 有一棵 2-3 Tree 如下所示：[9.1]

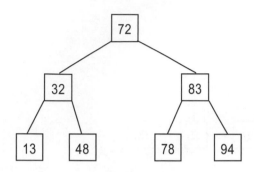

試問刪除 78 後的 2-3 Tree 為何？

3. 有一 2-3 Tree 如下：[9.1]

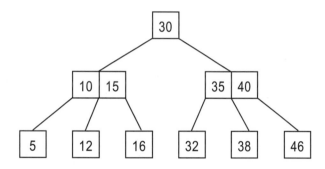

請畫出刪除鍵值 30 後的 2-3Tree。

4. 依下列的題意，畫出其所對應的 2-3 Tree。[9.1]

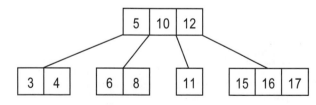

試問加入 18 後的 2-3-4 Tree 為何？

5. 有一棵 2-3-4 Tree 如下圖所示：[9.2]

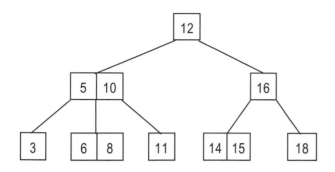

請依序畫出刪除 3，12 與 14 之後的 2-3-4 Tree。

6. 有一棵 2-3-4 Tree，如下圖所示：

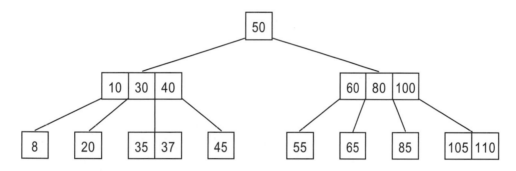

試回答下列問題：

(a) 依序畫出加入 33，36 及 115，130 之後的 2-3-4 Tree。

(b) 承(a)，依序畫出刪除 105 和 110 的 2-3-4 Tree。

m-way 搜尋樹與 B-Tree

10.1 m-way 搜尋樹

何謂 m-way 搜尋樹 (m-way search tree)？首先，一棵 m-way 搜尋樹，所有節點的分支度均小於或等於 m。若 T 為空樹，則 T 亦稱為 m-way 搜尋樹，倘若 T 不是空樹，則必需具備下列性質：

1. 節點的資料型態是 $n, A_0, (K_1, A_1), (K_2, A_2), \cdots, (K_n, A_n)$，其中 A_i 是子樹的指標，

    $0 \le i \le n < m$；K_i 是鍵值，$1 \le i \le n < m$。

2. 節點中的鍵值是由小至大排列的，因此，$K_i < K_{i+1}$，$1 \le i < n$。

3. 子樹 A_i 的所有鍵值均小於鍵值 K_{i+1}，且大於 K_i，$0 < i < n$。

4. 子樹 A_n 的所有鍵值均大於 K_n，A_0 的所有鍵值均小於 K_1。

5. A_i 指到的子樹，$0 \le i \le n$ 亦是 m-way 搜尋樹。

例如有一棵 3-way 的搜尋樹含有 12 個鍵值，分別為 12, 17, 23, 25, 28, 32, 45, 48, 55, 60, 70，如圖 10-1 所示：

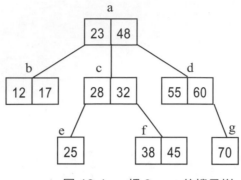

圖 10-1　一棵 3-way 的搜尋樹

每一節點的資料格式，如表 10-1 所示：

表 10-1　在 3-way 搜尋樹中每一節點的資料型態

節點	資料格式
a	2, b, (23, c), (48, d)
b	2, 0, (12, 0), (17 ,0)
c	2, e, (28, 0), (32, f)
d	2, 0, (55, 0), (60, g)
e	1, 0, (25, 0)

由於 3-way 搜尋樹，每個節點的資料格式是 $n, A_0, (K_1, A_1), (K_2, A_2), \cdots, (K_n, A_n)$，因此 a 節點的資料格式為

　2, b, (23, c), (48, d)

表示 a 節點有 2 個鍵值，在 b 節點中所有鍵值均小於 23，在 c 節點內的鍵值大小均介於 23 與 48 之間，最後 d 節點內的鍵值均大於 48。同理，c 節點的資料格式為

　2, e, (28, 0), (32, f)

表示有 2 個鍵值，在 e 節點內的鍵值均小於 28，在 f 節點的所有鍵值均大於 32。

10.1.1　m-way 搜尋樹的加入

我們以一範例來說明 m-way 搜尋樹的加入，假設有一棵 m 為 3 的搜尋樹。請依序加入下列的鍵值 5, 7, 12, 6, 8, 4, 3, 10。圖中的 *，表示目前無鍵值存在。加入的方法與二元搜尋樹大致相同，只是 3-way 搜尋樹的節點可以有二個鍵值。

1. 加入 5

2. 加入 7，因為一節點可以有二個鍵值，所以直接加入。

3. 加入 12，因為它大於 7，故加在 7 的右子節點。

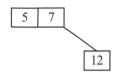

4. 加入 6，此鍵值介於 5 與 7，所以加在中子節點。

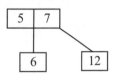

5. 加入 8，方法同(3)。

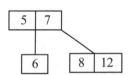

6. 加入 4，因為它小於 5，故加在 5 的左子節點。

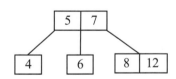

7. 加入 3，方法同(6)。

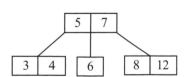

8. 加入 10，方法同(4)。

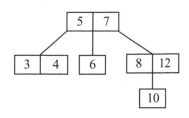

10.1.2　m-way 搜尋樹的刪除

在刪除方法上也與二元搜尋樹相同，若刪除的鍵值為非樹葉節點，則以左子樹中最大的鍵值，或右子樹中最小的鍵值取代之，若有一棵 3-way 的搜尋樹如下：

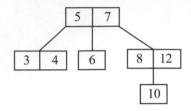

1.　刪除 3，則直接刪除之，因為此節點還有一鍵值。

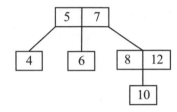

2.　刪除 8，則以 10 取代之，如下圖所示。

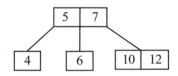

3.　刪除 12，方法同(1)。

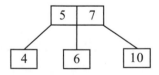

4.　刪除 7，以右節點的最大值 10 取代之。

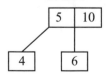

5.　刪除 10，以它的左節點之最小值 6 取代之。

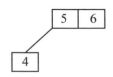

有關 m-way 搜尋樹的程式實作，請參閱 10.3 節。

練習題

1. 試將下列的鍵值 30，50，25，32，35，33，28，29，60，依序加入到 3-way 搜尋樹。原先的 3-way 搜尋樹是空的。

2. 承上題，將所建立的 3-way 搜尋樹，依序刪除 28，35 及 50。

10.2 B-Tree

一棵 order 為 m 的 B-Tree 是一 m-way 搜尋樹。一棵空樹也是 B-Tree。若不是空樹，則必需滿足以下的特性：

樹根至少有二個子節點，亦即節點內至少有一鍵值。

1. 除了樹根外，每個節點至少有 $\lceil m/2 \rceil$ 個子節點，至多有 m 個子節點。此表示該節點至少有 $\lceil m/2 \rceil$–1 個鍵值，至多有 m–1 個鍵值。$\lceil m/2 \rceil$ 表示大於或等於 m/2 的最小正整數。

2. 所有的樹葉節點皆在同一階層。

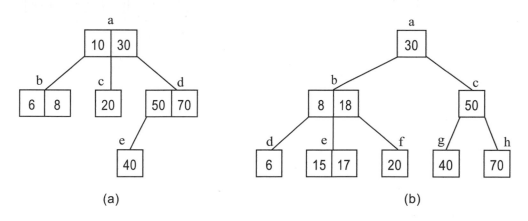

(a)　　　　　　　　　　　　　　　(b)

圖 10-2　二棵形狀不同的 3-way 搜尋樹

圖 10-2 中，(a)是 3-way 搜尋樹，但不是 B-Tree of order 3，因為所有的樹葉節點不在同一階層上，而(b)是 m-way 搜尋樹，同時也是 B-Tree of order 3，因為所有的樹葉節點皆在同一階層。

B-Tree of order 3 表示除了樹葉節點外，每一節點的分支度不是等於 2，就是等於 3，因此 B-Tree of order 3 就是 2-3 tree，而 B-Tree of order 4，則是 2-3-4 tree。

其實二元搜尋樹是 m-way 搜尋樹的一種。當 m 等於 2 時，2-way 搜尋樹就是二元搜尋樹，每一個節點只有一個鍵值。

10.2.1 B-Tree 的加入

從 B-Tree 的樹根開始搜尋，假使加入的鍵值 X 在 B-Tree 中找不到，則將此鍵值加入。將鍵值加入於某一節點時，有下列兩種情況發生：

1. 加入的節點若少於 m–1 個鍵值，則直接加入其中。

2. 加入的節點之鍵值已等於 m–1，則將此節點一分為二，因為一棵 order 為 m 的 B-Tree，至多有 m–1 個鍵值。

假設有一棵 B-Tree of order 5，如圖 10-3 所示：

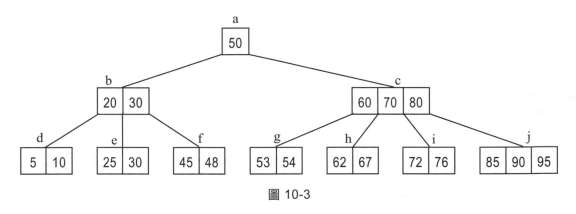

圖 10-3

1. 加入 88。此鍵值將加在 j 節點上，由於 j 節點的鍵值少於 m–1 個 (即 4 個，因為它是一棵 B-Tree of order 5)，故直接將此鍵值加入即可。

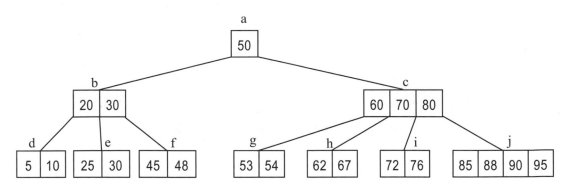

2. 承(1)，加入 98。此鍵值也會加在 j 節點，但由於 j 節點已有 m–1 個鍵值(即 4 個)，因此，必需將 j 節點一分為二(j 與 k 節點)，然後選出 $K_{\lceil m/2 \rceil} = K_3 = 90$，組成(90, k)後，加入於 c 節點，如下圖所示：

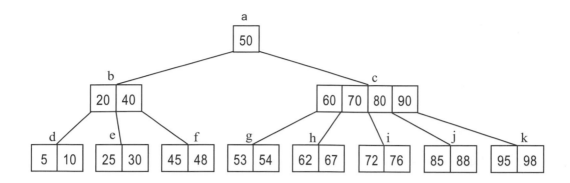

3. 承(2)，加入 91。以下的方法大略相同，故不再加以贅述之。

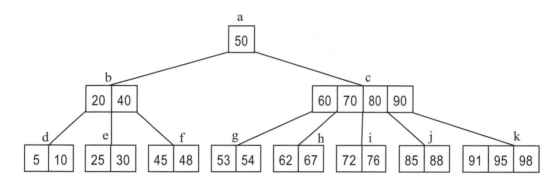

4. 承(3)，加入 93。

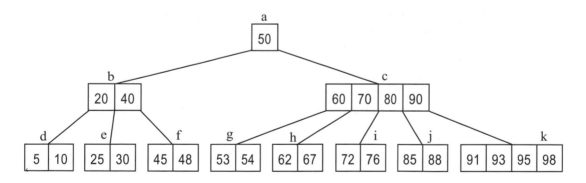

5. 承(4)，加入 99。以同樣的方法將 k 劃分為 k，l 兩節點，組成(95, l)後，加入
   於 c 節點。由於 c 節點已有 m–1 個鍵值，若再加入一鍵值勢必也要將 c 節點
   劃分為 c, m 兩節點，並將(80, m) 加入於它的父節點 a。

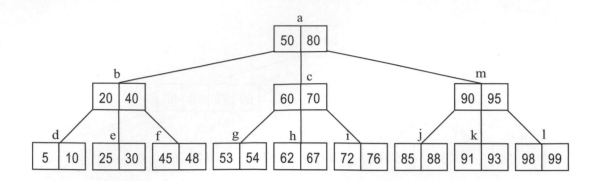

10.2.2 B-Tree 的刪除

B-Tree 的刪除有二種情況：一為刪除的節點是樹葉節點，二為刪除的節點為非樹葉節點。我們以一棵如圖 10-4 的 B-Tree of order 5 來說明。假設已找到要刪除鍵值 X 所在的節點 p。

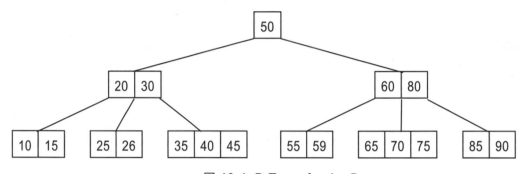

圖 10-4　B-Tree of order 5

1. 若 p 節點是樹葉節點：

   (1) 刪除 p 節點的鍵值 X 後，若 p 節點的鍵值個數還大於或等於 $\lceil m/2 \rceil - 1$ 個(2個，此處的 m 為 5)，則直接刪除之。如欲刪除圖 10-4 的 70，結果如下圖所示：

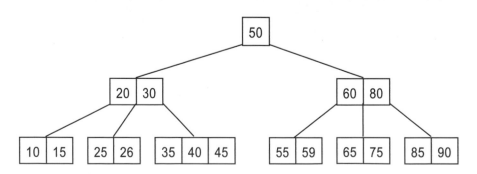

(2)　刪除 p 節點的鍵值 X 後，若 p 節點的鍵值小於 $\lceil m/2 \rceil - 1$ 個(2 個)，此時因為不符合 B-Tree 的定義，所以必需加以調整之。

(a)　找 p 節點的右兄弟節點 p'，若 p' 節點的鍵值個數大於或等於 $\lceil m/2 \rceil$ 個 (3 個)，則以 p 的父節點中的某一鍵值(假設鍵值 m)來取代欲被刪除 X 的鍵值，並將 p' 節點中的最小鍵值放入 p 的父節點。鍵值 m 必需大於欲被刪除 X 的鍵值，但小於 p' 節點的所有鍵值。

如欲刪除圖 10-4 中的鍵值 26，則以 p 的父節點中的鍵值 30 來取代欲被刪除的鍵值 26，並將 p' 節點中最小鍵值 35 放入 p 的父節點 p_f。如下圖所示：

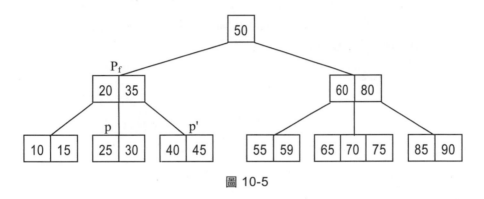

圖 10-5

(b)　若(a)不成立，但 p 節點的左兄弟節點 q'，此節點的鍵值個數大於或等於 $\lceil m/2 \rceil$，則以 p 的父節點的某一鍵值(假設鍵值 n)來取代欲被刪除 X 的鍵值，並將 q' 節點中的最大鍵值放入 p 的父節點。鍵值 n 必需小於欲被刪除 X 的鍵值，但大於 q' 節點的所有鍵值。

若欲刪除圖 10-5 的鍵值 85，則以 p 的父節點中的鍵值 80 來取代欲被刪除的鍵值 85，並將 q'節點中的最大鍵值 75 放入 p 的父節點。結果如下圖所示：

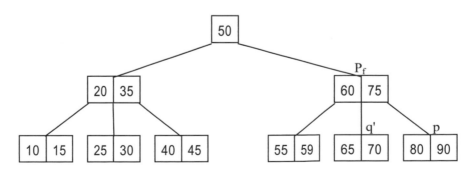

(c) 假若 P 節點的左兄弟節點(P_l)和右兄弟節點(P_r)的鍵值個數皆小於 $\lceil m/2 \rceil - 1$ 個。一般的處理方式是將 P、P_r 與 P_f 中的 k_i 鍵值(此處的 k_i 大於 P 中所有的鍵值，並且小於 P_r 中所有鍵值)合併成一新節點。或者將 P、P_l 與 P_f 中的鍵值 K_i (此處的 k_i 大 P_l 中所有鍵值，但小於 P 中所有鍵值)合併成一新節點。此處的 P_f 是 P 節點的父節點。

(d) 若刪除的節點 P 是最左邊的節點，則將 P 節點、右兄弟節點 P_r 及 P_f 的最小鍵值合併成一新的節點；反之，若刪除的節點 P 是最右邊的節點，則將 P 節點、左兄弟節點 P_l 與 P_f 的最大鍵值合併成一新節點。

(e) 假若上述的(c)與(d)合併後，若該節點的鍵值數大於 m–1 時，則必需將該節點一分為二，中間的鍵值再與其父節點合併之，直到符合 B-Tree 的定義為止。

我們以一範例來說明。

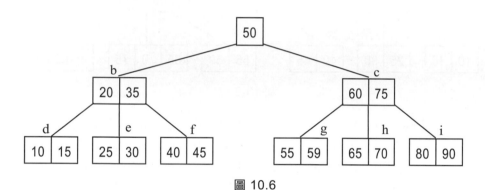

圖 10.6

首先，刪除 g 節點的鍵值 59，但刪除後 g 節點並不符合 B-Tree 的定義(每個節點的鍵值數至少要有 $\lceil m/2 \rceil - 1 = 2$ 個)，而且 g 節點的右節點 h 之鍵值個數也只有 $\lceil m/2 \rceil - 1$，因此，將 h 與 c 節點中 K_i 的鍵值 60 合併成 gc 節點，並將 c 節點中鍵值 75 的左鏈結指向 gc 節點，結果如下圖所示：

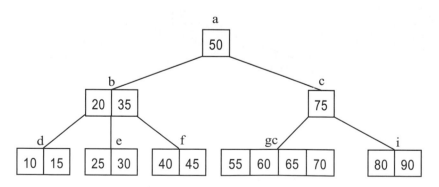

由於合併後 c 節點僅有一個鍵值，不符合 B-Tree 的定義(B-Tree of order 5 除了根節點外，至少需存放兩個鍵值)，此時其兄弟節點 b 也沒有大於 $\lceil m/2 \rceil - 1$ 的鍵值數，故將 a、b、c 三個節點合併成 abc 節點，如下圖所示：

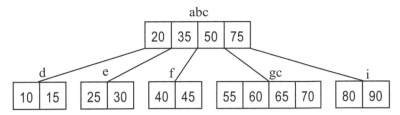

2. 若 p 節點為非樹葉節點

刪除鍵值 X 時，必需找尋 X 的右子樹中最小的鍵值，或是左子樹中最大的鍵值來代替。我們以一範例來說明。假設有一棵 B-Tree of order 5，如圖 10-7 所示：

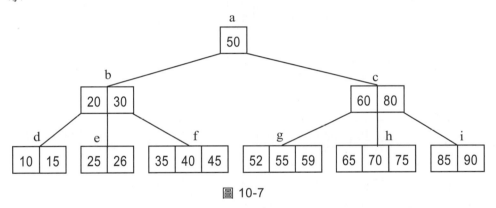

圖 10-7

若刪除鍵值 50，我們以右子樹中 g 節點之最小鍵值 52 來取代。如下圖所示：

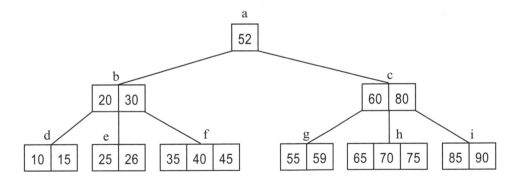

再刪除 52，同樣的也以右子樹中 g 節點之最小鍵值 55 來代替 52，之後，由於其鍵值數少於 $\lceil m/2 \rceil - 1$ 個鍵值，故不符合 B-tree 的定義。此時我們可想像成好比刪除樹葉節點 g 的鍵值，向其右兄弟節點 h 借一鍵值 65，其結果如下所示：

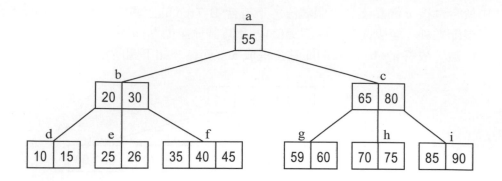

若繼續刪除 55，以右子樹 g 節點之最小鍵值 59 代替 55，由於其鍵值數小於
⌈m/2⌉–1 個鍵值，且其右兄弟節點 h 也沒有大於⌈m/2⌉–1 的鍵值，故將 g、h 節點
與 c 節點的鍵值 65 合併於 gc 節點，如下圖所示：

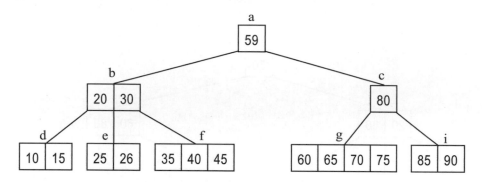

此時 c 節點的鍵值數少於⌈m/2⌉–1，且其只弟節點的鍵值數也只有⌈m/2⌉–1，故將
b、c 與 a 節點合併為 abc，如下圖所示：

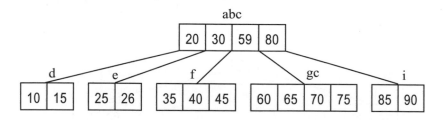

🖮 練習題

1. 有一棵 B-Tree of order 4，如下圖所示：

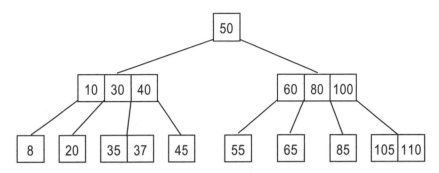

試回答下列問題：

(a) 依序畫出加入 33，36 及 38 之後的 B-Tree of order5。

(b) 承(a)，依序畫出刪除 105 和 110 後的 B-Tree of order 5。

10.3　程式實作

(一) 建立一棵 m-way 搜尋樹來處理資料

📑 JAVA 程式語言實作》建立一棵 m-way 搜尋樹來處理資料

```
01  package mwaysearchtree;
02
03  /**
04   *
05   * @author Bright
06   * Version 2
07   * Update date: March 22, 2017
08   */
09
10  import java.io.*;
11  import java.util.Scanner;
12  import java.util.InputMismatchException;
13
14  class TreeNode {        // 定義資料欄位
15      public char id;        // 輸出時識別節點
16      public int n;          // 節點內的鍵值數
17      public int[] key=new int[3];    // 節點鍵值
```

```
18        public TreeNode[] link=new TreeNode[3];      // 節點子鏈結
19    }
20
21    class MWaySearchTree {
22        final int MAX=3; // 設定此為 3-WAY TREE 的最大節點數
23        TreeNode ptr,root,node,prev,parent,replace;
24        char id_seq='\0';
25        Scanner keyboard = new Scanner(System.in);
26
27        MWaySearchTree() {  // 建構子
28            root=null;
29        }
30
31        // 加入函數--新增一筆資料
32        public void insert_f()
33        {
34            int add_num=0;
35
36            System.out.print("\n     Please enter insert number: ");
37            add_num = keyboard.nextInt();
38            create(add_num);
39            System.out.printf("\n");
40        }
41
42        // 刪除函數--刪除一筆資料
43        public void delete_f()
44        {
45            int del_num=0, ans=0;
46
47            if (root == null)  // 當樹根為 NULL，顯示錯誤訊息
48                System.out.println("\n            No data found!!\n");
49            else {
50                System.out.printf("\n Please enter delete number: ");
51                del_num = keyboard.nextInt();
52
53                ans = search_num(del_num);  // 搜尋資料是否存在
54                if (ans == 0)  // 當資料不存在，顯示錯誤訊息
55                    System.out.println("Number " + del_num + " not found!!\n");
56                else {
57                    removes(node, ans);
58                    System.out.println("Number " + del_num + " deleted!!\n");
59                }
60            }
61        }
```

```
62
63      // 輸出函數--將M-WAY TREE 內的所有資料輸出
64       public void display_f()
65       {
66           if (root == null)  // 當樹根為NULL，顯示錯誤訊息
67               System.out.println("\n            No data found!!\n");
68           else {
69               id_seq = 'a';  // 節點編號由a 開始
70               preorder_id(root);  // 給予每個節點編點
71               System.out.printf(" \n The data of M-way search tree is listing below: ");
72               System.out.print("\n =====================================\n");
73               preorder_num(root); // 輸出節點資料
74               System.out.println(" =====================================\n");
75           }
76       }
77
78      // 將資料加入，並調整為M-WAY TREE，NUM 為新增之資料鍵值
79       public void create(int num)
80       {
81           int ans = 0, i = 0;
82
83           if (root == null) { // 樹根為NULL 的狀況
84               initial();
85               ptr.key[1] = num;
86               ptr.n++;
87               root = ptr;
88           }
89           else {
90               ans = search_num(num);  // 搜尋資料是否已存在
91               if (ans != 0)  // 資料存在，則顯示錯誤訊息
92                   System.out.println("    Number " + num + " has existed!!\n");
93               else {
94                   node = search_node(num);  // 找尋插入點
95                   if (node != null) { // 插入點還有空間存放資料的狀況
96                       for (i = 1; i < MAX-1; i++)
97                           if (num < node.key[i])
98                               break;
99                       moveright(i, num);
100                  }
101                  else { // 新增加一個節點加入資料的狀況
102                      initial();
103                      ptr.key[1] = num;
104                      ptr.n++;
105                      for (i = 1; i < MAX; i++)
```

```
106                      if (num < prev.key[i])
107                          break;
108                  prev.link[i-1] = ptr;
109              }
110          }
111      }
112      System.out.printf("%10d has been inserted!\n", num);
113  }
114
115  // 將資料移除，並調整為M-WAY TREE，node_TEMP 為刪除資料所在節點，
116  // LOCATION 為資料在節點中的位置
117  public void removes(TreeNode node_temp, int location)
118  {
119      int i;
120
121      node = node_temp;
122      replace = find_next(node.link[location]); // 找尋替代之後繼節點
123      if (replace == null) { // 沒有後繼節點的狀況
124          replace = find_prev(node.link[location-1]); // 找尋替代之前行節點
125          if (replace == null) { // 沒有前行節點的狀況
126              moveleft(location);
127              replace = node;
128              if (node.n == 0) { // 刪除資料後，節點內資料為0 的處理
129                  if (node == root)  // 當節點為根的狀況
130                      root = null;
131                  else   // 節點不是根，則調整鏈結
132                      for (i = 0; i <= parent.n; i++)
133                          if (node == parent.link[i]) {
134                              parent.link[i] = null;
135                              break;
136                          }
137              }
138          }
139          else {    // 有前行節點的狀況
140              // 以前行節點的資料代替刪除資料
141              node.key[location] = replace.key[replace.n];
142              parent = prev;
143              removes(replace, replace.n);   // 移除替代資料
144          }
145      }
146      else {    // 有後繼節點的狀況
147          // 以後繼節點的資料代替刪除資料
148          node.key[location] = replace.key[1];
149          parent = prev;
```

```
150              removes(replace, 1);   // 移除替代資料
151          }
152      }
153
154      // 初始化節點--新增一個節點，將其所有鏈結指向NULL，設其節點數為0
155      public void initial()
156      {
157          int i=0;
158
159          ptr = new TreeNode();
160          for (i = 0; i < MAX; i++)
161              ptr.link[i] = null;
162          ptr.n = 0;
163      }
164
165      // 搜尋節點位置--搜尋NUM，存在則回傳NUM在節點中的位置，不存在則回傳0
166      public int search_num(int num)
167      {
168          int n_temp=0, done=0, i=0;
169
170          node = root;
171          while (node != null) {
172              parent = prev;
173              prev = node;
174              for (i = 1, done = 0; i <= node.n; i++) {
175                  if (num == node.key[i])
176                      return i;    // 找到NUM，回傳其在節點中的位置
177                  if (num < node.key[i]) {
178                      node = node.link[i-1];
179                      done = 1;
180                      break;
181                  }
182              }
183              if (done == 0)
184                  node = node.link[i-1];
185          }
186          return 0;    // 沒有找到則回傳0
187      }
188
189      // 搜尋節點--尋找插入NUM的節點，並回傳插入節點
190      public TreeNode search_node(int num)
191      {
192          int i=0, done=0;
193          TreeNode node_temp;
```

```
194
195          node_temp = root;
196          while(node_temp != null) {
197              if (node_temp.n < MAX-1)
198                  return node_temp;   // 找到有多餘空間存放 NUM，則回傳此節點
199              else {
200                  for (i = 1, done = 0; i < MAX; i++) {
201                      if (node_temp.n < i)
202                          break;
203                      if (num < node_temp.key[i]) {
204                          node_temp = node_temp.link[i-1];
205                          done = 1;
206                          break;
207                      }
208                  }
209                  if (done == 0)
210                      node_temp = node_temp.link[i-1];
211              }
212          }
213          return node_temp;   // 若沒有找到有多餘空間存放 NUM 的節點，回傳 NULL
214      }
215
216   // 將節點內資料右移--將節點資料右移至 INDEX 位置，並將 NUM 插入
217   public void moveright(int index, int num)
218   {
219       int i=0;
220
221       for (i = node.n+1; i > index; i--) { // 資料右移至 INDEX 處
222           node.key[i] = node.key[i-1];
223           node.link[i] = node.link[i-1];
224       }
225       node.key[i] = num;   // 插入 NUM
226       // 調整 NUM 左右鏈結
227       if (node.link[i-1] != null && node.link[i-1].key[0] > num) {
228           node.link[i] = node.link[i-1];
229           node.link[i-1] = null;
230       }
231       node.n++;
232   }
233
234   // 將節點內資料左移--將節點資料從 INDEX 位置左移
235   public void moveleft(int index)
236   {
237       int i=0;
```

```
238
239        for (i = index; i < node.n; i++) { // 節點資料左移
240            node.key[i] = node.key[i+1];
241            node.link[i] = node.link[i+1];
242        }
243        node.n--;
244    }
245
246    // 尋找後繼節點--尋找 node_TEMP 的後繼節點，回傳找到的後繼節點
247    public TreeNode find_next(TreeNode node_temp)
248    {
249        prev = node;
250        if (node_temp != null)
251            while (node_temp.link[0] != null) {
252                prev = node_temp;
253                node_temp = node_temp.link[0];
254            }
255        return node_temp;
256    }
257
258    // 尋找前行節點--尋找 node_TEMP 的前行節點，回傳找到的前行節點
259    public TreeNode find_prev(TreeNode node_temp)
260    {
261        prev = node;
262        if (node_temp != null)
263            while (node_temp.link[MAX-1] != null) {
264                prev = node_temp;
265                node_temp = node_temp.link[MAX-1];
266            }
267        return node_temp;
268    }
269
270    // 給予節點編號--使用前序遞迴方式給予每個節點編號
271    public void preorder_id(TreeNode tree)
272    {
273        int i=0;
274
275        if (tree != null) {
276            tree.id = id_seq++;
277            for (i = 0; i <= tree.n; i++)
278                preorder_id(tree.link[i]);
279        }
280    }
281
```

```
282    // 輸出資料--使用前序遞迴方式輸出節點資料
283    public void preorder_num(TreeNode tree)
284    {
285        int i=0;
286        char link_id='\0';
287
288        if (tree != null) {
289            // 當節點鏈結為NULL，則顯示鏈結為0
290            if (tree.link[0] == null)
291                link_id = '0';
292            else
293                link_id = tree.link[0].id;
294            System.out.print("   " + tree.id + ", " + tree.n + ", " + link_id);
295            for (i = 1; i <= tree.n; i++) {
296                if (tree.link[i] == null)
297                    link_id = '0';
298                else
299                    link_id = tree.link[i].id;
300                System.out.print(", (" + tree.key[i] + ", " + link_id + ")");
301            }
302            System.out.println("");
303            for (i = 0; i <= tree.n; i++)
304                preorder_num(tree.link[i]);
305        }
306    }
307
308    // 主函數
309    public static void main (String args[])
310    {
311        Scanner keyboard = new Scanner(System.in);
312        int option=0;
313
314        MWaySearchTree obj = new MWaySearchTree();
315        do {
316            System.out.println("****** m-way search tree ******");
317            System.out.println("                              ");
318            System.out.println("          <1> Login           ");
319            System.out.println("          <2> Logout          ");
320            System.out.println("          <3> Show            ");
321            System.out.println("          <4> Exit            ");
322            System.out.println("******************************");
323            System.out.print("\n          Choice :          ");
324            try {
325                option = keyboard.nextInt();
```

```
326            } catch(InputMismatchException e) {
327                keyboard.nextLine();
328                System.out.printf("Not a correctly number.\n");
329                System.out.printf("Try again\n\n");
330            }
331            switch(option) {
332                case 1 :
333                    obj.insert_f();  // 新增函數
334                    break;
335                case 2 :
336                    obj.delete_f();  // 刪除函數
337                    break;
338                case 3 :
339                    obj.display_f(); // 輸出函數
340                    break;
341                case 4 :
342                    System.exit(0);
343            }
344        } while (true);
345    }
346 }
347
```

📄 輸出結果

```
****** m-way search tree ******

        <1> Login
        <2> Logout
        <3> Show
        <4> Exit
*****************************

        Choice : 1

   Please enter insert number: 1001
     1001 has been inserted!


****** m-way search tree ******

        <1> Login
        <2> Logout
        <3> Show
        <4> Exit
*****************************

        Choice : 1
```

```
    Please enter insert number: 1002
      1002 has been inserted!

****** m-way search tree ******

        <1> Login
        <2> Logout
        <3> Show
        <4> Exit
******************************

        Choice : 1

    Please enter insert number: 1004
      1004 has been inserted!

****** m-way search tree ******

        <1> Login
        <2> Logout
        <3> Show
        <4> Exit
******************************

        Choice : 3

The data of M-way search tree is listing below:
======================================
 a, 2, 0, (1001, 0), (1002, b)
 b, 1, 0, (1004, 0)
======================================

****** m-way search tree ******

        <1> Login
        <2> Logout
        <3> Show
        <4> Exit
******************************

        Choice : 1

    Please enter insert number: 1003
      1003 has been inserted!

****** m-way search tree ******

        <1> Login
        <2> Logout
```

```
              <3> Show
              <4> Exit
*****************************

          Choice : 3

The data of M-way search tree is listing below:
====================================
 a, 2, 0, (1001, 0), (1002, b)
 b, 2, 0, (1003, 0), (1004, 0)
====================================

****** m-way search tree ******

              <1> Login
              <2> Logout
              <3> Show
              <4> Exit
*****************************

          Choice : 2

 Please enter delete number: 1004
Number 1004 deleted!!

****** m-way search tree ******

              <1> Login
              <2> Logout
              <3> Show
              <4> Exit
*****************************

          Choice : 3

The data of M-way search tree is listing below:
====================================
 a, 2, 0, (1001, 0), (1002, b)
 b, 1, 0, (1003, 0)
====================================

****** m-way search tree ******

              <1> Login
              <2> Logout
              <3> Show
              <4> Exit
*****************************

          Choice : 4
```

》程式解説

1. 新增資料(或鍵值)：

    (1) insert_f( )：要求使用者輸入新增的資料，並呼叫 create( )函數來處理新增資料的工作。

    (2) m-way search tree 與 binary search tree 的不同點，在於一個節點可以存放多筆資料，所以 create( )函數在一開始會以 search_node( )函數找尋要加入的節點。

    (3) 若插入的節點已沒有多餘的空間存放資料，則新增一節點來儲存新增資料。

2. 刪除資料(或鍵值)：

    (1) delete_f( )函數：要求使用者輸入欲刪除的資料，以 search_num( )函數找到資料後，node 會指向欲刪除資料所在的節點，呼叫 remove( )函數將資料從節點中刪除。

    (2) remove( )函數一開始會找尋刪除資料所在的節點之前行節點及後繼節點。若都找不到，表示該節點為一樹葉節點。將資料移除後，若該節點的資料之個數為 0，則將該節點一併移除。

    (3) 若有前行或後繼節點，則以該節點的資料替代刪除資料，並將欲刪除資料移除即可。

3. 輸出資料：

    輸出資料是使用前序追蹤，將資料由小到大輸出。在此之前，會先呼叫 preorder_id( )函數，賦與每個節點一個編號，以作為輸出之用。

10.4 動動腦時間

1. 何謂 B-Tree，其與 AVL-tree 有何差異？[10.2]

2. 請寫明 binary search tree 與 m-way search tree 之區別。[10.1]

3. 若有一棵 B-Tree of order 3，如下圖所示：[10.2]

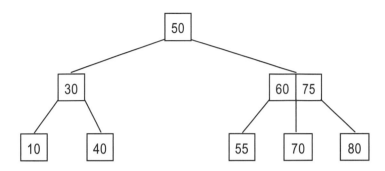

試問刪除鍵值 60 後的圖形為何？

4. 請將下列的鍵值

　　50, 70, 10, 60, 65, 80, 100, 90, 75, 105

(a) 依序加入，並建立一棵 3-way 和 4-way 的搜尋樹

(b) 將(a)所建立的 3-way 搜尋樹，依序刪除 90, 70 及 100。

5. 有一棵 B-Tree of order 5 如下：

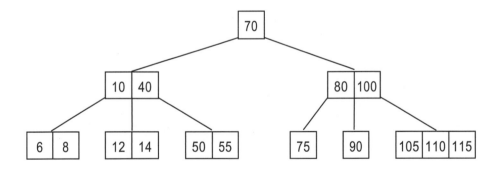

(a) 依序加入 120, 130, 2, 4, 9 後的 B-Tree of order 5

(b) 承(a)依序刪除 75, 90, 6 及 8。

圖形結構

圖學理論(graph theory)源於 1736 年瑞士的數學家 Leonhard Euler，為了解決古老的 Köenigsberg bridge(現在的 Kaliningrad)問題，如圖 11-1 之(a)。若以圓圈代表城市，連線代表橋，則共有七座橋分別是 a、b、c、d、e、f、g 及四座城市 A、B、C、D，如圖 11-1 之(b)。

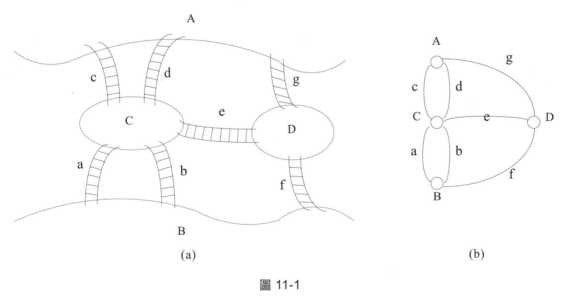

(a)   (b)

圖 11-1

當時有一有趣的問題是從某一城市開始須走遍全部的橋，然後再回到原先起始的城市，試問圖 11-1 之(b)可以嗎？Euler 認為不能，為什麼？

在 11-1 之(b)中，若稱圖圈為頂點，連線為分支度，則節點 C 的分支度為 5。上述問題若要成立的話，則必需每個頂點都要有偶數的分支度才可，此稱為尤拉循環

(Eulerian cycle)。而圖 11-2 可以從某一座城市經過所有的橋後，再回到原來的城市，因為每個頂點皆具有偶數的分支度。

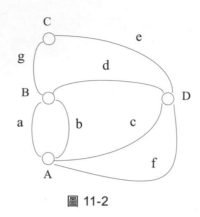

圖 11-2

11.1 圖形的一些專有名詞

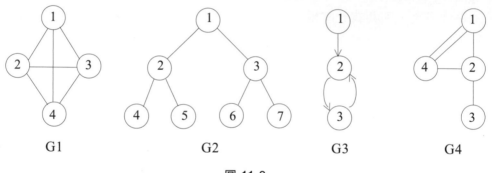

圖 11-3

1. 頂點(vertex)：圖 11-3 的圓圈稱之。

2. 邊(edge)：圖 11-3 每個頂點之間的連線稱之。

3. 無方向圖形(undirected graph)：在邊上沒有箭頭者稱之。如圖 11-3 中 G1 和 G2 為無方向圖形。

4. 有方向圖形(directed graph)：在邊上有箭頭者稱之。如圖 11-3 中 G3 為有方向圖形。

5. 圖形(graph)：是由所有頂點和所有邊組合而成的，以 G = (V, E) 表示。在無方向圖形中 (V1, V2)和 (V2, V1)代表相同的邊，但在有方向圖形中，<V2, V1>和<V1, V2>是不一樣的邊。在有方向圖形中，<V1, V2>，V1 表示邊的前端(head)，而 V2 表示邊的尾端(tail)。

在圖 11-3 中 V(G1) = {1, 2, 3, 4}；E(G1) = { (1, 2), (1, 3), (1, 4), (2, 3), (2, 4), (3, 4) }；V(G2)= { 1, 2, 3, 4, 5, 6, 7 }；E(G2) = { (1, 2), (1, 3), (2, 4), (2, 5), (3, 6), (3, 7) }；V(G3) = {1, 2, 3}；E(G3) = { <1, 2>, <2, 3>, <3, 2> }。

注意! 有方向圖形與無方向圖形邊的表示方式不同。有方向圖形一般以 digraph 表示，而無方向圖形則以 graph 表示。在底下行文中若只寫圖形，則表示它是無方向圖形。

1. 多重圖形(multigraph)：若兩個頂點間有多條相同的邊，則稱它為多重圖形。如圖 11-3 之 G4。

2. 完整圖形(complete graph)：在 n 個頂點的無方向圖形中，假使有 n(n-1) /2 個邊，則稱它為完整圖形。圖 11-3 之 G1 為完整圖形，其餘皆不是(因為 G1 有 4 (4 - 1) / 2 = 6 個邊)。

3. 相鄰(adjacent)：在無方向圖形的某一邊(V_1, V_2)中，我們稱頂點 V_1 與 V_2 是相鄰的。但在有方向圖形中，稱$<V_1, V_2>$為 V_1 是 adjacent to V_2 或 V_2 是 adjacent from V_1。

4. 附著(incident)：假使(V_1, V_2)是 E(G)的某一邊，我們稱頂點 V_1 和頂點 V_2 是相鄰，而邊(V_1, V_2) 是附著在頂點 V_1 與 V_2 頂點上，如 G2，附著在頂點 2 的邊有(1，2)，(2，4)，(2，5); 而 G3，附著在頂點 V_2 的邊有<1, 2>, <2, 3>及<3, 2>。

5. 子圖(subgraph)：若 V(G′) ⊆ V(G)及 E(G′) ⊆ E(G)，則稱 G′ 是 G 的子圖。如下圖之(1)是圖 11-3 之 G1 的部份子圖，下圖之(2)是圖 11-3 之 G3 的部份子圖。

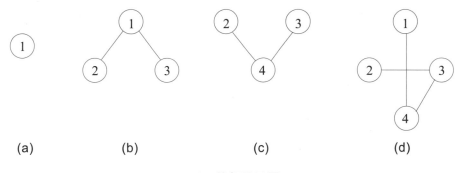

| (a) | (b) | (c) | (d) |

(1) G1 的部份子圖

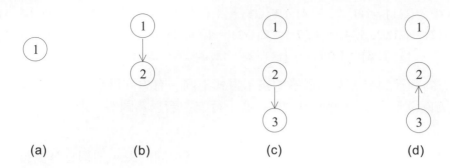

(a)   (b)   (c)   (d)

(2) G3 的部份子圖

6. 路徑(path)：在圖形 G 中，從頂點 V_p 到頂點 V_q 的路徑，是指一系列的頂點 V_p, V_{i1}, V_{i2}, ……, V_{in}, V_q，其中(V_p, V_{i1}), (V_{i1}, V_{i2}), ……, (V_{in}, V_q)是 E(G)上的邊。假若 G′是有方向圖形，則$<V_p, V_{i1}>$, $<V_{i1}, V_{i2}>$, ……, $<V_{in}, V_q>$是 E(G′)上的邊，故一條路徑是由一個邊或一個以上的邊所組成。

7. 長度(length)：一條路徑上的長度是指該路徑上所有邊的數目。

8. 簡單路徑(simple path)：除了頭尾頂點之外，其餘的頂點皆在不相同的路徑上稱之。如圖 11-3，G1 的兩條路徑 1, 2, 4, 3 和 1, 2, 4, 2，其長度皆為 3，但前者是簡單路徑，而後者不是簡單路徑。

9. 循環(cycle)：在一條簡單路徑上，若頭尾頂點皆相同者稱之。如 G1 的 1, 2, 3, 1 或 G3 的 2, 3, 2。

10. 連通(connected)：在一個圖形 G 中，若存在一條路徑從 V_1 到 V_2，則稱 V_1 與 V_2 是連通的。如果 V(G)中每一對不同的頂點 V_i 與 V_j，存在一條由 V_i 到 V_j 的路徑，則稱該圖形是連通的。圖 11-3 之 G1 與 G2 這兩個圖形都是連通的。下圖之 G5 就沒有連通，因為 g1 與 g2 無法相連。

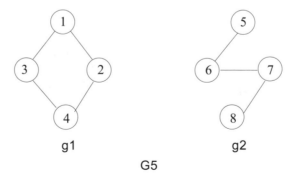

g1   g2

G5

圖 11-4

11. 連通單元(connected component)：或稱單元(component)，是指該圖形中最大的連通子圖(maximal connected subgraph)，如圖 11-4 之 G5 有兩個連通單元 g1 和 g2。

12. 緊密連通(strongly connected)：在一有方向圖形中，如果 V(G)中的每一對不同頂點 V_i 與 V_j，存在著從 V_i 到 V_j 及從 V_j 到 V_i 的有向路徑，則稱此圖形為緊密連通。圖 11-3 之 G3 就不是緊密連通，因為 G3 沒有 V_2 到 V_1 的路徑。

13. 緊密連通單元(strongly connected component)：是指一個緊密連通最大子圖。如圖 11-3 之 G3，有兩個緊密連通單元。

14. 分支度(degree)：附著在頂點的邊數。如圖 11-3 之 G1，頂點 1 之分支度為 3。若為有方向圖形，則其分支度為內分支度與外分支度之和。

15. 內分支度(in-degree)：頂點 V 的內分支度是指以 V 為終點(即箭頭指向 V)的邊數，如圖 11-3 之 G3，頂點 2 的內支度為 2，而頂點 3 的內支度為 1。

16. 外分支度(out-degree)：頂點 V 的外分支度是以 V 為起點的邊數，如圖 11-3 之 G3，頂點 2 的外分支度為 1，而頂點 1 的外分支度為 1。

練習題

1. 試問下一圖形中每一節點的內分支度和外分支度各是多少？

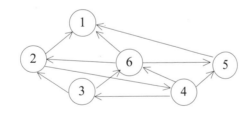

2. 有一圖形如下：

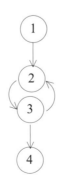

試問：(a)子圖為何？(b)其緊密連通單元為何？

11.2 圖形資料結構表示法

圖形的資料結構表示法常用的有下列二種：

1. 相鄰矩陣(adjacency matrix)

   相鄰矩陣乃是將圖形中 n 個頂點，以一個 n * n 的二維矩陣來表示，其中每一元素為 V_{ij}。若 $V_{ij} = 1$，在無方向圖形中表示 V_i 與 V_j 有一條邊為(V_i, V_j)，而在有方向圖形中，則表示有一條邊為$<V_i, V_j>$。若 $V_{ij} = 0$，則表示頂點 i 與頂點 j 沒有邊存在。圖 11-3 的 G1，G2，G3 與圖 11-4 的 G5，若以相鄰矩陣表示的話，則分別對應於圖 11-5 的 G1′, G2′, G3′ 和 G5′。

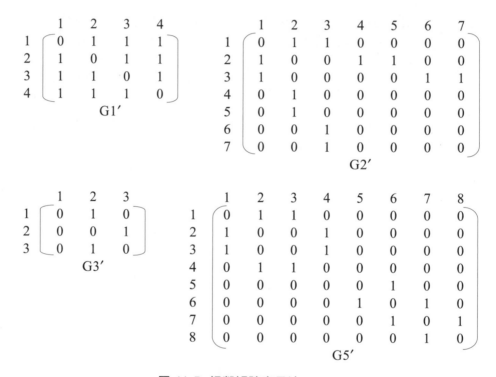

圖 11-5　相鄰矩陣表示法

從圖 11-5 知，在無方向的圖形 G1′，G2′，G5′中，$V_{ij} = 1$ 表示頂點 V_i 到頂點 V_j 有一邊為(V_i, V_j)。相鄰矩陣是對稱性的，而且對角線皆為零，所以只需要儲存圖形的上三角形或下三角形即可，其儲存空間為 n (n - 1) / 2。

若要計算圖形某一頂點相鄰邊的數目(即分支度)，則只要計算相鄰矩陣中某一列所有 1 之和或某一行所有 1 之和即可，如要計算 G1′中頂點 2 的相鄰邊數，只要計算第 2 列或第 2 行有多少個 1，就可得知頂點 2 的相鄰邊數，答案是 3，如下圖所示：

$$\begin{array}{c c c c c}
 & 1 & 2 & 3 & 4 \\
1 & 0 & 1 & 1 & 1 \\
2 & 1 & 0 & 1 & 1 \\
3 & 1 & 1 & 0 & 1 \\
4 & 1 & 1 & 1 & 0
\end{array}$$

而在有方向圖形的相鄰矩陣中，列之和，表示頂點的外分支度; 行之和，表示頂點的內分支度。如下圖 G3′ 中，第 2 列的和為 1，所以頂點 2 的外分支度為 1。而第 2 行的和為 2，所以頂點 2 的內分支度為 2，故 G3′ 中頂點 2 的分支度為 3。

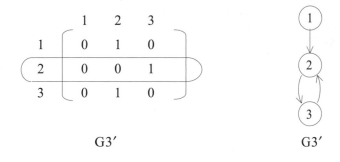

G3′ 　　　　　　　　　　　　 G3′

2. 相鄰串列(adjacency list)

相鄰串列乃是將圖形中的每個頂點皆形成串列首，而在串列首之後的節點，表示它們之間有邊存在。圖 11-6 G1″，G2″，G3″是圖 11-3 G1，G2，G3 相鄰串列的表示方式。

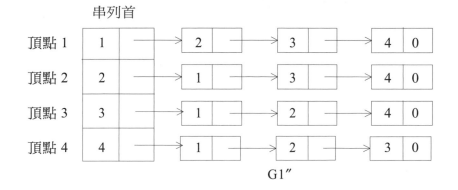

G1″

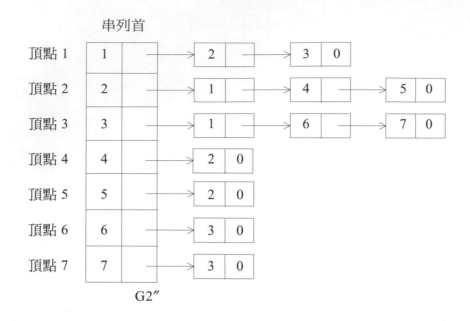

G2″

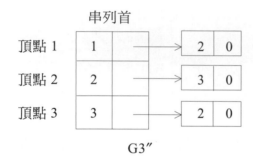

G3″

圖 11-6 相鄰串列表示法

從圖 11-6 G1″得知此圖形有 4 個頂點(因為有 4 個串列首)，頂點 2 有 3 個邊
(因為頂點 2 的串列首後有 3 個節點，分別節點 1、節點 3 和節點 4)，依此類
推。

我們也可以從相鄰串列中得知某一頂點的分支度，從這頂點串列首後有 n 個
節點便可得知。如圖 11-6 G2″中頂點 2 的分支度是 3，因為頂點 2 之串列首後
有 3 個節點，分別是節點 1、節點 4 和節點 5。

在有方向圖形中，每個串列首後面的節點數，表示此頂點的外分支度數目。
圖 11-6 之 G3″的頂點 2，其後有 1 個節點，因此得知頂點 2 的外分支度為 1。
若要計算內分支度的數目，則必須是把 G3″變成相反的相鄰串列。步驟如下：

1. 先把圖 11-5 G3′變為轉置矩陣(transpose matrix)

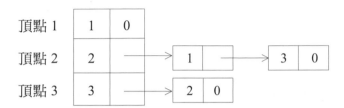

$$\begin{array}{c} \\ 1 \\ 2 \\ 3 \end{array} \begin{array}{ccc} 1 & 2 & 3 \\ \begin{bmatrix} 0 & 1 & 0 \\ 0 & 0 & 1 \\ 0 & 1 & 0 \end{bmatrix} \end{array} \Rightarrow \begin{array}{c} \\ 1 \\ 2 \\ 3 \end{array} \begin{array}{ccc} 1 & 2 & 3 \\ \begin{bmatrix} 0 & 0 & 0 \\ 1 & 0 & 1 \\ 0 & 1 & 0 \end{bmatrix} \end{array}$$

2. 再把轉置矩陣變為相鄰串列：

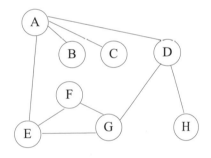

由此可知，頂點 1 的內分支度 0，頂點 2 的內分支度為 2，而頂點 3 的內支度為 1。

📖 練習題

請將下一圖形分別以相鄰矩陣和相鄰串列表示之。

11.3 圖形追蹤

圖形的追蹤是從圖形的某一頂點開始，去拜訪圖形的其它頂點。圖形的追蹤可用於：(1)判斷此圖形是不是連通；(2)找出此圖形的連通單元；(3)畫出此圖形的擴展樹(spanning tree)。讓我們先從圖形的追蹤談起。

圖形的追蹤方法有兩種：

1. 縱向優先搜尋(depth first search)：

   縱向優先搜尋的過程是：(1)先拜訪起始點 V；(2)然後選擇與 V 相鄰而未被拜訪的頂點 W，以它為起始點做縱向優先搜尋；(3)假使有一頂點其相鄰的頂點皆被拜訪過，此時就退回到最近曾被拜訪過之頂點。倘若尚有未被拜訪過的相鄰頂點，則繼續做縱向優先搜尋；(4)若從任何已走過的頂點，已沒有未被走過的相鄰頂點，則搜尋就大功告成。

其實縱向優先搜尋乃是以堆疊(stack)方式來運作的。例如有一個圖形如圖 11-7 所示。

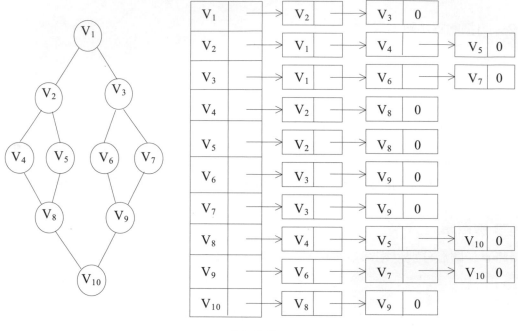

圖 11-7

運作的過程如下：

(1) 先輸出 V_1 (因為 V_1 為起點)。

(2) 將 V_1 的相鄰頂點 V_2 及 V_3 放入堆疊中。

(3) 彈出堆疊的第一個頂點 V_2，然後將 V_2 的相鄰頂點 V_1, V_4 及 V_5 加入堆疊。

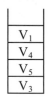

(4) 彈出 V₁，由於此頂點已被輸出，所以再彈出 V_4，並且將 V₄ 的相鄰頂點 V₂ 及 V₈ 放入堆疊。

(5) 彈出 V₂，由於此頂點已被輸出，故再彈出 V_8，再將 V₈ 的相鄰頂點 V₄、V₅ 及 V₁₀ 放入堆疊。

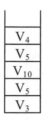

(6) 彈出 V₄，由於此頂點已被輸出，故再彈出 V_5，並將 V₅ 的相鄰頂點 V₂ 及 V₈ 放入堆疊。

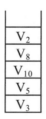

(7) 彈出 V₂ 及 V₈，由於此兩頂點已被輸出，故再彈出 V_{10}，並將 V₁₀ 的相鄰點 V₈ 及 V₉ 放入堆疊。

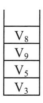

(8) 彈出 V₈，此頂點已被輸出，故再彈出 V_9，並將 V₉ 的相鄰頂點 V₆、V₇ 及 V₁₀ 放入堆疊。

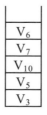

(9) 彈出 V_6，再將 V_6 的相鄰頂點 V_3 及 V_9 放入堆疊。

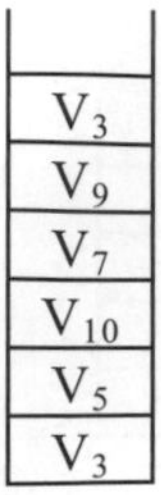

V_3
V_9
V_7
V_{10}
V_5
V_3

(10) 彈出 V_3，再將 V_1、V_6 及 V_7 放入堆疊。

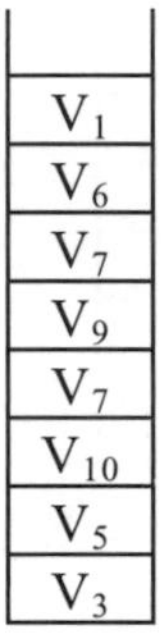

V_1
V_6
V_7
V_9
V_7
V_{10}
V_5
V_3

(11) 彈出 V_1 及 V_6，這些頂點已被輸出，故再彈出 V_7，並將 V_3 及 V_9 放入堆疊。

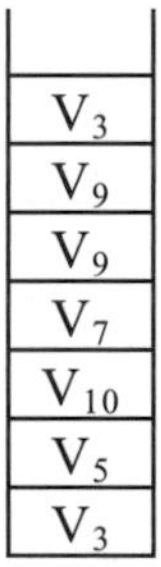

V_3
V_9
V_9
V_7
V_{10}
V_5
V_3

(12) 最後彈出 V_3，V_9，V_9，V_7，V_{10}，V_5，V_3，由於這些頂點皆已被輸出；此時堆疊是空的，表示搜尋已結束。

從上述的搜尋步驟可知其順序為：V_1，V_2，V_4，V_8，V_5，V_{10}，V_9，V_6，V_3，V_7。需注意的是此順序並不是唯一，而是根據頂點放入堆疊的順序而定的。

有關縱向優先搜尋的程式實作，請參閱 11.8 節。

1. 橫向優先搜尋(breadth first search)

橫向優先搜尋和縱向優先搜尋不同的是：橫向優先搜尋先拜訪所有的相鄰頂點，再去找尋下一階度的頂點，如圖 11-7，其拜訪頂點的順序是 V_1，V_2，V_3，V_4，V_5，V_6，V_7，V_8，V_9，V_{10}。橫向優先搜尋是以佇列來完成的。其運作的順序如下：

(1) 先拜訪 V_1，並將相鄰的 V_2 及 V_3 也放入佇列中。

V_1	V_2	V_3

(2) 拜訪 V_2，再將 V_2 的相鄰頂點 V_4 及 V_5 放入佇列。

V_1	V_2	V_3	V_4	V_5

(由於 V_1 已被拜訪過，故不放入佇列中)

(3) 拜訪 V_3，並將 V_6 及 V_7 放入佇列。

V_1	V_2	V_3	V_4	V_5	V_6	V_7

(同理 V_1 也已拜訪過，故也不將它放入佇列中)

(4) 拜訪 V_4，並將 V_8 放入佇列(由於 V_2 已被拜訪過，故不放入佇列。)

V_1	V_2	V_3	V_4	V_5	V_6	V_7	V_8

依此類推，最後得知，以橫向優先搜尋的拜訪順序是：V_1，V_2，V_3，V_4，V_5，V_6，V_7，V_8，V_9，V_{10}。

若 G 是一 n 個頂點的圖形，G = (V, E)，並具備：(1)G 有 n-1 個邊，而且沒有循環；(2)G 是連通的，則稱 G 為自由樹(free tree)。如圖 11-3 之 G2 為一自由樹，它共有 7 個頂點，6 個邊，沒有循環，而且是連通的。此時若加上一邊時，將會形成循環。

若一圖形有循環的現象，則稱此圖形為 cyclic；若沒有循環，則稱此圖形為 acyclic。

練習題

試問下一圖形的縱向優先追蹤與橫向優先追蹤為何？

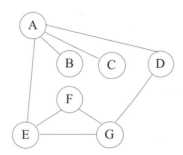

11.4 擴展樹

擴展樹是以最少的邊數,連接圖形中所有的頂點。若有一完整圖形如下:

則下列是其部份的擴展樹

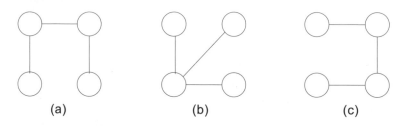

(a)	(b)	(c)

在 11.3 節曾提及利用圖形的追蹤可求出圖形的擴展樹,若使用縱向優先搜尋的追蹤方式,則稱此為縱向優先搜尋擴展樹。若使用橫向優先搜尋的追蹤方式,則稱它為橫向優先搜尋擴展樹。因此,我們可將圖 11-7 畫出其兩種不同追蹤方式所產生的擴展樹,如圖 11-8(a)及(b)所示。

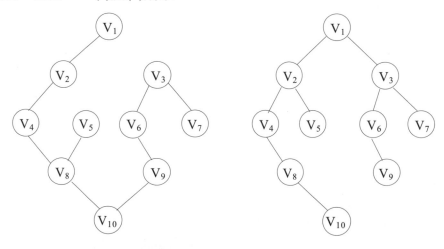

(a)縱向優先搜尋擴展樹　　　　(b)橫向優先搜尋擴展樹

圖 11-8

若 G = (V, E)是一圖形,而 S = (V, T)是 G 的擴展樹。其中 T 是追蹤時所拜訪過的邊,而以 K 表示追蹤後,未被拜訪的邊。此時擴展樹具有下列幾點特性:

1. $E = T + K$;

2. V 中的任何兩個頂點 V_1 及 V_2 ,在 S 中有唯一的邊;

3. 加入 K 中任何一個邊於 S 中,會造成循環。

若圖形中每一個邊加上一些數值，此數值稱為比重(weight)，而稱此圖形為比重圖形(weight graph)。假設此比重是成本(cost)或距離(distance)，則稱此圖形為網路(network)。從擴展樹的定義，得知一個圖形有許多不同的擴展樹，假若在網路中有一擴展樹具有最小成本時，則稱此為最小成本擴展樹(minimum cost spanning tree)。

求最小成本擴展樹有下列三種方法：

11.4.1 Prim's 演算法

有一網路，G = (V, E)，其中 V = { 1, 2, 3, ……, n }，起初設定 U = {1}，U 及 V 是兩個頂點的集合，然後從 V-U 集合中找一頂點 x，若能與 U 集合中的某頂點形成最小的邊，則將 x 加入 U 集合；繼續此步驟，直到 U 集合等於 V 集合為止。

如有一網路，如圖 11-9 所示：

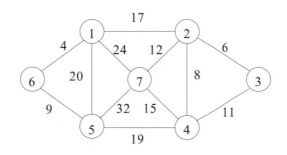

圖 11-9

以 Prim's 演算法找尋最小成本擴展樹，其過程如下：

1. V = {1, 2, 3, 4, 5, 6}，U = {1}。

2. 從 V-U = {2, 3, 4, 5, 6, 7}中找一頂點，能與 U = {1}頂點形成最小成本的邊是頂點 6，將它加入於 U 中，U = {1, 6}。

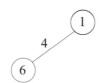

3. 此時 V-U = {2, 3, 4, 5, 7}，從這些頂點中，找一頂點能與 U = {1, 6}中頂點形成最小成本的邊是頂點 5，將它加入於 U 中，U = {1, 5, 6}，V-U = {2, 3, 4, 7}。

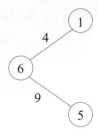

4. 以同樣方法找到一頂點 2，它能與 U = {1, 5, 6}中的頂點 1 形成最小的邊，將它加入於 U 中，U = {1, 2, 5, 6}，V-U = {3, 4, 7}

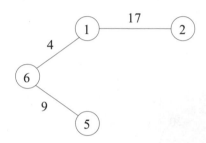

5. 以同樣方法，找到頂點 3，並將它加入 U 中，U = {1, 2, 3, 5, 6}，V-U = {4, 7}。

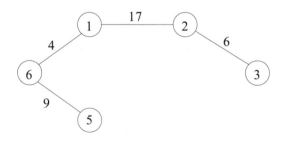

6. 以同樣的方法，找到頂點 4，並將它加入 U 中，U = {1, 2, 3, 4, 5, 6}，V-U = {7}。

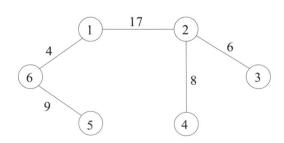

7. 最後，將頂點 7 加入 U 中，U = {1, 2, 3, 4, 5, 6, 7}，V-U = φ，V = U，此時的
   圖形就是最小成本擴展樹。

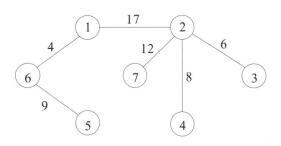

11.4.2 Kruskal's 演算法

有一網路 G = (V, E)，V= P{1, 2, 3, ……, n}，E 中每一邊皆有一成本，T = (V,φ)
表示開始時 T 沒有邊。首先從 E 中找出具有最小成本的邊;若加入此邊時，T 不會
形成循環，則將此邊從 E 刪除，並將它加入於 T，直到 T 含有 n-1 個邊為止。

以 Kruskal's 演算法來找出最小成本擴展樹，其過程如下：

1. 在圖 11-9 中，頂點 1 到頂點 6 的邊具有最小成本。

2. 以同樣的方法得知，頂點 2 到頂點 3 的邊具有最小成本。

3. 以同樣的方法得知，頂點 2 到頂點 4 的邊具有最小成本。

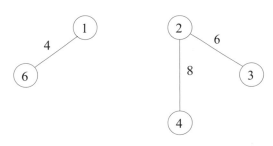

4. 以同樣的方法得知，頂點 5 到頂點 6 的邊具有最小成本。

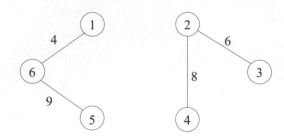

5. 從其餘的邊中，得知頂點 3 到頂點 4 具有最小成本，但此邊加入 T 後會形成循環，故不考慮，而以頂點 2 到頂點 7 的邊加入 T 中。

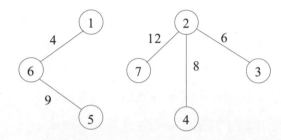

6. 由於頂點 4 到頂點 7 的邊會使 T 形成循環，故不考慮。最後的最小成本擴展樹如下：

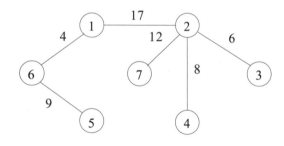

因此，我們發現以 Prim's 演算法或 Kruskal's 演算法所得到的最小成本擴展樹是一樣的。

有關以 Kruskal's 演算法求出最小成本擴展樹之程式實作，請參閱 11.8 節。

11.4.3 Sollin's 演算法

除了上述 Prim's 和 Kruskal's 演算法外，還有另一種演算法也可以得到最小成本的擴展樹，那就是 Sollin's 演算法，其過程如下：

1. 在圖 11.9 中，分別從節點 1，2，3，4，5，6，7 出發，即分別以這些為起點，找一邊為最短的，結果分別為(1, 6)、(2, 3)、(3, 2)、(4, 2)、(5, 6)、(6, 1)、(7, 2)。

2. 在上述找出的邊中加以過濾，去掉相同的邊，如(1, 6)和(6, 1)是相同的，因此，只要取(1, 6)即可，最後只剩下(1, 6)、(2, 3)、(4, 2)、(5, 6)、(7, 2)這五個邊，如下圖所示：

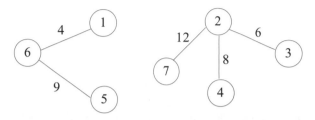

3. 接下來，找一最小邊將第(2)步驟的那二棵樹(分別由 1，5，6 和 2，3，4，7 所組成) 連起來，發現(1, 2)的邊為最小，故其最小成本擴展樹如下：

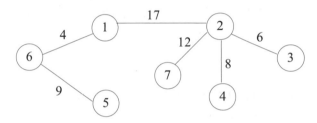

再次的驗證，不論以 Prim's 演算法或 Kruskal's 演算法或 Sollin's 演算法，所得到的最小成本擴展樹是一樣的。

⌨ 練習題

有一網路如下：

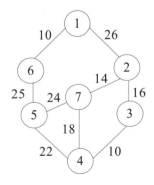

請分別利用 prim's, kruskal's 及 sollin's 演算法，求出其最小成本擴展樹。

11.5 最短路徑

若在圖形的邊加上成本或距離，則稱此圖形為網路(network)，而網路最基本的應用問題是：如何求出從某一起始點 V_s 到某一終止點 V_t 的最短路徑(shortest path)。

要找出某一頂點到其它節點的最短路徑，我們可以利用Dijkstra's 演算法加以求得，其過程如下：

步驟 1：　D[I] = A[F, I]　（I = 1, N）

S = {F}

V = {1, 2, ……, N}

D 表示含有 N 個元素的陣列，用來儲存從某一頂點到另一頂點的距離。A[F, I]表示從 F 點到 I 點的距離，其中 F 是 S 集合中的某一頂點。V 是網路中所有頂點的集合，S 也是頂點的集合。

步驟 2：　從 V-S 集合中找一頂點 t，使得 D[t]為最小值，並將 t 放入 S 集合，直到 V-S 是空集合為止。

步驟 3：　根據下面的公式，加以調整 D 陣列中的值。

D[I] = min(D[I], D[t] + A[t, I])　(（I, t）∈ E)

其中 I 是指 t 的相鄰各頂點。

步驟 4：　繼續回到步驟 2 執行。

我們以一範例來說明此演算法。圖 11-10 中的頂點表示城市，邊則表示兩城市之間所需花費的成本。

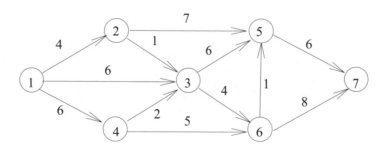

圖 11-10

1.　F = 1；S = {1}，V = {1, 2, 3, 4, 5, 6, 7}

1	2	3	4	5	6	7
0	4	6	6	∞	∞	∞

D 陣列儲存的是頂點 1 到各個頂點的距離，如 D[2] = 4 表示從頂點 1 到頂點 2 的距離為 4，D[3] = 6 表示從頂點 1 到頂點 3 的距離為 6，D[4] = 6 表示頂點 1 到頂點 4 的距離為 6，其餘的∞表示頂點 1 無法抵達此頂點。很清楚的看出 D 陣列中 D[2] = 4 最小，因此將頂點 2 加入到 S 集合中，S = {1, 2}，V-S = {3, 4, 5, 6, 7}，而且頂點 2 之相鄰頂點有 3 和 5，所以

$$D[3] = min(D[3], D[2] + A[2, 3]) = min(6, 4+1) = 5$$

$$D[5] = min(D[5], D[2] + A[2, 5]) = min(\infty, 4+7) = 11$$

此時 D 陣列變為

1	2	3	4	5	6	7
0	4	5	6	11	∞	∞

2. 從 V-S = {3, 4, 5, 6, 7}中，找出 D 陣列的最小值是 D[3] = 5，而頂點 3 的相鄰頂點為 5 和 6

∴S = {1, 2, 3}，V- S = {4, 5, 6, 7}

$$D[5] = min(D[5], D[3] + A[3, 5]) = min(11, 5+6) = 11$$

$$D[6] = min(D[6], D[3] + A[3, 6]) = min(\infty, 5+4) = 9$$

所以 D 陣列變為

1	2	3	4	5	6	7
0	4	5	6	11	9	∞

3. 從 V-S = {4, 5, 6, 7}中，以 D[4] = 6 最小，而頂點 4 的相鄰頂點為 3 和 6。

∴D[3] = min(D[3], D[4]+A[4, 3]) = min(5, 6+2) = 5

$$D[6] = min(D[6], D[4]+A[4, 6]) = min(9, 6+5) = 9$$

所以 D 陣列為

1	2	3	4	5	6	7
0	4	5	6	11	9	∞

4. 將 4 加入 S 集合中，從 V-S = {5, 6, 7}中得知 D[6] = 9 為最小，而頂點 6 與頂點 5 和 7 相鄰

$$D[5] = min(D[5], D[6]+A[6, 5]) = min(11, 9+1) = 10$$

$$D[7] = min(D[7], D[6]+A[6, 7]) = min(\infty, 9+8) = 17$$

所以 D 陣列變為

1	2	3	4	5	6	7
0	4	5	6	10	9	17

將 6 加入 S 集合後，V-S = {5, 7}

5. 從 V-S = {5, 7}集合中，得知 D[5] = 10 最小，而頂點 5 的相鄰頂點為 7。將 5 加入 S，V-S = {7}

D[7] = min(D[7], D[5]+A[5, 7]) = min(17, 10+6) = 16

由於頂點 7 為最終頂點，將其加入 S 集合後，V-S = {φ}，最後 D 陣列為

1	2	3	4	5	6	7
0	4	5	6	10	9	16

此陣列表示從頂點 1 到任何頂點的距離，如 D[7]表示從頂點 1 到頂點 7 的距離為 16，依此類推。

根據上述的做法，我們可以整理出一從頂點 1 到任何頂點的最短距離的簡易表格，如下表所示：

步驟	S	選擇的節點	距離						
			[1]	[2]	[3]	[4]	[5]	[6]	[7]
初始時	---	1	0	4	6	6	∞	∞	∞
1	{1}	2	0	4	5	6	11	∞	∞
2	{1, 2}	3	0	4	5	6	11	9	∞
3	{1, 2, 3}	4	0	4	5	6	11	9	∞
4	{1, 2, 3, 4}	6	0	4	5	6	10	9	17
5	{1, 2, 3, 4, 6}	5	0	4	5	6	10	9	16
6	{1, 2, 3, 4, 5, 6}	7	0	4	5	6	10	9	16

我們可以很清楚的看出，從頂點 1 到頂點 7 的最短距離為 16，同理，由頂點 1 到頂點 5 的最短距離為 10，餘此類推。

我們也可以求出上述頂點 1 至頂點 7 之最短路徑所經過的頂點。首先，假設有一陣列 Y 如下：

1	2	3	4	5	6	7
1	1	1	1	1	1	1

由於 1 為起始頂點，故將 Y 陣列初始值皆設為 1。然後檢查上述 1-4 步驟中，凡是 D[I] > D[t] +A[t, I]，則將 t 放入 Y[I]中。在步驟 1 中，D[3] > D[2] +A[2, 3]，而且 D[5] > D[2] +A[2,5]，所以將 2 放在 Y[3]和 Y[5]中

1	2	3	4	5	6	7
1	1	2	1	2	1	1

在步驟 2 中，D[6] > D[3] +A[3, 6]，所以將 3 放入 Y[6]中

1	2	3	4	5	6	7
1	1	2	1	2	3	1

在步驟 3 中，D[5] > D[6] +A[6, 5]，而且 D[7] > D[6]+A[6, 7]，故將 6 放在 Y[5]和 Y[7]中

1	2	3	4	5	6	7
1	1	2	1	6	3	6

在步驟 4 中，D[7] > D[5] +A[5, 7]，故將 5 放入 Y[7]中

1	2	3	4	5	6	7
1	1	2	1	6	3	5

此為最後的 Y 陣列，表示頂點 1 到達頂點 7 之最短路徑，必須先經過頂點 5，而經過頂點 5 必先經過頂點 6，而經過頂點 6 必先經過頂點 3，而經過頂點 3 必先經過頂點 2，因此經過的頂點為 1→2→3→6→5→7。需注意的是，最短路徑可能不是唯一。

上述的計算方法可能繁瑣了一點，現利用另一種表達方式，比較一下是否簡單了一些，但是其基本原理是一樣的，即是從 A 直接走到 B 不見得是最短的，也許從 A 經由 C，再到 B 是最短的。

假設 U_j 是從頂點 1 到頂點 j 最短的距離，$U_i = 0$ (內定)，而 U_j 的值(j = 1, 2, 3, …, n) 計算如下：

$$U_j = \min \{ U_i + d_{ij} \}$$

其中 U_i 表示經過頂點 i 的最短距離，而 d_{ij} 為頂點 i 到頂點 j 的距離。

此處的 i 為頂點 1 到頂點 j 的中繼頂點，因此可能不止一個。

上述是計算從頂點 1 到各頂點的最短距離，其經過的頂點也可以將它記錄起來。頂點 j 的記錄標籤 = [U_j, n]，n 是使得 U_j 為最短距離的前一頂點；因此

$$U_j = \min \{ U_i + d_{ij}\}$$
$$= U_n + d_{nj}$$

頂點 1 定義為[0, -]，表示頂點 1 為起始頂點。

計算過程如下：

頂點 j	u_j	記錄標籤
1	$u_1 = 0$	[0, -]
2	$u_2 = u_1 + d_{12} = 0 + 4 = 4$, from 1	[4, 1]
4	$u_4 = u_1 + d_{14} = 0 + 6 = 6$, from 1	[6, 1]
3	$u_3 = \min\{u_1 + d_{13}, u_2 + d_{23}, u_4 + d_{43}\}$ $= \min\{0 + 6, 4 + 1, 6 + 2\}$ $= 5$, from 2	[5, 2]
6	$u_6 = \min\{u_3 + d_{36}, u_4 + d_{46}\}$ $= \min\{5 + 4, 6 + 5\}$ $= 9$, from 3	[9, 3]
5	$u_5 = \min\{u_2 + d_{25}, u_3 + d_{35}, u_6 + d_{65}\}$ $= \min\{4 + 7, 5 + 6, 9 + 1\}$ $= 10$, from 6	[10, 6]
7	$u_7 = \min\{u_5 + d_{57}, u_6 + d_{67}\}$ $= \min\{10 + 6, 9 + 8\}$ $= 16$, from 5	[16, 5]

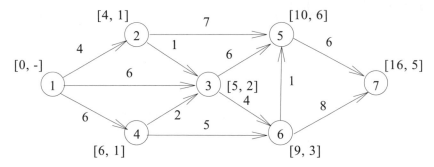

利用 Dijkstra's 演算法求出最短路徑之程式實作，請參閱 11.8 節。

練習題

1. 有一方向圖如下：

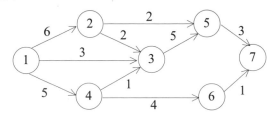

試求頂點 1 到頂點 7 之最短距離及所經過的頂點。

11.6 拓樸排序

在未談到拓樸排序(Topological sort)前。先來討論幾個名詞。

1. AOV network：在一個有方向圖形中，每一頂點代表工作(task)或活動 (activity)，而邊表示工作之間的優先順序(precedence relations)，所以邊(V_i，V_j)表示 V_i 的工作必先處理完後，才能去處理 V_j 的工作，在有方向圖形中稱之為 AOV network (Activity-on-Vertex network)。

2. 立即前行者(immediate predecessor)與立即後繼者(immediate successor)：在有方向圖形 G 中有一邊為<V_i，V_j>，我們稱 V_i 是 V_j 的立即前行者，而 V_j 是 V_i 的立即後繼者，如圖 11-11 中 V_7 是 V_8，V_9，V_{10} 的立即前行者，而 V_8，V_9，V_{10} 是 V_7 的立即後繼者。

3. 前行者(predecessor)與後繼者(successor)：在 AOV network 中，若頂點 V_i 到頂點 V_j 存在一條路徑，則稱 V_i 是 V_j 的前行者，V_j 是 V_i 的後繼者，如圖 11-11，V_3 是 V_6 的前行者，而 V_6 是 V_3 的後繼者。

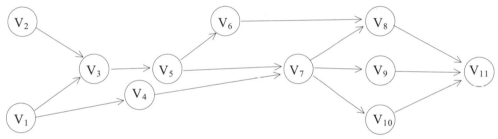

圖 11-11

若在 AOV network 中，V_i 是 V_j 的前行者，則在線性排列中，V_i 一定在 V_j 的前面，此種特性稱之為拓樸排序。如何找尋 AOV network 的拓樸排序呢？其過程如下：

步驟 1： 在 AOV network 中任意挑選一個沒有前行者的頂點。

步驟 2： 輸出此頂點，並將此頂點所連接的邊刪除。

步驟 3： 重覆步驟 1 及步驟 2，直到全部的頂點皆輸出為止。

假設有一 AOV network 如圖 11-12 所示，

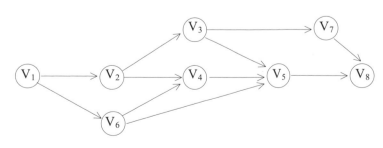

圖 11-12

其拓撲排序的過程如下：

1.　輸出 V_1，並刪除 $<V_1，V_2>$ 與 $<V_1，V_6>$ 兩個邊。

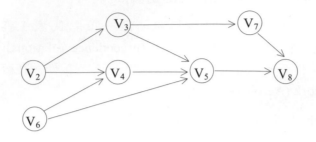

2.　此時 V_2 和 V_6 皆無前行者，若輸出 V_2，則刪除 $<V_2，V_3>$ 與 $<V_2，V_4>$。

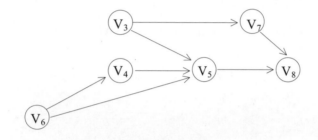

3.　運用相同的原理，選擇輸出 V6，並刪除 $<V_6，V_4>$ 與 $<V_6，V_5>$ 兩個邊。

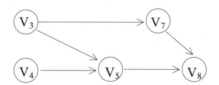

4.　輸出 V_3，並刪除 $<V_3，V_5>$ 與 $<V_3，V_7>$ 兩個邊。

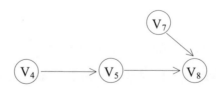

5.　輸出 V_4，並刪除 $<V_4，V_5>$。

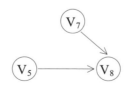

6.　輸出 V_5，並刪除 $<V_5, V_8>$

7.　輸出 V_7，並刪除 $<V_7, V_8>$

8.　輸出 V_8。

圖 11-12 的拓撲排序不是唯一，因為在過程 2 中，假若選的頂點不是 V_2，其拓撲排序所排出來的順序就不一樣了。若依上述的方式，其拓撲排序為 V_1，V_2，V_6，V_3，V_4，V_5，V_7 及 V_8。

若將圖 11-12 以相鄰串列來表示，則如下圖所示，其中 count(i) 為頂點 i 的內分支度。

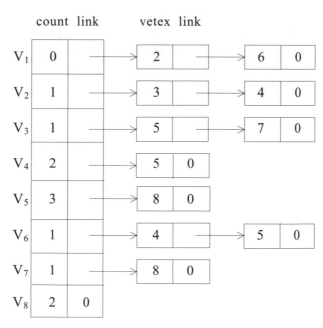

圖 11-13　相鄰串列表示法

有關拓撲排序的程式實作，請參閱 11.8 節。

📟 練習題 ··

1. 有一 AOV 網路如下：

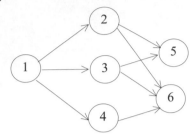

試回答下列問題：

(a) 拓樸排序為何

(b) 請利用相鄰串列表示此 AOV 網路

11.7 臨界路徑

假若 AOV network 的邊是表示某種活動(activity)，而頂點表示事件(events)，則稱此網路為 AOE network (Activity-on-Edge network)。如圖 11-14 是一個 AOE network，其中有 7 個事件分別是 $V_1, V_2, V_3, \cdots\cdots, V_7$，有 11 個活動分別為 a_{12}，a_{13}，a_{15}，a_{24}，a_{34}，a_{35}，a_{45}，a_{46}，a_{47}，a_{57}，a_{67}。從圖 11-14 可知 V_1 是這個專案(project)的起始點，V_7 是結束點。$a_{13} = 3$ 表示 V_1 到 V_3 所需的的時間為 3 天，$a_{35} = 2$ 表示 V_3 到 V_5 所需的時間為 2 天，餘此類推。而 a_{45} 為虛擬活動路徑(dummy activity path) 其值為 0，因為我們假設 V_5 需要 V_1，V_3 及 V_4 三事件完成之後才可進行事件 V_5。

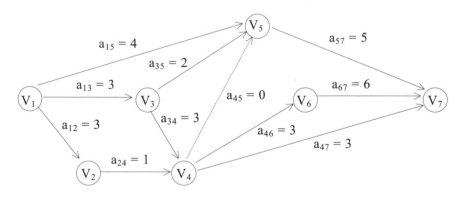

圖 11-14

AOE network 已被應用在計畫績效評估(performance evaluation)。評估的範圍包括：(1)完成計畫所需要最短的時間，(2)為縮短整個計畫而應加速那些活動。目前有不少的技術已開發完成，用來評估各種計畫的績效，如專案評估與技術查核 (Project Evaluation and Review Technique, PERT) 及臨界路徑法 (Critical Path

Method, CPM)。CPM 和 PERT 分別在 1956 至 1958 年間被發展出來，CPM 第一次被 E.I.doDont de Nemours & Company，之後被 Mauchly Associates 加以改良，而 PERT 則由美國海軍所發展出來，並用於飛彈計畫(Polaris Missile Program)。CPM 最早應用於建築或建構專案方面。

在 AOE network 上的活動是可以並行處理的，而一個計畫所需完成的最短時間，是指起始點到結束點之間最長的路徑，此又稱為臨界路徑(critical path)。在圖 11-14 的 AOE network 可以看出其臨界路徑是 V_1，V_3，V_4，V_6，V_7，其長度為 15。

在 AOE network 上所有的活動皆有兩種時間：一、是最早時間(early start time)表示一活動最早開始的時間，以 e(i)表示活動 a_i 最早時間；二、為最晚時間(lastest start time)表示一活動在不影響整個計畫完成之下，能夠開始進行的時間，以 l(i)表示活動 a_i 最晚的時間。l(i)減去 e(i)為一活動臨界之數量，它表示在不耽誤或增加整個計畫完成之時間下，i 活動所能夠延遲的時間。例如 l(i) - e(i) = 3，表示 i 活動可以延遲三天，也不會影響整個計畫的完成。當 l(i) = e(i)時，表示 i 活動是臨界的活動(critical activity)。

臨界路徑分析的目的，在於找出那些路徑是臨界活動(critical activity)，以便能夠集中資源在這些臨界活動上，進而縮短計畫完成的時間。圖 11-14 的臨界路徑如圖 11-15 所示：

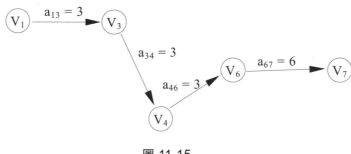

圖 11-15

若將 a_{13} 活動加快速度，由原來的 3 天縮短為 1 天就可完成，這時整個計畫就可提前 2 天完成，故只需 13 天。

如何求得 AOE network 的臨界路徑呢？首先要計算事件最早發生的時間 ES(j)及事件最晚發生的時間 LS(j)，其中：

$$ES(j) = \max\{\ ES(i) + <i, j>時間\ \}\ (\ i \in p(j)\ )$$

p(j)是所有與 j 相鄰頂點所成的集合。

假若利用拓樸排序，每當輸出一個事件時，就修正此事件到各事件之最早的時間，如果拓樸排序輸出是事件 j，而事件 j 指向事件 k，此時的

$$ES(k) = \max\{\ ES(k), ES(j) + <j, k>時間\ \}$$

若將圖 11-14 以相鄰串列表示的話，則如圖 11-16 所示：

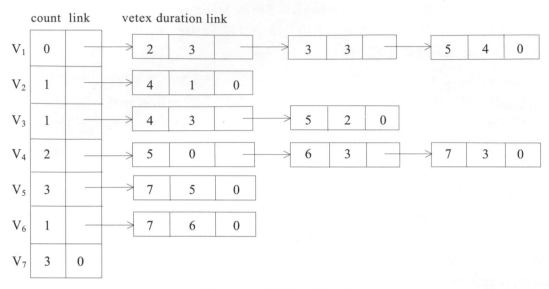

圖 11-16　相鄰串列表示法

其中 count 表示某事件前行者的數目，duration 表示時間。首先，設 ES(i) = 0，1 ≤ i ≤ 9，如下所示：

ES	(1)	(2)	(3)	(4)	(5)	(6)	(7)
開始	0	0	0	0	0	0	0

1. 由於 1 沒有前行者，故輸出 V_1。此時 V_2 和 V_3 皆沒有前行者，所以將 $\underline{V_2}$ 和 $\underline{V_3}$ 放入堆疊：

   ES(2) = max{ ES(2), ES(1) + <1, 2> } = max{ 0, 0+3 } = 3
   ES(3) = max{ ES(3), ES(1) + <1, 3> } = max{ 0, 0+3 } = 3
   ES(5) = max{ ES(5), ES(1) + <1, 5> } = max{ 0, 0+4 } = 4

∴ ES	(1)	(2)	(3)	(4)	(5)	(6)	(7)
	0	3	3	0	4	0	0

2. 從堆疊彈出 V_3，但並沒有使某一頂點為無前行者，故只計算與其相鄰的頂點 V_4 和 V_5：

   ES(4) = max{ ES(4), ES(3) + <3, 4> } = max{ 0, 3+3 } = 6
   ES(5) = max{ ES(5), ES(3) + <3, 5> } = max{ 0, 3+2 } = 5

∴ ES	(1)	(2)	(3)	(4)	(5)	(6)	(7)
	0	3	3	6	5	0	0

3. 從堆疊彈出 V_2，此時 V_4 為無前行者，故將 $\underline{V_4}$ 放入堆疊：
   ES(4) = max{ ES(4), ES(2) + <2, 4> } = max{ 6, 3+1 } = 6

∴　ES

(1)	(2)	(3)	(4)	(5)	(6)	(7)
0	3	3	6	5	0	0

4. 從堆疊彈出 V_4，去掉$<V_4, V_5>$，$<V_4, V_6>$與$<V_4, V_7>$後，V_5 及 V_6 為無前行者，所以將 $\underline{V_5}$、$\underline{V_6}$ 放入堆疊中。

$ES(5) = \max\{ ES(5), ES(4) + <4,5> \} = \max\{ 5,6+0 \} = 6$

$ES(6) = \max\{ ES(6), ES(4) + <4,6> \} = \max\{ 0,6+3 \} = 9$

$ES(7) = \max\{ ES(7), ES(4) + <4,7> \} = \max\{ 0,6+3 \} = 9$

∴　　ES

(1)	(2)	(3)	(4)	(5)	(6)	(7)
0	3	3	6	6	9	9

5. 再彈出 V_6，此時也沒有使某一頂點為無前行者。

$ES(7) = \max\{ ES(7), ES(6) + <6, 7> \} = \max\{ 5, 9+6 \} = 15$

∴　　ES

(1)	(2)	(3)	(4)	(5)	(6)	(7)
0	3	3	6	6	9	15

6. 將堆疊中的 V_5 彈出來，此時 V_7 變成沒有前行者，所以將 $\underline{V_7}$ 推入堆疊中。

$ES(7) = \max\{ ES(7), ES(5) + <5, 7> \} = \max\{ 15, 6+5 \} = 15$

∴　　ES

(1)	(2)	(3)	(4)	(5)	(6)	(7)
0	3	3	6	6	9	15

7. 輸出 V_7。

我們可以將上述的解說利用下表表示之。

ES	頂點							堆疊
	(1)	(2)	(3)	(4)	(5)	(6)	(7)	
開始	0	0	0	0	0	0	0	1
彈出 1	0	3	3	0	4	0	0	3 / 2
彈出 3	0	3	3	6	5	0	0	2
彈出 2	0	3	3	6	5	0	0	4
彈出 4	0	3	3	6	6	9	9	6 / 5
彈出 6	0	3	3	6	6	9	15	5
彈出 5	0	3	3	6	6	9	15	7
彈出 7	0	3	3	6	6	9	15	空的

計算事件最早發生的時間 ES(j)後，再繼續計算事件最晚發生的時間 LS(j)。開始時每一事件的 LS 皆設為 15 (此為上述 ES(7)的值)。

$$LS(j) = \min\{LS(j), LS(i) - \langle j, i\rangle \text{ 時間}\} \qquad (i \in s(j))$$

s(j) 是所有頂點 j 的相鄰頂點。

若藉著拓樸排序將每一事件輸出，並利用 $LS(k) = \min\{LS(k), LS(j) - \langle j, k\rangle\}$ 計算，則須先將圖 11-16 相鄰串列轉為圖 11-17 反相鄰串列，計算過程如下：

LS	(1)	(2)	(3)	(4)	(5)	(6)	(7)
開始	15	15	15	15	15	15	15

1. 彈出 V_7，因為在反相鄰串列中，V_7 沒有前行者，故刪除$\langle V_7, V_4\rangle$，$\langle V_7, V_5\rangle$ 及$\langle V_7, V_6\rangle$，此時 V_6、V_5 沒有前行者，故將它推入堆疊，計算過程如下：

   $$LS(4) = \min\{ LS(4), LS(7) - \langle 7, 4\rangle \} = \min\{ 15, 15-3 \} = 12$$
   $$LS(5) = \min\{ LS(5), LS(7) - \langle 7, 5\rangle \} = \min\{ 15, 15-5 \} = 10$$
   $$LS(6) = \min\{ LS(6), LS(7) - \langle 7, 6\rangle \} = \min\{ 15, 15-6 \} = 9$$

∴ LS	(1)	(2)	(3)	(4)	(5)	(6)	(7)
	15	15	15	12	10	9	15

2. 彈出 V_5，並刪除$\langle V_5, V_4\rangle$，$\langle V_5, V_3\rangle$，$\langle V_5, V_1\rangle$，計算過程如下：

   $$LS(1) = \min \{ LS(1), LS(5) - \langle 5, 1\rangle \} = \min\{ 15, 10-4 \} = 6$$
   $$LS(3) = \min \{ LS(3), LS(5) - \langle 5, 3\rangle \} = \min\{ 15, 10-2 \} = 8$$
   $$LS(4) = \min \{ LS(4), LS(5) - \langle 5, 4\rangle \} = \min\{ 12, 10-0 \} = 10$$

∴ LS	(1)	(2)	(3)	(4)	(5)	(6)	(7)
	6	15	8	10	10	9	15

3. 彈出 V_6，刪除$\langle V_6, V_4\rangle$後，使得 V_4 無前行者，因此將它加入堆疊，計算過程如下：

   $$LS(4) = \min\{ LS(4), LS(6) - \langle 6, 4\rangle \} = \min\{ 10, 9-3 \} = 6$$

∴ LS	(1)	(2)	(3)	(4)	(5)	(6)	(7)
	6	15	8	6	10	9	15

4. 彈出 V_4，並刪除$\langle V_4, V_3\rangle$及$\langle V_4, V_2\rangle$，使得 V_3 和 V_2 成為無前行者，因此，將他們加入堆疊，計算過程如下：

   $$LS(2) = \min\{ LS(2), LS(4) - \langle 4, 2\rangle \} = \min\{ 15, 6-1 \} = 5$$
   $$LS(3) = \min\{ LS(3), LS(4) - \langle 4, 3\rangle \} = \min\{ 8, 6-3 \} = 3$$

$\therefore$ LS

(1)	(2)	(3)	(4)	(5)	(6)	(7)
6	5	3	6	10	9	15

5. 彈出 V_2，刪除 $<V_2, V_1>$，計算過程如下：

$LS(1) = \min\{ LS(1), LS(2) - <2, 1> \} = \min\{ 6, 5\text{-}3 \} = 2$

$\therefore$ LS

(1)	(2)	(3)	(4)	(5)	(6)	(7)
2	5	3	6	10	9	15

6. 彈出 V_3，並刪除 $<V_3, V_1>$，此時 V_1 成為無前行者，將它加入堆疊，計算過程如下：

$LS(1) = \min\{ LS(1), LS(3) - <3, 1> \} = \min\{ 2, 3\text{-}3 \} = 0$

$\therefore$ LS

(1)	(2)	(3)	(4)	(5)	(6)	(7)
0	5	3	6	10	9	15

上述的過程，如下表所示：

LS	頂點							堆疊
	(1)	(2)	(3)	(4)	(5)	(6)	(7)	
開始	15	15	15	15	15	15	15	7
彈出 7	15	15	15	12	10	9	15	5 6
彈出 5	6	15	8	10	10	9	15	6
彈出 6	6	15	8	6	10	9	15	4
彈出 4	6	5	3	6	10	9	15	2 3
彈出 2	2	5	3	6	10	9	15	3
彈出 3	0	5	3	6	10	9	15	1
彈出 1	0	5	3	6	10	9	15	空的

之後，我們將 ES(i)以□表示，而 LS(i)則以△方式表示之。

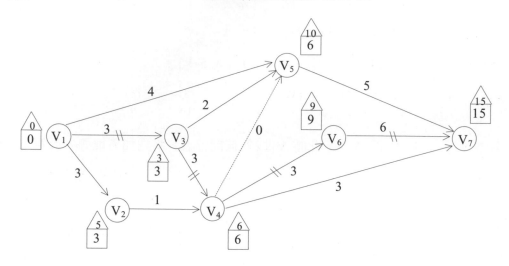

當滿足下述三個條件時，

1.　ES(i) = LS(i)

2.　ES(j) = LS(j)

3.　ES(j) - ES(i) = LS(j) - LS(i) = a_{ij}

則稱此一路徑為臨界路徑(Critical path)。如 V_1 到 V_3 為一臨界路徑，因為

　3 - 0 = 3 - 0 = a_{13} = 3

而 V_1 到 V_2 不是一臨界路徑，因為

　3 - 0 $\neq$ 5 - 0 $\neq a_{12}$ = 3

依此類推…。

上述的計算過程中，我們使用了堆疊存放無前行者的頂點(亦即下一次開始的頂點 0)。更簡潔的方法如下。

假設 ES_i 是事件 i 最早開始的時間(Early start time)，i = 1 的 ES_1 = 0，而 A_{ij} 為事件 i 到事件 j 所需花費的時間…。所以 ES_j = max { ES_i + a_{ij} } ，對所有的(i, j)活動而言。

事件 2 只有一活動 a_{12} 進入，ES_2 = ES_1 + a_{12} = 0 +3 = 3。
事件 3 也只有一活動 a_{13} 進入，ES_3 = ES_1 + a_{13} = 0 +3 = 3。

而事件 4 有二個活動進入分別為 a_{24} 和 a_{34}，

$\therefore ES_4$ = max { ES_i + a_{i4} } = max { 3+1, 3+3 } = 6，(i = 2, 3)。

同理，

$ES_5 = \max \{ ES_i + a_{i5} \} = \max \{ 0+4, 3+2, 6+0\} = 6$，($i = 1, 3, 4$)。

$ES_6 = \max\{ ES_i + a_{i6}\} = \max \{ 6+3\} = 9$，($i = 4$)。

$ES_7 = \max\{ ES_i + a_{i7}\} = \max \{ 6+3, 6+5, 9+6\} = 15$，($i = 4, 5, 6$) 。

而最晚開始的時間(Latest start time)以 LS 表示之，$LS_i = \min\{ LS_j - a_{ij} \}$對所有$(i, j)$活動而言。

開始 $i = n$ 是結束點，$LS_n = ES_n$。

$\therefore LS_7 = ES_7 = 15$

$LS_6 = LS_7 - a_{67} = 15 - 6 = 9$

$LS_5 = LS_7 - a_{57} = 15 - 5 = 10$

$LS_4 = \min\{LS_j - a_{4j}\} = \min\{10-0, 9-3, 15-3\} = 6$，($j = 5, 6, 7$)

$LS_3 = \min\{LS_j - a_{3j}\} = \min\{6-3, 10-2\} = 3$，($j = 4, 5$)

$LS_2 = LS_4 - a_{24} = 6 - 1 = 5$

$LS_1 = \min\{ LS_j - a_{1j}\} = \min\{ 5-3, 3-3, 10-4\} = 0$，($j =2, 3, 5$)

最後的臨界路徑需滿足下列三個條件：

1. $ES_i = LS_i$

2. $ES_j = LS_j$

3. $ES_j - ES_i = LS_j - LS_i = a_{ij}$

練習題

1. 有一 AOE 網路如下：

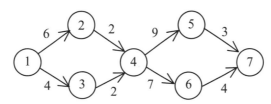

試求其臨界路徑。

11.8 程式實作

(一) 圖形的追蹤－利用縱向優先搜尋法

📑 JAVA 程式語言實作》 圖形的追蹤－利用縱向優先搜尋法

```java
01  package dfstest;
02
03  /**
04   *
05   * @author Bright
06   * Version 3
07   * Update date: March 23, 2917
08   */
09
10  import java.io.*;
11  import java.util.Scanner;
12
13  class Node
14  {
15      int vertex;
16       Node link;
17  }
18
19  class DFsTest
20  {
21      final static int MAX_V=100;    /*最大節點數*/
22      Node node = new Node();
23      Node lastnode = new Node();
24      static Node[] adjlist = new Node[MAX_V+1];       // 宣告相鄰串列
25      static boolean[] visited = new boolean[MAX_V+1];  // 記錄頂點是否已拜訪
26      static int total_vertex=0;
27
28      public void build_adjlist()
29      {
30          int vi=0, vj=0, weight=0;
31          Scanner inputStream = null;
32
33          try {
34              inputStream = new Scanner(new FileInputStream("dfs.dat"));
35          } catch(FileNotFoundException e) {
36              System.err.println("File dfs.dat not found!");
37              System.exit(1);
38          }
39
```

```
40          // 讀取節點總數
41          total_vertex = inputStream.nextInt();
42          System.out.printf("total_vertex = %d\n", total_vertex);
43
44          for ( vi = 1; vi <= total_vertex; vi++) {
45              // 設定陣列及各串列起始值
46              visited[vi] = false;
47              adjlist[vi] = new Node();
48              adjlist[vi].vertex = vi ;
49              adjlist[vi].link = null;
50          }
51
52          // 讀取節點資料
53          for ( vi = 1; vi <= total_vertex; vi++ )
54              for ( vj = 1; vj <= total_vertex; vj++ ) {
55                  // 資料檔以相鄰矩陣格式儲存,以1代表相鄰
56                  // 0代表不相鄰,將相鄰頂點鏈結在各串列後
57
58                  weight = inputStream.nextInt();
59
60                  if ( weight != 0 ) {
61                      node = new Node();
62                      node.vertex = vj;
63                      node.link = null;
64                      lastnode = searchlast(adjlist[vi]);
65                      lastnode.link = node;
66                  }
67              }
68          inputStream.close();
69      }
70
71  // 顯示各相鄰串列之資料
72  public void show_adjlist()
73  {
74      int index=0;
75      Node ptr = new Node();
76
77      System.out.print("Head    adjacency nodes\n");
78      System.out.print("-----------------------------\n");
79      for (index = 1; index <= total_vertex; index++) {
80          System.out.print("V" + adjlist[index].vertex + " ");
81          ptr = adjlist[index].link;
82          while ( ptr != null ) {
83              System.out.print("--> V" + ptr.vertex + " ");
84              ptr = ptr.link;
85          }
```

```
86          System.out.print("\n");
87        }
88      }
89
90      // 圖形之縱向優先搜尋
91      public void dfs(int v)
92      {
93        Node ptr = new Node();
94        int w=0;
95
96        System.out.print("V" + adjlist[v].vertex + " ");
97        visited[v] = true;           // 設定v 頂點為已拜訪過
98        ptr = adjlist[v].link;       /* 拜訪相鄰頂點*/
99
100       do {
101         /* 若頂點尚未走訪，則以此頂點為新啟始點繼續做縱向優先搜尋法走訪，
102            否則找與其相鄰的頂點，直到所有相連接的節點都已走訪*/
103         w = ptr.vertex;
104         if ( visited[w] != true)
105           dfs(w);
106         else
107           ptr = ptr.link;
108       } while ( ptr != null);
109     }
110
111     public Node searchlast( Node linklist )
112     {
113       Node ptr = new Node();
114
115       ptr = linklist;
116       while ( ptr.link != null )
117         ptr = ptr.link;
118       return ptr;
119     }
120
121     public static void main(String args[])  // 主函數
122     {
123       DFSTest obj = new DFSTest();
124
125       obj.build_adjlist(); // 以相鄰串列表示圖形
126       obj.show_adjlist();  // 顯示串列之資料
127       System.out.print("\n------Depth First Search------\n");
128       obj.dfs(1);                // 圖形之縱向優先搜尋，以頂點1 為起始頂點
129     }
130   }
```

🔍 輸入檔 dfs.dat：

```
10
0 1 1 0 0 0 0 0 0 0
1 0 0 1 1 0 0 0 0 0
1 0 0 0 0 1 1 0 0 0
0 1 0 0 0 0 1 0 0
0 1 0 0 0 0 1 0 0
0 0 1 0 0 0 0 1 0
0 0 1 0 0 0 0 1 0
0 0 0 1 1 0 0 0 0 1
0 0 0 0 0 1 1 0 0 1
0 0 0 0 0 0 0 1 1 0
```

🔍 輸出結果

```
total_vertex = 10
Head     adjacency nodes
------------------------------
V1 --> V2 --> V3
V2 --> V1 --> V4 --> V5
V3 --> V1 --> V6 --> V7
V4 --> V2 --> V8
V5 --> V2 --> V8
V6 --> V3 --> V9
V7 --> V3 --> V9
V8 --> V4 --> V5 --> V10
V9 --> V6 --> V7 --> V10
V10 --> V8 --> V9

------Depth First Search------
V1 V2 V4 V8 V5 V10 V9 V6 V3 V7
```

(二) 利用 Kruskal's 演算法求最小成本擴展樹

📱 JAVA 程式語言實作》利用 Kruskal's 演算法求最小成本擴展樹

```java
01  package kruskal;
02
03  /**
04   *
05   * @author Bright
06   * Version 2
07   * Update date: March 23, 2017
08   */
09
10  import java.io.FileInputStream;
11  import java.io.FileNotFoundException;
12  import java.util.Scanner;
13  import java.io.*;
14
15  class Edge
```

```java
16   {
17       int vertex1;
18       int vertex2;
19       int weight;
20       int edge_deleted;
21   }
22
23   class Graph
24   {
25       int[] vertex = new int[100];
26       int edges;
27   }
28
29   class Kruskal
30   {
31       int MAX_V = 100; /*最大節點數*/
32       int TRUE = 1;
33       int FALSE = 0;
34
35       Edge[] E = new Edge[MAX_V];
36       Graph T = new Graph();
37       int total_vertex = 0;
38       int total_edge = 0;
39       int[][] adjmatrix = new int[MAX_V][MAX_V];  // store matrix weight
40
41       public void build_adjmatrix()
42       {
43           int vi=0, vj=0;
44           String str;
45           Scanner inputStream = null;
46
47           try {
48               inputStream = new Scanner(new FileInputStream("kruskal.dat"));
49           } catch(FileNotFoundException e) {
50               System.err.println("File kruskal.dat not found!");
51               System.exit(1);
52           }
53
54           // 輸入節點總數
55           total_vertex = inputStream.nextInt();
56
57           for (vi = 1; vi <= total_vertex; vi++)
58           {
59               for ( vj = 1; vj <= total_vertex; vj++ ) {
60                   adjmatrix[vi][vj] = inputStream.nextInt();
```

```
61              }
62          }
63          inputStream.close();
64      }
65
66      public void adjust()
67      {
68          Edge e;
69          int i = 0, j = 0, weight = 0;
70
71          for (i = 1; i <= total_vertex; i++)
72              for ( j = i+1; j <= total_vertex; j++ ) {
73                  weight = adjmatrix[i][j];
74                  if ( weight != 0 ) {
75                      e = new Edge();
76                      e.vertex1 = i;
77                      e.vertex2 = j;
78                      e.weight = weight;
79                      e.edge_deleted = FALSE;
80                      addEdge(e);
81                  }
82              }
83      }
84
85      public void addEdge(Edge e)
86      {
87          E[++total_edge] = e;
88      }
89
90      public void showEdge()
91      {
92          int  i = 1;
93
94          System.out.print("Total Vertex = " + total_vertex + "  ");
95          System.out.println("Total_edge = " + total_edge);
96          while ( i <= total_edge ) {
97              System.out.print("V" + E[i].vertex1 + "  <----->  V" + E[i].vertex2);
98              System.out.println("   weight= " + E[i++].weight);
99          }
100     }
101
102     public Edge mincostEdge()
103     {
104         int i = 0, min = 0, minweight = 10000000;
105
```

```
106         for ( i = 1; i <= total_edge; i++ ) {
107             if ((E[i].edge_deleted == FALSE) && (E[i].weight < minweight)) {
108                 minweight = E[i].weight;
109                 min = i;
110             }
111         }
112
113         E[min].edge_deleted = TRUE;
114         return E[min];
115     }
116
117     public void kruskal()
118     {
119         Edge e = new Edge();
120         int i, loop=1;
121
122         // init T
123         for ( i = 1; i <= total_vertex; i++ )
124             T.vertex[i] = 0;
125         T.edges = 0;
126
127         System.out.println("\nMinimum cost spanning tree using Kruskal");
128         System.out.println("-------------------------------------------");
129
130         while ( T.edges != (total_vertex - 1) ) {
131             e = mincostEdge();
132
133             if ( cyclicT(e) != 1 ) {
134                 System.out.print((loop++) + "th min edge : ");
135                 System.out.print("V" + e.vertex1 + "  <----->  V" + e.vertex2);
136                 System.out.println("  weight= " + e.weight);
137             }
138         }
139     }
140
141     public int cyclicT(Edge e)
142     {
143         int v1 = e.vertex1;
144         int v2 = e.vertex2;
145
146         T.vertex[v1]++;
147         T.vertex[v2]++;
148         T.edges++;
149         if ( T.vertex[v1] >= 2 && T.vertex[v2] >= 2 ) {
150             T.vertex[v1]--;
```

```
151          T.vertex[v2]--;
152          T.edges--;
153          return TRUE;
154      }
155   else
156       return FALSE;
157   }
158
159   public static void main (String args[]) //主函數
160   {
161       Kruskal obj = new Kruskal();
162
163       obj.build_adjmatrix();
164       obj.adjust();
165       obj.showEdge();
166       obj.kruskal();
167   }
168 }
```

📑 輸入檔 ksuskal.dat：

```
6
0   16   0   0  19  21
16   0   5   6   0  11
0    5   0  10   0   0
0    6  10   0  18  14
19   0   0  18   0  33
21  11   0  14  33   0
```

📑 輸出結果

```
Total Vertex = 6   Total_edge = 10
V1  <----->  V2   weight= 16
V1  <----->  V5   weight= 19
V1  <----->  V6   weight= 21
V2  <----->  V3   weight= 5
V2  <----->  V4   weight= 6
V2  <----->  V6   weight= 11
V3  <----->  V4   weight= 10
V4  <----->  V5   weight= 18
V4  <----->  V6   weight= 14
V5  <----->  V6   weight= 33

Minimum cost spanning tree using Kruskal
------------------------------------------
1th min edge : V2  <----->  V3  weight= 5
2th min edge : V2  <----->  V4  weight= 6
3th min edge : V2  <----->  V6  weight= 11
4th min edge : V1  <----->  V2  weight= 16
5th min edge : V4  <----->  V5  weight= 18
```

(三) 利用 Dijkstra'演算法求最短路徑

📑 **JAVA 程式語言實作》** 利用 Dijkstra'演算法求最短路徑

```java
01  package dijkstra;
02
03  /**
04   *
05   * @author Bright
06   * Version 2
07   * Update date: March 23, 2017
08   */
09
10  import java.io.*;
11  import java.util.*;
12
13  class Dijkstra {
14      final int MAX_V = 100;
15      final int VISITED = 1;
16      final int NOTVISITED = 0;
17      final int Infinite = 1073741823;
18      // A[1..N][1..N] 為圖形的相鄰矩陣
19      // D[i] i=1..N 用來儲存某起始頂點到i 節點的最短距離
20      // S[1..N] 用來記錄頂點是否已經拜訪過
21      // P[1..N] 用來記錄最近經過的中間節點
22      int[][] A = new int[MAX_V+1][MAX_V+1];
23      int[] D = new int[MAX_V+1];
24      int[] S = new int[MAX_V+1];
25      int[] P = new int[MAX_V+1];
26      int source, sink, N;
27      int step;
28      int top;            // 堆疊指標
29      int[] Stack = new int[MAX_V+1];    // 堆疊空間
30      Scanner inputStream = null;
31      Scanner keyboard = new Scanner(System.in);
32
33      public Dijkstra()
34      {
35          step = 1;
36          top = -1;
37      }
38
39      public void init()
40      {
41          int i, j = 0, weight = 0;
42          boolean done = false;
```

```
43
44        try {
45            inputStream = new Scanner(new FileInputStream("sh_path.dat"));
46        } catch(FileNotFoundException e) {
47            System.err.println("File sh_path.dat not found!");
48            System.exit(1);
49        }
50
51        // 讀取圖形節點數
52        try {
53            N = inputStream.nextInt();
54        } catch(NoSuchElementException e) {}
55
56        for ( i=1; i<=N; i++ )
57            for ( j=1; j<=N; j++ )
58                A[i][j] = Infinite;   // 起始A[1..N][1..N]相鄰矩陣
59
60        while ( done == false ) {
61            try {
62                i = inputStream.nextInt();
63                j = inputStream.nextInt();
64                weight = inputStream.nextInt();
65            }
66            catch(NoSuchElementException e) {
67                done = true;
68            }
69            A[i][j] = weight;     // 讀取 i 節點到 j 節點的weight
70        }
71
72        inputStream.close();
73
74        System.out.printf("Enter source node : ");
75        source = keyboard.nextInt();
76        System.out.printf("Enter sink node : ");
77        sink = keyboard.nextInt();
78
79        // 起始各陣列初始值
80        for ( i = 1; i <= N; i++ ) {
81            /* 各頂點設為尚未拜訪記錄起始頂點至各頂點最短距離 */
82            S[i] = NOTVISITED;
83            D[i] = A[source][i];
84            P[i] = source;
85        }
86        // 始起節點設為已經走訪
87        S[source] = VISITED;
```

```
 88          D[source] = 0;
 89      }
 90
 91      public void access()
 92      {
 93          int I, t;
 94          for ( step =2;step <=N; step++ ) {
 95              // minD 傳回一值 t 使得 D[t] 為最小
 96
 97              t = minD();
 98              S[t] = VISITED;
 99
100              // 找出經過 t 點會使路徑縮短的節點
101              for ( I=1; I <= N; I++ )
102                  if ( (S[I] == NOTVISITED) && (D[t]+A[t][I] <= D[I]) ) {
103                      D[I] = D[t] + A[t][I];
104                      P[I] = t;
105                  }
106              output_step();
107          }
108      }
109
110      public int minD()
111      {
112          int i,t = 0;
113          int minimum = Infinite;
114          for ( i=1;i<=N;i++ )
115              if ( (S[i] == NOTVISITED) && D[i] < minimum )
116              {
117                  minimum = D[i];
118                  t = i;
119              }
120          return t;
121      }
122
123      // 顯示目前的 D 陣列與 P 陣列狀況
124      public void output_step()
125      {
126          int i;
127
128          System.out.print("\n Step #" + step);
129          System.out.println("\n=================================================");
130          for ( i=1; i<=N; i++ )
131              System.out.printf(" D[%d] ", i);
132          System.out.println("");
```

```
133
134         for ( i=1; i<=N; i++ )
135             if ( D[i] == Infinite )
136                 System.out.print(" ---- ");
137             else
138                 System.out.printf(" %3d   ", D[i]);
139
140         System.out.println("\n===============================================");
141         for ( i=1; i<=N; i++ )
142             System.out.printf(" P[%d] ", i);
143         System.out.println("");
144
145         for ( i=1; i<=N; i++ )
146             System.out.printf(" %3d   ", P[i]);
147     }
148
149     // 顯示最短路徑
150     public void output_path()
151     {
152         int node = sink;
153
154         // 判斷是否起始頂點等於終點或無路徑至終點
155         if ( ( sink == source ) || (D[sink] == Infinite) ) {
156             System.out.print("\nNode " + source +
157                                     " has no Path to Node " + sink);
158             return;
159         }
160
161         System.out.printf("\n\n");
162         System.out.print(" The shortest  Path from V" + source +
163                             " to V" + sink + " :");
164         System.out.println("\n------------------------------------------");
165
166         // 由終點開始將上一次經過的中間節點推入堆疊直到起始節點
167         System.out.print("  V" + source);
168         while ( node != source ) {
169             Push(node);
170             node  = P[node];
171         }
172         while( node != sink) {
173             node = Pop();
174             System.out.print(" --" + A[P[node]][node] + "-->");
175             System.out.print("V" + node);
176         }
177
```

```
178         System.out.println("\n Total length : " + D[sink]);
179     }
180
181     public void Push(int value)
182     {
183         if ( top >= MAX_V ) {
184             System.out.println("Stack overflow!");
185             System.exit(1);
186         }
187         else
188             Stack[++top] = value;
189     }
190
191     public int Pop()
192     {
193         if ( top < 0 ) {
194             System.out.println("Stack empty!");
195             System.exit(1);
196         }
197             return Stack[top--];
198     }
199
200     public static void main(String args[])
201     {
202         Dijkstra obj = new Dijkstra();
203
204         obj.init();
205         obj.output_step();
206         obj.access();
207         obj.output_path();
208     }
209 }
```

📑 輸入檔 sh_path.dat：

```
7
1 2 4
1 3 6
1 4 6
2 3 1
2 5 7
3 5 6
3 6 4
4 3 2
4 6 5
5 7 6
6 5 1
6 7 8
```

🔍 輸出結果

```
Enter source node : 1
Enter sink node : 7

 Step #1
==========================================
  D[1]  D[2]  D[3]  D[4]  D[5]  D[6]  D[7]
   0     4     6     6    ----  ----  ----
==========================================
  P[1]  P[2]  P[3]  P[4]  P[5]  P[6]  P[7]
   1     1     1     1     1     1     1
 Step #2
==========================================
  D[1]  D[2]  D[3]  D[4]  D[5]  D[6]  D[7]
   0     4     5     6     11   ----  ----
==========================================
  P[1]  P[2]  P[3]  P[4]  P[5]  P[6]  P[7]
   1     1     2     1     2     1     1
 Step #3
==========================================
  D[1]  D[2]  D[3]  D[4]  D[5]  D[6]  D[7]
   0     4     5     6     11    9    ----
==========================================
  P[1]  P[2]  P[3]  P[4]  P[5]  P[6]  P[7]
   1     1     2     1     3     3     1
 Step #4
==========================================
  D[1]  D[2]  D[3]  D[4]  D[5]  D[6]  D[7]
   0     4     5     6     11    9    ----
==========================================
  P[1]  P[2]  P[3]  P[4]  P[5]  P[6]  P[7]
   1     1     2     1     3     3     1
 Step #5
==========================================
  D[1]  D[2]  D[3]  D[4]  D[5]  D[6]  D[7]
   0     4     5     6     10    9     17
==========================================
  P[1]  P[2]  P[3]  P[4]  P[5]  P[6]  P[7]
   1     1     2     1     6     3     6
 Step #6
==========================================
  D[1]  D[2]  D[3]  D[4]  D[5]  D[6]  D[7]
   0     4     5     6     10    9     16
==========================================
  P[1]  P[2]  P[3]  P[4]  P[5]  P[6]  P[7]
   1     1     2     1     6     3     5
 Step #7
==========================================
  D[1]  D[2]  D[3]  D[4]  D[5]  D[6]  D[7]
   0     4     5     6     10    9     16
==========================================
  P[1]  P[2]  P[3]  P[4]  P[5]  P[6]  P[7]
   1     1     2     1     6     3     5
 The shortest  Path from V1 to V7 :
```

```
--------------------------------------------------------
 V1 --4-->V2 --1-->V3 --4-->V6 --1-->V5 --6-->V7
 Total length : 16
```

(四) 拓樸排序

📘 JAVA 程式語言實作》 拓樸排序

```java
01   package topologysort;
02
03   /**
04    *
05    * @author Bright
06    * Version 2
07    * Update date: March 23, 2017
08    */
09
10   import java.util.*;
11   import java.io.*;
12
13   /* 定義資料結構 */
14   class Node
15   {
16       int vertex;
17       Node link;
18   }
19
20   class TopologySort
21   {
22       final int MAX_V = 100;
23       int N = 0, place = 0;
24       Scanner inputStream = null;
25       boolean[] visited = new boolean[MAX_V+1]; /* 記錄頂點是否已拜訪 */
26
27       // 宣告相鄰串列
28       int[] Top_order = new int[MAX_V+1]; Node[] adjlist = new Node[MAX_V+1];
29
30       public void build_adjlist()
31       {
32           Node node, lastnode;
33           int vi = 0, vj = 0, weight = 0, t1 = -1, t2 = -1;
34           boolean done = false;
35           try {
36               inputStream = new Scanner(new FileInputStream("top_sort.dat"));
37           } catch(FileNotFoundException e) {
```

```
38              System.err.println("File top_sort.dat not found!");
39              System.exit(1);
40          }
41          // 讀取節點總數
42          N = inputStream.nextInt();
43
44          /* 設定陣列及各串列起始值 */
45          for (vi = 1; vi <= N; vi++) {
46              adjlist[vi] = new Node();
47              adjlist[vi].vertex = vi;
48              adjlist[vi].link = null;
49          }
50
51          /* 讀取節點資料 */
52          while (done == false) {
53              try {
54                  vi = inputStream.nextInt();
55                  vj = inputStream.nextInt();
56              }
57              catch(NoSuchElementException e) {
58                  done = true;
59              }
60
61              /* 避免讀入重覆資料 */
62              if (vi != t1 || vj != t2) {
63                  node = new Node();
64                  node.vertex = vj;
65                  node.link = null;
66                  if(adjlist[vi].link == null)
67                      adjlist[vi].link = node;
68                  else {
69                      lastnode = searchlast(adjlist[vi]);
70                      lastnode.link = node;
71                  }
72                  t1 = vi;
73                  t2 = vj;
74              }
75          }
76          inputStream.close();
77      }
78
79      public void show_adjlist()
80      {
81          int v = 0;
82          Node ptr;
```

```
83
84            System.out.printf("\nHead    adjacency nodes\n");
85            System.out.println("----------------------------");
86            for (v = 1; v <= N; v++) {
87                System.out.print("V" + adjlist[v].vertex + " ");
88                ptr = adjlist[v].link;
89                while (ptr != null) {
90                    System.out.print("--> V" + ptr.vertex + " ");
91                    ptr = ptr.link;
92                }
93                System.out.println("");
94            }
95        }
96
97        public void topological()
98        {
99            int v = 0;
100
101           for (v = 1; v <= N; v++)
102               visited[v] = false;
103           place = N;
104           for (v = 1; v <= N; v++)
105               if (visited[v] != true)
106                   top_sort(v);
107       }
108
109       public void top_sort(int k)
110       {
111           Node ptr;
112           int w = 0;
113           visited[k] = true;
114
115           /* 拜訪 v 相鄰頂點 */
116           ptr = adjlist[k].link;
117           while (ptr != null) {
118               w = ptr.vertex;
119               if (visited[w] != true)
120                   top_sort(w);
121               ptr = ptr.link;
122           }
123           Top_order[--place] = k;
124       }
125
126       public Node searchlast(Node linklist)
127       {
```

```
128          Node ptr;
129
130          ptr = linklist;
131          while (ptr.link != null)
132              ptr = ptr.link;
133          return ptr;
134      }
135
136      public void show_topological()
137      {
138          int i = 0;
139
140          System.out.println("\n------Topological order sort------");
141          for (i = 0; i < N; i++)
142              System.out.print("V" + Top_order[i] + " ");
143          System.out.println("");
144      }
145
146      public static void main(String args[])
147      {
148          TopologySort obj = new TopologySort();
149
150          obj.build_adjlist();
151          obj.show_adjlist();
152          obj.topological();
153          obj.show_topological();
154      }
155  }
```

輸入檔 top_sort.dat：

```
8
1 2
1 6
2 3
2 4
3 5
3 7
4 5
5 8
6 4
6 5
7 8
```

📄 輸出結果

```
Head      adjacency nodes
-------------------------------
V1 --> V2 --> V6
V2 --> V3 --> V4
V3 --> V5 --> V7
V4 --> V5
V5 --> V8
V6 --> V4 --> V5
V7 --> V8
V8

------Topological sort------
V1 V6 V2 V4 V3 V7 V5 V8
```

11.9 動動腦時間

1. 請問下一圖形是否為尤拉循環(Eulerian cycle)。[11.1]

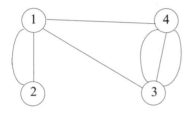

2. 有一方向圖形如下：

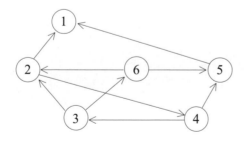

(a) 試問每一節點的內分支度及外分支度各為多少。[11.1]

(b) 將上圖分別利用相鄰矩陣及相鄰串列表示之。[11.2]

3. 有一圖形如下所示：

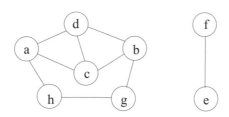

   (a) 請以相鄰矩陣與相鄰串列方式表示之。[11.2]

   (b) 承(a)，從節點 a 做縱向優先搜尋及橫向優先搜尋，其結果分別如何？
       [11.3]

   (c) 試說明上述搜尋之用途。[11.3]

4. 有二個圖形如下：

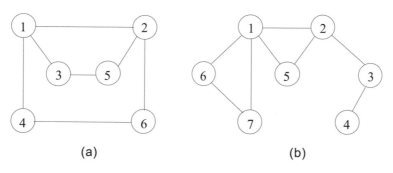

   (a)   (b)

   試問從節點 1 開始的縱向優先搜尋與橫向優先搜尋各為何？[11.3]

5. 請分別畫出下列兩圖形之縱向優先搜尋擴展樹，及橫向優先搜尋擴展樹。
   [11.4]

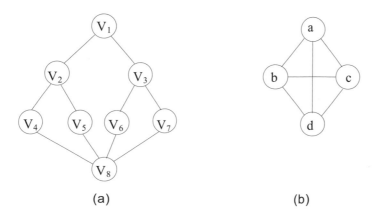

   (a)   (b)

6. 有一網路圖形如下，請分別利用 Prim's 及 Kruskal's 演算法，求其最小成本的擴展樹(minimum cost spanning tree)。[11.4]

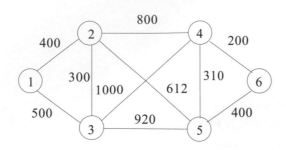

7. 試以 Java 語言完成 BFS 及 DFS 之程式。[11.4]

8. 試撰寫最短路徑的演算法。[11.5]

9. 試計算下一圖從節點 1 到各節點之最短路徑。[11.5]

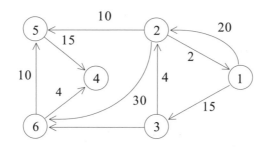

10. 利用下面的 AOE 網路，試回答下列問題：

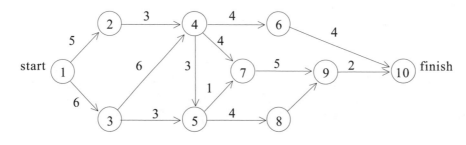

    (a) 每一事件最早開始的時間及最晚開始的時間。[11.7]

    (b) 該計畫最早完成的時間為何？[11.7]

    (c) 那些路徑是臨界路徑(critical path)。[11.7]

    (d) 是否有事件經加速之後，會縮短整個計畫的時間。[11.7]

11. 試撰寫臨界路徑的演算法。[11.7]

12

排序

排序(sorting)是將一堆雜亂無章的資料由小至大,或由大至小排列之。由於電信局所給的電話簿乃以姓名加以排序(按照姓氏的筆劃由小到大排列之)了,所以搜尋某人的電話時就顯得相當容易。

存於檔案(file)中的記錄(record),可能含有相同的鍵值。假設有兩個記錄 r(i) 和 r(j),其鍵值分別為 k(i) 與 k(j),而且 k(i)=k(j)。若排序前與排序後的位置不變,則稱此為穩定性(stable)的排序,若排序前與排序後的位置有所改變,則稱此為不穩定(unstable)的排序。亦即表示當兩個鍵值相同時並不需要互換,此稱為穩定排序,若需互換,則稱為不穩定排序。

我們可能就記錄的本身或以一個輔助的指標來做排序。如圖 12.1 之(a)有 5 個記錄,經排序後如圖 12.1 之(b),這種方式是對整筆的記錄做排序。

	鍵值	資料			鍵值	資料
記錄 1	4	DD			1	AA
記錄 2	2	BB			2	BB
記錄 3	1	AA			3	CC
記錄 4	5	EE			4	DD
記錄 5	3	CC			5	EE
	(a) 原來檔案				(b) 排序後檔案	

圖 12.1

如果 12.1 之(a)檔案中的每一記錄含有大量資料的話，則搬移這些資料會耗費相當多的時間。在這種情狀況之下，最好能使用輔助指標的改變來取代整筆資料的搬移，如圖 12.2 所示。

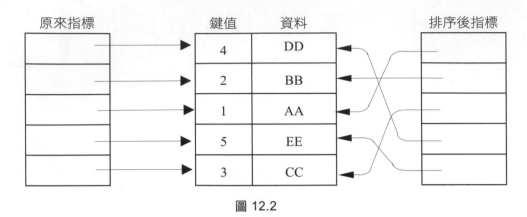

圖 12.2

排序後的資料若是由小至大排列的，則稱之為升冪(ascending);若排序後的資料是由大至小排列的，則稱之為降冪(descending)。假使沒有加以註明，則將它視為是升冪的排序。以下是一些常用的排序方法。

12.1 氣泡排序

氣泡排序(bubble sort)，是將兩個相鄰的鍵值相比，假使前一個比後一個大時，則互相對調。通常有 n 個資料時，此排序需要執行 n-1 次步驟(Pass)，每一次 Pass 執行完後，資料量會減少 1，當沒有對調時，就表示資料已完成排序。

例如有 5 個資料，分別是 18, 2, 20, 34, 12，以氣泡排序的執行步驟如下：

第一次 Pass	18	2	20	34	12	
	2	18	20	34	12	
	2	18	20	34	12	4 次比較
	2	18	20	34	12	
結果	2	18	20	12	(34)	
第二次 Pass	2	18	20	12		
	2	18	20	12		3 次比較
	2	18	12	20		
結果	2	18	12	(20)		

第三次 Pass	2	18	12	
	2	18	12	2 次比較
結果	2	12	(18)	

第四次 Pass	2	12	
結果	2	(12)	1 次比較

再來看一例，若鍵值是 12, 18, 2, 20, 34，則需要幾次 Pass 呢？

第一次 Pass	12	18	2	20	34	
	12	18	2	20	34	
	12	2	18	20	34	4 次比較
	12	2	18	20	34	
結果	12	2	18	20	(34)	

第二次 Pass	12	2	18	20	
	2	12	18	20	3 次比較
	2	12	18	20	
結果	2	12	18	(20)	

第三次 Pass	2	12	18	
	2	12	18	2 次比較
結果	2	12	(18)	

由於在第三次 Pass 時，已無互換的動作，此表示資料已完成排序了。

有關氣泡排序的程式實作，請參閱 12.10 節。

練習題

請利用氣泡排序，將下列的資料由小至大排列之。

15，8，20，7，66，54

12.2 選擇排序

選擇排序(selection sort)做法是，先在所有的資料中挑選一個最小的鍵值，放置在第一個位置，再從第二個開始，挑選一個最小的鍵值，放置於第二個位置，…，依此類推。例如有 5 個記錄，其鍵值為 18, 2, 20 ,34, 12。其排序的過程如下：

		18	2	20	34	12
step 1:	最小的鍵值為 2 →	2	18	20	34	12
step 2:	從 2 位置開始挑最小的為 12 →	2	12	20	34	18
step 3:	從 3 位置開始挑最小的為 18 →	2	12	18	34	20
step 4:	從 4 位置開始挑最小的為 20 →	2	12	18	20	34

有關選擇排序的程式實作，請參閱 12.10 節。

練習題

請利用選擇排序，將下列的資料由小至大排列之。

15，8，20，7，66，54，18，26

12.3 插入排序

插入排序(insertion sort)乃是依序將加入的資料置於適當的位置。若有五筆資料，分別為 45，39，12，25，30。第一筆資料是 45，將它放在第一個位置；由於第二筆資料 39 比第一筆資料 45 來得小，故交換之。接下來，第三筆資料是 12，由於它比前兩筆資料來得小，故將它放在最前面。第四筆資料為 25，應插入在 12 的後面，39 的前面。最後一筆的資料為 30，應加在 25 的後面，39 的前面。整個交換的過程如圖 12.3 所示。

j	x_0	x_1	x_2	x_3	x_4	x_5
2	$-\infty$	45	39	12	25	30
3	$-\infty$	39	45	12	25	30
4	$-\infty$	12	39	45	25	30
5	$-\infty$	12	25	39	45	30
	$-\infty$	12	25	30	39	45

圖 12.3 插入排序的運作過程

有關插入排序的程式實作，請參閱 12.10 節。

🖮 練習題

請利用插入排序，將下列的資料由小至大排列之。

15，8，20，7，66，54，18，26

12.4 合併排序

合併排序(merge sort)乃是將兩個或兩個以上已排序好的檔案，合併成一個大的檔案。例如有兩個已排序好的檔案，分別為甲 = {2, 10, 12, 18, 25}，乙 = {6, 16, 20, 32, 34}。合併排序的過程如下：甲檔案的第一個資料是 2，而乙檔案的第一個資料是 6，由於 2 小於 6，故將甲檔案的 2 寫入丙檔案的第一個資料，並取甲檔案的第二個資料 10，由於 10 比 6 大，故將乙檔案的 6 寫入丙檔案，並取乙檔案的第二個資料 16，由於 16 比 10 大，故將 10 寫入丙檔案；以此類推，最後丙檔案的資料為 {2, 6, 10, 12, 16, 18, 20, 25, 32, 34}。

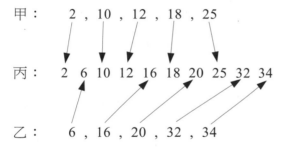

上述的合併排序是將兩個已排序的檔案合併成一個檔案。假使有 8 個未排序的資料 (18, 2, 20, 34, 12, 32, 6, 16)，其做法是先將資料分為 8 堆(8/1)，相鄰的兩個資料相互比較，之後資料變為 4 堆(8/2)，再加以合併成二堆(8/4)，最後合併為一堆。其排序的過程如下所示：

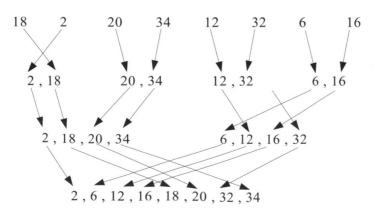

有關合併排序的程式實作，請參閱 12.10 節。

⌨ **練習題** --- ■

請利用合併排序，將下列的資料由小至大排列之。

15，8，20，7，66，54，18，26

--- ■

12.5 快速排序

快速排序(quicksort)又稱為劃分交換排序(partition exchange sorting)。就平均時間而言，快速排序的效率不錯，其 Big-O 為 O(nlog^n)。假設有 n 筆記錄分別為 R_1, R_2, R_3, …, R_k，其對應的鍵值為 K_1, K_2, K_3, …, K_n。快速排序的執行步驟如下：

1. 以第一個記錄的鍵值 k_1 做基準 K。

2. 由左至右 i = 2, 3, …, n，一直找到 $k_i \geq K$。

3. 由右至左 j = n, n-1, n-2, …, 2，一直找到 $k_j \leq K$。

4. 當 i < j 時，R_i 與 R_j 互換，否則 R_1 與 R_j 互換。

例如有十筆記錄，其鍵值分別為 39, 11, 48, 5, 77, 18, 70, 25, 55, 33，利用快速排序的執行過程如下：

R_1	R_2	R_3	R_4	R_5	R_6	R_7	R_8	R_9	R_{10}	
⟨39⟩	11	48	5	77	18	70	25	55	33	∵i < j ∴R_2 與 R_{10} 對調
	i								j	
⟨39⟩	11	33	5	77	18	70	25	55	48	∵i < j ∴R_5 與 R_8 對調
				i			j			
⟨39⟩	11	33	5	25	18	70	77	55	48	∵i > j ∴R_1 與 R_6 對調
				j	i					
[18	11	33	5	25]	39	[70	77	55	48]	

此時在 39 的左半部皆比 39 小，而右半部皆比 39 大。再利用相同的方法將左半部與右半部分別加以排序之。全部排序過程如下所示：

	R₁	R₂	R₃	R₄	R₅	R₆	R₇	R₈	R₉	R₁₀

	R₁	R₂	R₃	R₄	R₅	R₆	R₇	R₈	R₉	R₁₀
	39	11	48	5	77	18	70	25	55	33
	[18	11	33	5	25]	39	[70	77	55	48]
	[5	11]	18	[33	25]	39	[70	77	55	48]
	5	11	18	[33	25]	39	[70	77	55	48]
	5	11	18	25	33	39	[70	77	55	48]
	5	11	18	25	33	39	[55	48]	70	[77]
	5	11	18	25	33	39	48	55	70	[77]
	5	11	18	25	33	39	48	55	70	77

有關快速排序的程式實作，請參閱 12.10 節。

⌨ 練習題

請利用快速排序，將下列的資料由小至大排列之。

　15，8，20，7，66，54，18，26

12.6 堆積排序

堆積的特性乃是父節點皆大於其子節點，而不管左子節點和右子節點之間的大小。如何將二元樹調整為堆積，請參閱 6.7 節。堆積排序(Heap sort)就是利用堆積來排序資料。

若 A 陣列有十個資料分別：27, 7, 80, 5, 67, 18, 62, 24, 58, 25，則 A[1] = 27，A[2] = 7，A[3] = 80，A[4] = 5，...，A[10] = 25。先將這些資料以完整的二元樹表示，如圖 12.4 所示：

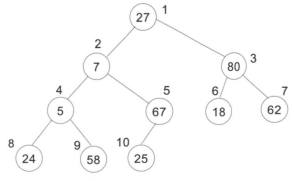

圖 12.4　一棵完整二元樹

現在利用堆積將這些資料由大至小排序之。

利用 7.1 節由下而上的方法，將圖 12.4 轉換為一棵 Max heap，如圖 12.5。

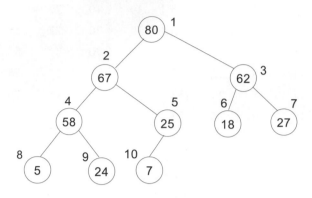

圖 12.5　由圖 12.4 所轉換的堆積

第 1 個節點的資料 80 最大，此時 80 與第 10 個(最後一個)的資料 7 對調，對調之後，最後一個資料就固定不動了，下面調整時資料量已減少 1 個。因此 i=1 時，原先堆積變成

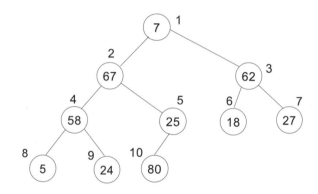

此時左、右子節點各為 67 和 62，由於 67 大於 62，因此將 67 與父節點 7 對調，以同樣的方法只要調整左半部即可(因為 67 在父節點的左邊)，而右半部不必做調整(因為右半段沒更動)，此時輸出 80。

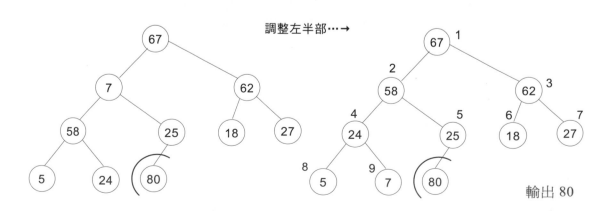

調整左半部…→

輸出 80

[i = 2]：承 i=1，先將樹根節點與 A[9]對調，其情形如下：

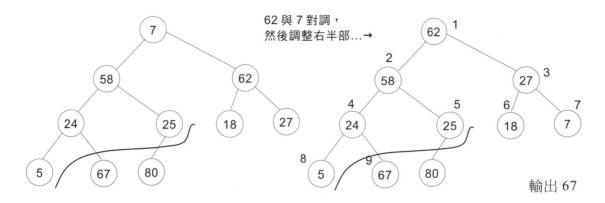

62 與 7 對調，
然後調整右半部...→

輸出 67

[i = 3]：承 i=2，先將樹根節點與 A[8]對調，其情形如下：

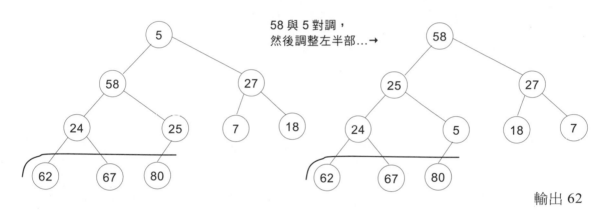

58 與 5 對調，
然後調整左半部...→

輸出 62

以此類推，最後的輸出結果為 80，67，62，58，27，25，24，18，7，5。

若您想利用 Heap sort 來處理由小至大的排序時，則可利用 Min heap 處理之。

有關堆積排序的程式實作，請參閱 12.10 節。

⌨ 練習題

請利用 Heap sort，將下列的資料由大至小排序之。

　　25，8，6，20，40，50

將上述的資料，利用 Heap sort 由大至小與由小至大排序之。

12.7 謝耳排序

謝耳排序(shell sort)的過程如下：假設陣列中有九筆資料。

1. 先將所有的資料分成 $Y = (9/2)$ 部份，即 $Y = 4$，Y 為資料間隔數，其中 1, 5, 9 是第一部份；2, 6 屬於第二部份；3, 7 是第三部份；4, 8 是第四部份。

2. 每一循環的資料間隔數是 Y，皆是上一循環的資料間隔數除 2，即 $Y_{i+1} = Y_i / 2$，最後一個循環的資料間隔數為 1。

3. 先比較每一部份的前兩個，如[1:5]，[2:6]，[3:7]，[4:8]。

4. 前兩個比較完成後，若有需要，再比較每一部份的第二個和第三個，看看是否要調換，記得還要和第一個比較。依此類推。

我們以一範例來說明之。假設有 9 筆資料如下：39, 11, 48, 5, 77, 18, 70, 25, 55。

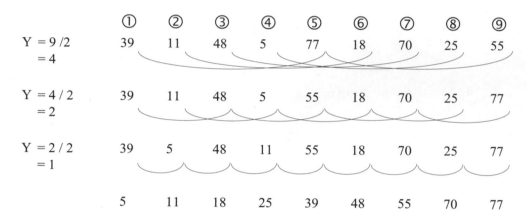

首先這九筆資料的間隔數是 4，我們可將這九筆資料分成四部份，如下所示：(39,77,55)，(11,18)，(48,70)，(5, 25)，將每部份由小至大排序之。接著，下一循環的資料的間隔數是 2，將資料劃分成二部份，如下所示：(39, 48, 55, 70, 77)，(11, 5, 18, 25)，每部份由小至大排序，最後資料的間隔數是 1，此時，資料只有一部份，如下所示：(39, 5, 48, 11, 55, 18, 70, 25, 77)，再將這一部份由小至大排序。有關謝耳排序的程式實作，請參閱 12.10 節。

⌨ 練習題

請利用謝耳排序，將下列的資料由小至大排列之。

　30，50，60，10，20，40，90，80

12.8 二元樹排序

二元樹排序(binary tree sort)乃是先將所有的資料建立成二元搜尋樹,再利用中序追蹤,其步驟如下:

1. 將第一個資料放在樹根。

2. 加入的資料皆與樹根相比較,若比樹根大,則往右邊找一適當的位置;反之,則往左邊找一適當的位置。

3. 二元搜尋樹建立後,再利用中序追蹤,就可得到由小至大的排序資料。

假設有十個資料如下:18, 2, 20, 34, 12, 32, 6, 16, 25, 10。依上述的步驟來建立二元樹之過程如下:

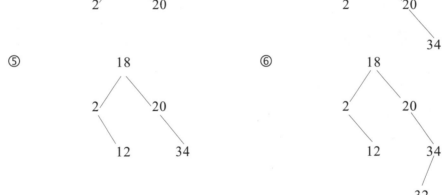

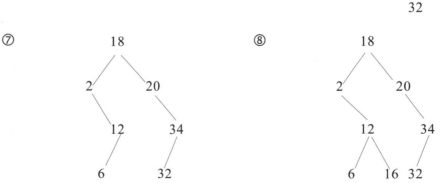

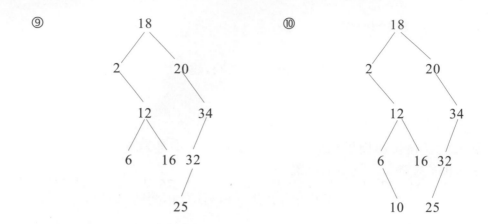

最後，利用中序追蹤便可得到由小至大的排序資料。

有關二元樹排序的程式實作，請參閱 12.10 節。

⌨ 練習題

請利用二元樹排序，將下列的資料由小至大排列之。

　25，8，6，20，40，50，15，30

12.9 基數排序

基數排序(radix sort)是依據每個記錄的鍵值，將其劃分為若干單元，把相同的單元放置在同一箱子。排序的過程可採用最低位數(Least significant digital，LSD)或最高位數(Most significant digit, MSD)。假設有 n 位數，使用 LSD，則需要 n 次的分配，若使用 MSD(即由左邊第一位開始)，則第一次分配後，資料已分為 m 堆，1 ≤ m ≤ n ，這時在每一堆的資料就可以利用插入排序來完成排序的工作。

假設有一檔案的記錄 $R_1, R_2, \cdots, R_n$，每筆記錄的鍵值是由 d 個數字所組成($x_1, x_2, \cdots, x_d$)，其中 $0 \le x_i < r$，因此，需要有 r 個箱子。又假設每一記錄均有一連結欄，每個箱子的記錄都連接在一起形成一鏈結串列。對於任何一箱子 i， 其 E(i)與 F(i)分別表示指到第 i 箱子的最後一筆記錄與第一筆記錄的指標，$0 \le i < r$。若今有 10 個記錄，其開始的鏈結串列如下所示：

R1	R2	R3	R4	R5	R6	R7	R8	R9	R10
199	228	326	118	879	882	76	32	291	56

199 → 228 → 326 → 118 → 879 → 882 → 76 → 32 → 291 → 56

然後利用 LSD 的基數做排序，首先以每一鍵值的個位數為基準，將之放置於對應的箱子，如下圖所示：

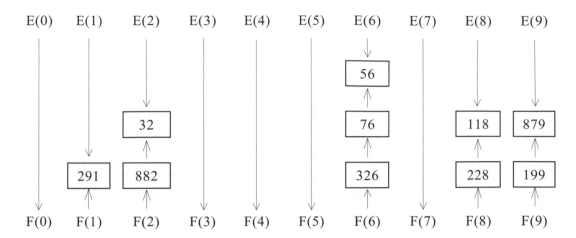

然後將每一箱的記錄連接成一鏈結串列，如下所示：

291 → 882 → 32 → 326 → 76 → 56 → 228 → 118 → 199 → 879

同樣的做法，再以每一鍵值的十位數為基準，將之放置於對應的箱子。如下圖所示：

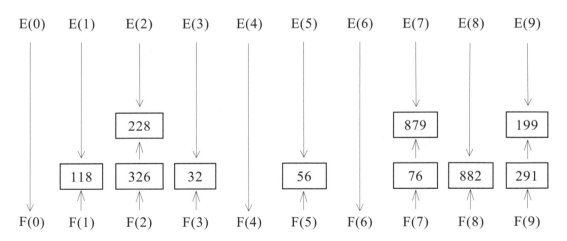

上圖所形成的鏈結串列如下所示：

118 → 326 → 228 → 32 → 56 → 76 → 879 → 882 → 291 → 199

最後，再以每一鍵值的百位數為基準，將之放入其所對應的箱子，如下圖所示：

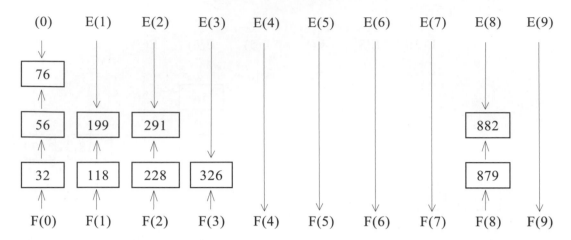

最後所形成的鏈結串列如下所示：

$$32 \rightarrow 56 \rightarrow 76 \rightarrow 118 \rightarrow 199 \rightarrow 228 \rightarrow 291 \rightarrow 326 \rightarrow 879 \rightarrow 882$$

此時排序已大功告成。

有關基數排序的程式實作，請參閱 12.10 節。

⌨ 練習題

請利用基數排序的 LSD 方法，將下列的資料由小至大排列之。

　192，231，395，116，880，887，65

12.10 程式實作

(一) 氣泡排序

📄 JAVA 程式語言實作》利用氣泡排序將資料由小到大排序之

```
01  package bubblesort;
02
03  /**
04   *
05   * @author Bright
06   * Version 3
07   * Update date: March 22, 2017
08   */
```

```java
09
10   import java.io.*;
11   import java.util.Scanner;
12
13   class BubbleSort
14   {
15       int temp = 0;
16       public void bubble_sort(int data[])
17       {
18           int size = 0, i = 0;
19           Scanner keyboard = new Scanner(System.in);
20           System.out.print("\nPlease enter number to sort ( enter 0 when end ):\n");
21           do {
22               System.out.printf("#%d number : ", ++i);
23               data[size] = keyboard.nextInt();
24           } while (data[size++] != 0);
25           for (i = 0; i < 60; i++)
26               System.out.print("-");
27           System.out.print("\n");
28           sorting(data, --size);   // --size 用於將資料為零者排除
29           for (i = 0; i < 60; i++)
30               System.out.print("-");
31           System.out.print("\nSorted data : ");
32           for (i = 0; i < size; i++)
33               System.out.print(data[i] + "  ");
34                   System.out.print("\n");
35
36       }
37
38       public void sorting(int data[], int size)
39       {
40           int base=0, compare=0, flag, k;
41
42           for (base = 0; base < size-1; base++)  { // 讓資料兩兩比較，將小的置於前
43               flag=0;
44               /* 印出第幾次的 Pass */
45               System.out.printf("#%d pass: \n", base+1);
46               for (compare = 0; compare < size-base-1; compare++) {
47                   if (data[compare] > data[compare+1]) {
48                       flag=1;
49                       temp = data[compare];
50                       data[compare] = data[compare+1];
51                       data[compare+1] = temp;
52                   }
```

```
53                   /* 印出每一次的 Compare */
54                   System.out.printf(" #%d compare: ", compare+1);
55
56                   for (k=0; k<size-base; k++)
57                       System.out.printf("%d ", data[k]);
58                   System.out.printf("\n");
59              }
60              /* 印出每一次 Pass 最後的資料 */
61              System.out.printf("#%d pass sorted data: ", base+1);
62              for (k = 0; k < size; k++)
63                  System.out.printf("%d ", data[k]);
64              System.out.print("\n\n");
65              if (flag != 1)
66                  break;
67          }
68      }
69
70      public static void main (String args[])
71      {
72          BubbleSort obj = new BubbleSort();
73          int[] data = new int[20];
74
75          obj.bubble_sort(data);
76      }
77  }
```

輸出結果

```
Please enter number to sort ( enter 0 when end ):
#1 number : 18
#2 number : 17
#3 number : 20
#4 number : 14
#5 number : 15
#6 number : 2
#7 number : 0
-------------------------------------------------------------
#1 pass:
 #1 compare: 17 18 20 14 15 2
 #2 compare: 17 18 20 14 15 2
 #3 compare: 17 18 14 20 15 2
 #4 compare: 17 18 14 15 20 2
 #5 compare: 17 18 14 15 2 20
#1 pass sorted data: 17 18 14 15 2 20

#2 pass:
 #1 compare: 17 18 14 15 2
```

```
 #2 compare: 17 14 18 15 2
 #3 compare: 17 14 15 18 2
 #4 compare: 17 14 15 2 18
#2 pass sorted data: 17 14 15 2 18 20

#3 pass:
 #1 compare: 14 17 15 2
 #2 compare: 14 15 17 2
 #3 compare: 14 15 2 17
#3 pass sorted data: 14 15 2 17 18 20

#4 pass:
 #1 compare: 14 15 2
 #2 compare: 14 2 15
#4 pass sorted data: 14 2 15 17 18 20

#5 pass:
 #1 compare: 2 14
#5 pass sorted data: 2 14 15 17 18 20

-----------------------------------------------------------
Sorted data : 2  14  15  17  18  20
```

(二) 選擇排序

📖 JAVA 程式語言實作》利用選擇排序將資料由小到大排序之

```java
01  package selectionsort;
02
03  /**
04   *
05   * @author Bright
06   * Version 3
07   * Update date: March 22 2017
08   */
09
10  import java.io.*;
11  import java.util.Scanner;
12
13  class SelectionSort
14  {
15      static int temp = 0;
16
17      public static void selectionSorting(int data2[])
18      {
19          Scanner keyboard = new Scanner(System.in);
20          String st="";
```

```
21          int size = 0, i = 0;
22
23          System.out.print("\nEnter number to sort ( enter 0 to exit ):\n");
24          do {
25              System.out.printf("#%d number : ", ++i);
26              data2[size] = keyboard.nextInt();
27          } while (data2[size++] != 0);
28
29          for (i = 0; i < 60; i++)
30              System.out.print("-");
31          System.out.print("\n");
32
33          System.out.print("\nOriginal data: ");
34          for (i = 0; i < size-1; i++)
35              System.out.print(data2[i] + "  ");
36          System.out.print("\n\n");
37
38          sorting(data2, --size);
39          for (i = 0; i < 60; i++)
40              System.out.print("-");
41          System.out.print("\nFinal sorted data: ");
42          for (i = 0; i < size; i++)
43              System.out.print(data2[i] + "  ");
44      System.out.print("\n");
45      }
46
47      public static void sorting(int data6[], int size)
48      {
49          int base=0, compare=0, min=0, i;
50
51          // 將目前資料與後面資料中最小的對調
52          for (base = 0; base < size-1; base++) {
53              min = base;
54              for (compare = base+1; compare < size; compare++)
55                  if (data6[compare] < data6[min])
56                      min = compare;
57              System.out.printf("#%d selected data is : %d\n", base+1, data6[min]);
58
59              /* 處理交換的動作 */
60              temp = data6[min];
61              data6[min] = data6[base];
62              data6[base] = temp;
63
64              System.out.print("Partial sorted data: ");
```

```
65              for (i = 0; i < size; i++)
66                  System.out.print(data6[i] + "   ");
67              System.out.print("\n\n");
68          }
69      }
70
71      public static void main (String args[])  // 主函數
72      {
73          SelectionSort obj = new SelectionSort();
74          int[] data = new int[20];
75          obj.selectionSorting(data);
76      }
77  }
```

輸出結果

```
Please enter number to sort ( enter 0 when end ):
#1 number : 18
#2 number : 17
#3 number : 20
#4 number : 14
#5 number : 15
#6 number : 2
#7 number : 0
-------------------------------------------------------------

Original data: 18  17  20  14  15  2

#1 selected data is : 2
Partial sorted data: 2  17  20  14  15  18

#2 selected data is : 14
Partial sorted data: 2  14  20  17  15  18

#3 selected data is : 15
Partial sorted data: 2  14  15  17  20  18

#4 selected data is : 17
Partial sorted data: 2  14  15  17  20  18

#5 selected data is : 18
Partial sorted data: 2  14  15  17  18  20


-------------------------------------------------------------
Final sorted data: 2  14  15  17  18  20
```

(三) 插入排序

JAVA 程式語言實作》 利用插入排序將資料由小到大排序之

```java
01  package insertionsort;
02
03  /**
04   *
05   * @author Bright
06   * Version 3
07   * Update date: March 22, 2017
08   */
09
10  import java.io.*;
11  import java.util.Scanner;
12
13  class InsertionSort
14  {
15      int temp = 0;
16
17      public void Insertion_Sort(int data[])
18      {
19          Scanner keyboard = new Scanner(System.in);
20          int size=0,i=0;
21
22          System.out.print("\nPlease enter number to sort ( enter 0 when end ):\n");
23          do {   // 要求輸入資料直到輸入為零
24              System.out.printf("#%d number : ", ++i);
25              data[size] = keyboard.nextInt();
26          } while (data[size++] != 0);
27          for (i = 0; i < 60; i++)
28              System.out.print("-");
29          System.out.print("\n");
30          sorting(data, --size);         // --size 用於將資料為零者排除
31          for (i = 0; i < 60; i++)
32              System.out.print("-");
33          System.out.print("\nFinal sorted data: ");
34          for (i = 0; i < size; i++)
35              System.out.print(data[i] + "  ");
36                  System.out.print("\n");
37      }
38
39      public void sorting(int data[], int size)
40      {
```

```
41          int base = 0, compare = 0, i = 0;
42          System.out.printf("First data is %d\n\n", data[0]);
43
44      // 當資料小於第一筆，則插於前方，否則與後面資料比對找出插入位置
45      for (base = 1; base < size; base++) {
46          temp = data[base];
47          compare = base;
48          System.out.printf("Inserting data is %d\n", data[base]);
49          while (compare > 0 && data[compare-1] > temp) {
50              data[compare] = data[compare-1];
51              data[compare-1]=temp;
52              compare--;
53          }
54
55          System.out.printf("After #%d insertion: ", base);
56          for (i = 0; i <= base; i++)
57              System.out.print(data[i] + "   ");
58          System.out.print("\n\n");
59      }
60  }
61
62  public static void main (String args[])
63  {
64      InsertionSort obj = new InsertionSort();
65      int[] data = new int[20];
66
67      obj.Insertion_Sort(data);
68  }
69 }
```

輸出結果

```
Please enter number to sort ( enter 0 when end ):
#1 number : 18
#2 number : 17
#3 number : 20
#4 number : 14
#5 number : 15
#6 number : 2
#7 number : 0
------------------------------------------------------------
First data is 18

Inserting data is 17
After #1 insertion: 17   18
```

```
Inserting data is 20
After #2 insertion: 17  18  20

Inserting data is 14
After #3 insertion: 14  17  18  20

Inserting data is 15
After #4 insertion: 14  15  17  18  20

Inserting data is 2
After #5 insertion: 2  14  15  17  18  20


------------------------------------------------------------
Final sorted data: 2  14  15  17  18  20
```

(四) 合併排序

📋 **JAVA 程式語言實作》** 利用合併排序將資料由小到大排序之

```java
01   package mergesort;
02
03   /**
04    *
05    * @author Bright
06    * Version 3
07    * Update date: March 23, 2017
08    */
09
10   import java.io.*;
11   import java.util.Scanner;
12
13   class MergeSort
14   {
15       int[] data1 = new int[10];
16       int[] data2 = new int[10];
17       int[] data3 = new int[20];
18
19       public void merge_sort()
20       {
21           Scanner keyboard = new Scanner(System.in);
22           String st="";
23           int size1=0, size2=0, i=0, j=0;
24
25           System.out.print("\nPlease enter data 1 to sort ( enter 0 when end ):\n");
26           do {
```

```
27              System.out.printf("#%d number : ", ++i);
28              data1[size1] = keyboard.nextInt();
29          } while (data1[size1++] != 0);
30          System.out.print("\nPlease enter data 2 to sort ( enter 0 when end ):\n");
31
32          do {
33              System.out.printf("#%d number : ", ++j);
34              data2[size2] = keyboard.nextInt();
35          } while (data2[size2++] != 0);
36
37          // 先使用選擇排序將兩數列排序，再作合併
38          select_sort(data1, --size1);
39          select_sort(data2, --size2);
40
41          for (i = 0; i < 60; i++)
42              System.out.print("-");
43          System.out.print("\nData 1 : ");
44          for (i = 0; i < size1; i++)
45              System.out.print(data1[i] + "  ");
46          System.out.print("\nData 2 : ");
47          for (i = 0; i < size2; i++)
48              System.out.print(data2[i] + "  ");
49          System.out.print("\n");
50          for (i = 0; i < 60; i++)
51              System.out.print("-");
52          System.out.print("\n");
53          sorting(size1, size2);
54          for (i = 0; i < 60; i++)
55              System.out.print("-");
56          System.out.print("\nFinal sorted data: ");
57          for (i = 0; i < size1+size2; i++)
58              System.out.print(data3[i] + "  ");
59                  System.out.print("\n");
60
61      }
62
63      public void select_sort(int data[], int size)
64      {
65          int base=0, compare=0, min=0;
66          int temp;
67
68          for (base = 0; base < size-1; base++) {
69              min = base;
70              for (compare = base+1; compare < size; compare++)
```

```
71          if (data[compare] < data[min])
72              min = compare;
73        temp = data[min];
74        data[min] = data[base];
75        data[base] = temp;
76      }
77    }
78
79    public void sorting(int size1, int size2)
80    {
81      int arg1 = 0, arg2 = 0, arg3 = 0, i = 0;
82
83      data1[size1] = 32767;
84      data2[size2] = 32767;
85      arg1 = 0;
86      arg2 = 0;
87      for (arg3 = 0; arg3 < size1+size2; arg3++) {
88        if (data1[arg1] < data2[arg2]) { // 比較兩數列，資料小的先存於合併後的數列
89            data3[arg3] = data1[arg1];
90            arg1++;
91            System.out.printf("This step takes %d from data1\n", data3[arg3]);
92        }
93        else {
94            data3[arg3] = data2[arg2];
95            arg2++;
96            System.out.printf("This step takes %d from data2\n", data3[arg3]);
97        }
98        System.out.print("Sorting...: ");
99        for (i = 0; i < arg3+1; i++)
100           System.out.print(data3[i] + "  ");
101       System.out.print("\n\n");
102     }
103   }
104
105   public static void main (String args[])
106   {
107     MergeSort obj = new MergeSort();
108     obj.merge_sort();
109   }
110 }
```

🔍 輸出結果

```
Please enter data 1 to sort ( enter 0 when end ):
#1 number : 9
#2 number : 7
#3 number : 5
#4 number : 4
#5 number : 3
#6 number : 1
#7 number : 0

Please enter data 2 to sort ( enter 0 when end ):
#1 number : 10
#2 number : 8
#3 number : 6
#4 number : 4
#5 number : 2
#6 number : 0
----------------------------------------------------------
Data 1 : 1  3  4  5  7  9
Data 2 : 2  4  6  8  10
----------------------------------------------------------
This step takes 1 from data1
Sorting...: 1

This step takes 2 from data2
Sorting...: 1  2

This step takes 3 from data1
Sorting...: 1  2  3

This step takes 4 from data2
Sorting...: 1  2  3  4

This step takes 4 from data1
Sorting...: 1  2  3  4  4

This step takes 5 from data1
Sorting...: 1  2  3  4  4  5

This step takes 6 from data2
Sorting...: 1  2  3  4  4  5  6

This step takes 7 from data1
Sorting...: 1  2  3  4  4  5  6  7

This step takes 8 from data2
Sorting...: 1  2  3  4  4  5  6  7  8
```

```
This step takes 9 from data1
Sorting...: 1  2  3  4  4  5  6  7  8  9

This step takes 10 from data2
Sorting...: 1  2  3  4  4  5  6  7  8  9  10

-------------------------------------------------------------
Final sorted data: 1  2  3  4  4  5  6  7  8  9  10
```

(五) 快速排序

JAVA 程式語言實作》 利用快速排序將資料由小到大排序之

```
01   package quicksort;
02
03   /**
04    *
05    * @author Bright
06    * Version 3
07    * Update date: March 23, 2017
08    */
09
10
11   import java.io.*;
12   import java.util.Scanner;
13
14   class QuickSort
15   {
16       int temp = 0;
17
18       public void quick_sort(int data[])
19       {
20           Scanner keyboard = new Scanner(System.in);
21           String st="";
22           int size = 0, i = 0;
23
24           System.out.print("\nPlease enter number to sort ( enter 0 when end ):\n");
25           do {
26               System.out.printf("#%-2d number : ", ++i);
27               data[size] = keyboard.nextInt();
28           } while (data[size++] != 0);
29           for (i = 0; i < 60; i++)
30               System.out.print("-");
31           System.out.print("\n");
32           sorting(data, 0, --size-1, size-1);
```

```
33       for (i = 0; i < 60; i++)
34           System.out.print("-");
35       System.out.print("\nFinal sorted data : ");
36       for (i = 0; i < size; i++)
37           System.out.print(data[i] + "  ");
38               System.out.print("\n");
39
40   }
41
42   public void sorting(int data[], int left, int right, int size)
43   {   // left 與 right 分別表欲排序資料兩端
44
45       int lbase = 0, rbase = 0, i = 0;
46       if (left < right) {
47           lbase = left+1;
48           while (data[lbase] < data[left]) {
49               if (lbase+1>size)
50                   break;
51               lbase++;
52           }
53           rbase = right;
54           while (data[rbase] > data[left])
55               rbase--;
56           while (lbase < rbase) { // 若 lbase 小於 rbase，則兩資料對調
57               temp = data[lbase];
58               data[lbase] = data[rbase];
59               data[rbase] = temp;
60               lbase++;
61               while (data[lbase] < data[left])
62                   lbase++;
63               rbase--;
64               while (data[rbase] > data[left])
65                   rbase--;
66           }
67           temp = data[left];   // 此時 lbase 大於 rbase，則 rbase 的資料與第一筆對調
68           data[left] = data[rbase];
69           data[rbase] = temp;
70           System.out.print("sorting : ");
71           for (i = 0; i <= size; i++)
72               System.out.printf("%4d", data[i]);
73           System.out.print("\n");
74           sorting(data, left, rbase-1, size);
75           sorting(data, rbase+1, right, size);
76       }
```

```
77        }
78
79      public static void main (String args[])
80      {
81          QuickSort obj = new QuickSort();
82          int[] data = new int[20];
83          obj.quick_sort(data);
84      }
85  }
```

📖 輸出結果

```
Please enter number to sort ( enter 0 when end ):
#1   number : 39
#2   number : 11
#3   number : 48
#4   number : 5
#5   number : 77
#6   number : 18
#7   number : 70
#8   number : 25
#9   number : 55
#10  number : 33
#11  number : 0
------------------------------------------------------------
sorting :   18  11  33   5  25  39  70  77  55  48
sorting :    5  11  18  33  25  39  70  77  55  48
sorting :    5  11  18  33  25  39  70  77  55  48
sorting :    5  11  18  25  33  39  70  77  55  48
sorting :    5  11  18  25  33  39  55  48  70  77
sorting :    5  11  18  25  33  39  48  55  70  77
------------------------------------------------------------
Final sorted data : 5   11  18  25  33  39  48  55  70  77
```

(六) 堆積排序

📑 **JAVA 程式語言實作》** 利用堆積排序將資料由小到大排序之

```
01  package heapsort;
02
03  /**
04   *
05   * @author Bright
06   * Version 3
07   * Update date: March 23, 2017
08   */
09
10  import java.io.*;
```

```
11   class HeapSort
12   {
13       int temp;
14       public void heap_sort(int data[])
15       {
16           int i, j, k;
17
18           System.out.print("\n<< Heap sort >>\n");
19           System.out.print("Number : ");
20           for (k = 1; k <= 10; k++)
21               System.out.printf("%2d  ", data[k]);
22           System.out.print("\n");
23           for (k = 0; k < 60; k++)
24               System.out.print("-");
25           for (i = 10/2; i > 0; i--)
26               adjust(data, i, 10);
27           System.out.print("\nHeap    : ");
28           for (k = 1; k <= 10; k++)
29               System.out.printf("%2d  ", data[k]);
30           for (i = 9; i > 0; i--) {
31               temp = data[i+1];
32               data[i+1] = data[1];
33               data[1] = temp;            // 將樹根和最後的節點交換
34               adjust(data, 1, i);        // 再重新調整為堆積樹
35               System.out.print("\nSorting : ");
36               for (k = 1; k <= 10; k++)
37                   System.out.printf("%2d  ", data[k]);
38           }
39           System.out.print("\n");
40           for (k = 0; k < 60; k++)
41               System.out.print("-");
42           System.out.print("\nFinal sorted data: ");
43           for (k = 1; k <= 10; k++)
44               System.out.print(data[k] + "  ");
45                   System.out.print("\n");
46
47       }
48
49       public void adjust(int data[], int i, int n)   // 將資料調整為堆積樹
50       {
51           int j, k, done = 0;
52           k = data[i];
53           j = 2*i;
54           while ((j <= n) && (done == 0)) {
```

```
55          if ((j < n) && (data[j] < data[j+1]))
56              j++;
57          if (k >= data[j])
58              done = 1;
59          else {
60              data[j/2] = data[j];
61              j *= 2;
62          }
63      }
64      data[j/2] = k;
65  }
66
67  public static void main (String args[])
68  {
69      HeapSort obj = new HeapSort();
70      int[] data = {0, 27, 7, 80, 5, 67, 18, 62, 24, 58, 25};
71      obj.heap_sort(data);
72  }
73 }
```

📋 輸出結果

```
<< Heap sort >>
Number : 27   7  80   5  67  18  62  24  58  25
-------------------------------------------------------------
Heap    : 80  67  62  58  25  18  27  24   5   7
Sorting : 67  58  62  24  25  18  27   7   5  80
Sorting : 62  58  27  24  25  18   5   7  67  80
Sorting : 58  25  27  24   7  18   5  62  67  80
Sorting : 27  25  18  24   7   5  58  62  67  80
Sorting : 25  24  18   5   7  27  58  62  67  80
Sorting : 24   7  18   5  25  27  58  62  67  80
Sorting : 18   7   5  24  25  27  58  62  67  80
Sorting :  7   5  18  24  25  27  58  62  67  80
Sorting :  5   7  18  24  25  27  58  62  67  80
-------------------------------------------------------------
Final sorted data: 5  7  18  24  25  27  58  62  67  80
```

(七) 謝耳排序

📝 **JAVA 程式語言實作》** 利用謝耳排序將資料由小到大排序之

```
01  package shellsort;
02
03  /**
04   *
05   * @author Bright
```

```
06      * Version 3
07      * Update date: March 23, 2017
08      */
09
10   import java.io.*;
11   class ShellSort
12   {
13       final static int MAX = 9;
14       int temp=0;
15
16       public void shell_sort(int data[])
17       {
18           int i=0, j=0, k=0, incr=0;
19
20           incr = MAX/2;
21           while (incr > 0) {
22               for (i = incr+1; i <= MAX; i++) {
23                   j = i - incr;
24                   while (j > 0)
25                       if (data[j] > data[j+incr]) { // 比較每部份的資料
26                                  // 大小順序不對則交換
27                           temp = data[j];
28                           data[j] = data[j+incr];
29                           data[j+incr] = temp;
30                           j = j - incr;
31                       } else
32                           j=0;
33               }
34               System.out.print("\nSorting: ");
35               for (i = 1; i <= MAX; i++)
36                   System.out.printf("%3d ", data[i]);
37               incr = incr/2;
38           }
39       }
40
41       public static void main (String args[])
42       {
43           ShellSort obj = new ShellSort();
44           int[] data = {0, 39, 11, 48, 5, 77, 18, 70, 25, 55};
45           int i, k;
46
47           System.out.printf("\n<< Shell sort >>\n");
48           System.out.printf("Number : ");
49           for (i = 1; i < 10; i++)
```

```
50              System.out.printf("%3d ", data[i]);
51          System.out.print("\n");
52          for (k = 0; k < 60; k++)
53          System.out.print("-");
54          obj.shell_sort(data);
55          System.out.print("\n");
56          for (k = 0; k < 60; k++)
57              System.out.print("-");
58          System.out.printf("\nFinal sorted data: ");
59          for (i = 1; i <= MAX; i++)
60              System.out.printf("%3d ", data[i]);
61       System.out.print("\n");
62      }
63  }
```

輸出結果

```
<< Shell sort >>
Number :  39  11  48   5  77  18  70  25  55
------------------------------------------------------------
Sorting:  39  11  48   5  55  18  70  25  77
Sorting:  39   5  48  11  55  18  70  25  77
Sorting:   5  11  18  25  39  48  55  70  77
------------------------------------------------------------
Final sorted data:   5  11  18  25  39  48  55  70  77
```

(八) 二元樹排序

JAVA 程式語言實作》 利用二元樹排序將資料由小到大排序之

```
01  package binarytreesort;
02
03  /**
04   *
05   * @author Bright
06   * Version 3
07   * Update date: March 23, 2017
08   */
09
10  import java.io.*;
11
12  class Node_type
13  {
14      public int num;
15      public Node_type lbaby, rbaby;
16  }
```

```
17
18    class BinaryTreeSort
19    {
20        Node_type root, tree, leaf;
21
22        public void binary_sort(int data[])
23        {
24            String st="";
25            int i=0;
26
27            System.out.print("\n<<Binary Tree Sort>> \n");
28            System.out.print("Number : ");
29            for (i = 0; i < 10; i++)
30                System.out.printf("%4d ", data[i]);
31            System.out.print("\n");
32            for (i = 0; i < 60; i++)
33                System.out.print("-");
34            root = new Node_type();
35            root.num = data[0];  // 建立樹根
36            root.lbaby = null;
37            root.rbaby = null;
38            System.out.print("\nSorting: ");
39            output(root);
40            leaf = new Node_type();
41            for (i = 1; i < 10; i++) { // 建立樹枝
42                leaf.num = data[i];
43                leaf.lbaby = null;
44                leaf.rbaby = null;
45                find(leaf.num, root);
46                if (leaf.num > tree.num)   // 若比父節點大，則放在右子樹
47                    tree.rbaby = leaf;
48                else                        // 否則放在左子樹
49                    tree.lbaby = leaf;
50                System.out.print("\nSorting: ");
51                output(root);
52                leaf = new Node_type();
53            }
54            System.out.print("\n");
55            for (i = 0; i < 60; i++)
56                System.out.print("-");
57            System.out.print("\nFinal sorted data: ");
58            output(root);
59                    System.out.print("\n");
60        }
```

```
61
62        public void find(int input, Node_type papa)
63        {
64            if ((input > papa.num) && (papa.rbaby != null))
65                find (input, papa.rbaby);
66            else
67                if ((input < papa.num) && (papa.lbaby != null))
68                    find (input, papa.lbaby);
69                else
70                    tree = papa;
71        }
72
73        // 印出資料
74        public void output(Node_type node) // 用中序追蹤將資料印出
75        {
76            if (node != null) {
77                output(node.lbaby);
78                System.out.printf("%4d ", node.num);
79                output(node.rbaby);
80            }
81        }
82        public static void main(String args[])
83        {
84            BinaryTreeSort obj = new BinaryTreeSort();
85            int[] data = {18, 2, 20, 34, 12, 32, 6, 16, 25, 10};
86
87            obj.binary_sort(data);
88        }
89    }
```

輸出結果

```
<<Binary Tree Sort>>
Number :   18    2   20   34   12   32    6   16   25   10
-----------------------------------------------------------
Sorting:   18
Sorting:    2   18
Sorting:    2   18   20
Sorting:    2   18   20   34
Sorting:    2   12   18   20   34
Sorting:    2   12   18   20   32   34
Sorting:    2    6   12   18   20   32   34
Sorting:    2    6   12   16   18   20   32   34
Sorting:    2    6   12   16   18   20   25   32   34
Sorting:    2    6   10   12   16   18   20   25   32   34
```

```
-----------------------------------------------------------------
Final sorted data:    2    6   10   12   16   18   20   25   32   34
```

(九) 基數排序

JAVA 程式語言實作》 利用基數排序將資料由小到大排序之

```
01   package radixsort;
02
03   /**
04    *
05    * @author Bright
06    * Version 3
07    * Update date: March 23, 2017
08    */
09
10   import java.io.*;
11
12   class RadixSort
13   {
14       public void radix_sort(int data[], int order[])
15       {
16           int i, j, k = 0, n = 1, lsd;
17           int[][] temp = new int[10][10];
18
19           while(n <= 100) {
20               for (i = 0; i < 10; i++) {
21                   lsd = ((data[i]/n) % 10);
22                   temp[lsd][order[lsd]] = data[i];   // 依餘數將資料分類
23                   order[lsd]++;
24               }
25               System.out.print("\nSorting: ");
26               for (i = 0; i < 10; i++) {
27                   if (order[i] != 0)
28                       for (j = 0; j < order[i]; j++) {
29                               // 依分類後的順序將資料重新排列
30                               data[k] = temp[i][j];
31                               System.out.printf("%5d ", data[k]);
32                               k++;
33                       }
34                   order[i] = 0;
35               }
36               n *= 10;
37               k = 0;
```

```
38          }
39      }
40
41      public static void main(String args[])
42      {
43          RadixSort obj = new RadixSort();
44          int[] data = {199, 228, 326, 118, 879, 882, 76, 32, 291, 56};
45          int[] order = {0, 0, 0, 0, 0, 0, 0, 0, 0, 0};
46          int i;
47
48          System.out.printf("\n<< Radix sort >>\n");
49          System.out.printf("\nNumber : ");
50          for (i = 0; i < 10; i++)
51              System.out.printf("%5d ", data[i]);
52          System.out.println("");
53          for (i = 0; i < 70; i++)
54              System.out.printf("-");
55          obj.radix_sort(data, order);
56          System.out.println("");
57          for (i = 0; i < 70; i++)
58              System.out.printf("-");
59          System.out.print("\nFinalsorted data:\n");
60          for (i = 0; i < 10; i++)
61              System.out.printf("%5d ", data[i]);
62          System.out.printf("\n");
63      }
64  }
```

輸出結果

```
<< Radix sort >>

Number :   199   228   326   118   879   882    76    32   291    56
-------------------------------------------------------------------
Sorting:   291   882    32   326    76    56   228   118   199   879
Sorting:   118   326   228    32    56    76   879   882   291   199
Sorting:    32    56    76   118   199   228   291   326   879   882
-------------------------------------------------------------------
Finalsorted data:
    32    56    76   118   199   228   291   326   879   882
```

12.11 動動腦時間

1. 有 10 個未排序的資料陣列 45, 83, 7, 61, 12, 99, 44, 77, 14, 29

   (a) 求出對應的二元樹？[12.6]

   (b) 求出這棵二元樹的堆積？[12.8]

   (c) 如何表示一堆積？以上列之資料為例說明之。[12.8]

   (d) 試問堆積排序的在第二個步驟與第三步驟之後，上述陣列的排列如何。
   [12.8]

2. 何謂 radix sorting？請以一例說明之。一般而言 radix sorting 有兩種方法，一為利用 MSD 排序，二為利用 LSD 排序，簡述這兩種方法之間有何不同，並說明何者為優。[12.9]

3. 6 有一組未排序的資料 12, 2, 16, 30, 8, 26, 4, 10, 20, 6, 18，請利用以下的排序方法將資料由小到大排序之完成之，並寫出其過程。

   (a) insertion sort [12.3]

   (b) merge sort [12.4]

   (c) quick sort [12.5]

   (d) Heap sort [12.6]

   (e) shell sort [12.7]

   (f) binary tree sort [12.8]

   (g) bubble sort [12.1]

   (h) radix sort [12.9]

   (i) selection sort [12.2]

4. 有一組未排序的資料如下：179, 208, 306, 93, 859, 984, 55, 9, 271, 33，請利用基數排序的 MSD 方法將資料由小到大排序之。[12,9]

13

搜尋

搜尋(searching)和上一章的排序都是日常生活中常用到的方法,如在電話簿中取得某人的電話號碼。常用的搜尋方法計有循序搜尋(sequential search)、二元搜尋(binary search)及雜湊函數(hashing function)。

13.1 循序搜尋

循序搜尋又稱為線性搜尋(linear search)。這是一種最簡單的搜尋方法,作法是從頭開始,依序比對。假設有一檔案的資料如下:21, 35, 25, 9, 18, 36,若欲搜尋 25,則需比較 3 次;搜尋 21 僅需比較 1 次;搜尋 36 則要比較 6 次;搜尋 100,則出現無此資料的訊息。由此可知,當 n 很大時,利用循序搜尋不太合適,僅適用於小檔案。一般而言,循序搜尋的效率不是很好,其 Big-O 為 O(n)。

有關循序搜尋的程式實作,請參閱 13.4 節。

13.2 二元搜尋

二元搜尋的作法是從資料中間的那一筆記錄(假設 M)開始比較。若欲搜尋的鍵值小於 M 的鍵值,則往 M 之前的記錄繼續搜尋;否則,搜尋 M 以後的記錄,以此反覆進行,直到鍵值被找到或欲搜尋的鍵值不存在為止。但在使用二元搜尋法之前,必需先將資料排序好。

舉例來說，假設有一已排序好的資料如下：12, 23, 29, 38, 44, 57, 64, 75, 82, 98。若以二元搜尋法找尋 82，則先從資料的中間項 mid = $\lfloor (low + high)/2 \rfloor$ = $((1+10)/2)$ = 5(第 5 筆資料) 開始比對，如下所示：

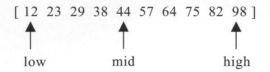

第 5 筆的資料為 44，因它小於欲搜尋的 82，故往中間項 mid 後面的資料[57, 64, 75, 82, 98]，繼續搜尋，此時 mid = $\lfloor (6+10)/2 \rfloor$ = 8 (表示第 8 筆資料)

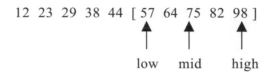

由於第 8 筆資料 75，仍小於 82，所以必須再往 mid 後面的資料[82, 98]來搜尋，此時 mid = $((9+10)/2)$ = 9 (表示第 9 筆資料)

第 9 筆資料為 82，Bingo! 這正是我們所要找尋的資料。

假設有 n 筆資料，二元搜尋法在每一次比較後，合乎被搜尋的資料會從 1/2，1/4，1/8，1/16，…一直遞減，在第 k 次比較時，只剩下[$n / 2^k$]。最差的情況是只剩下一筆資料，亦即 $n / 2^k = 1$ ，兩邊取 $\log_2$，得到 $k = \log_2 n$ ，此表示比較次數為 $\log_2 n$ 。二元搜尋的 Big-O 為 $O(\log_2 n)$。

有關二元搜尋的程式實作，請參閱 13.4 節。

⌨ 練習題

有一已排序好的資料如下：

 11，22，33，44，55，66，77，88，99，111，222，333

試問利用二元搜尋法分別搜尋 33，555 需要多少次的比較？

13.3 雜湊搜尋

雜湊搜尋(hashing)與上述的搜尋不太一樣。雜湊搜尋乃將鍵值(key value)或識別字(identifier) 經由雜湊函數(hashing function)轉換，從而得到某一記憶體的位址，如圖 13-1 所示。雜湊函數又稱為鍵值對應位址轉換函數(key to address transformation)。此函數能在有限的儲存空間，快速的完成加入、刪除及搜尋的動作。雜湊搜尋在沒有碰撞(collision)及溢位(overflow)的情況下，只要一次就可擷取到資料。

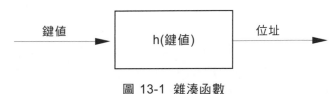

圖 13-1 雜湊函數

13.3.1 雜湊函數

一般常用的雜湊函數有下列三種方法：

1. 平方後取中間值法(mid -square)

   此種方法乃是先將鍵值加以平方，然後視儲存空間的大小來決定要取幾位數。例如，有一鍵值是 510324，而其儲存空間為 1000；將 510324 平方後，其值為 260430584976 ，假設由左往右算起，取其第六位至第八位，此時 058 就是鍵值 510324 所儲存的位址。

2. 除法(division)

   此種方法是將鍵值利用模數運算(%)後，其餘數即為此鍵值所對應的位址，亦即 $F_d(x) = x \% m$ ，從函式所得到的位址範圍是 0 至(m-1)之間。而 m 值的最佳選擇為不小於 20 的質數。

3. 數位分析法(digit analysis)

   此種方法適合大的靜態資料，亦即所有的鍵值均事先知道，然後再檢查鍵值的所有位數，分析每一位數是否分佈均勻，先將不均勻的位數刪除，再根據儲存空間的大小來決定要取多少位數。如有 7 個學生的學號分別為：

   484-52-2352   484-91-3789

   484-32-8282   484-48-9782

   484-64-1688   484-98-5487

   484-29-3663

很容易看出在這 7 個鍵值中 1、2、3 位(由左邊算起)的數值顯得太不均勻，故刪除第 1，2，3 位數，再觀察第 8 位數也出現太多 8，故加以刪除，假設有 1000 個儲存空間，而且挑選每一鍵值的 4,6,7 位數做為儲存的位址，分別為 523, 937, 382, 497, 616, 954, 236。

我們可以利用上述三種方法將鍵值(或識別字)轉換為湊雜表(Hash table)的對應位址。在雜湊表內將儲存空間劃分為 b 個桶(bucket)，分別為 HT(0)，HT(1)，HT(2)，…，HT(b-1)。每個桶可儲存 S 個記錄，亦即每一桶是由 S 個槽(slot)所組成。因此，雜湊函數是將鍵值加以轉換，然後對應到雜湊表的 0 至 b-1 桶中。

假設在某一種程式語言中，變數名稱只能有六位數，故合法的變數名稱共有 $T=\sum_{0 \leq i \leq 5} 26 \times 36^i$。並假設變數名稱的第一位必需是英文字母，所以有 26 種選擇，其餘二至六位可為英文字母或阿拉伯數字(0~9)，故有 36 種選擇。而變數名稱不一定要設六位，只要低於或等於六位即可。因此，總共有 $26 + 26 \times 36 + 26 \times 36^2 + 26 \times 36^3 + 26 \times 36^4 + 26 \times 36^5$，即 $\sum_{0 \leq i \leq 5} 26 \times 36^i$。事實上，在程式中所用到的變數一定小於此數，假設有 n 個，則稱 n / T 為識別字密度(identifier density)，而稱 $\alpha = n / (sb)$ 為裝載密度(loading density)或裝載因子(loading factor)。假使有識別字 k1 和 k2，經過雜湊函數轉換後，若此二個識別字對應到相同的桶中，則將產生碰撞(collision)。假使桶中還有多餘的槽，則可將此識別字放入該桶中。如果識別字對應至一個已滿的桶中時，亦即無多餘的槽，則表示有溢位(overflow)產生。如果一桶只有一槽，這表示當發生碰撞時，溢位也跟隨著發生。

假設一雜湊表 HT 有 26 桶(b=26)，每桶有 2 個槽 (S=2)，而且程式中使用 10 個識別字 (n=10)，此時的裝載因子 $\alpha = 10 / 26 \times 2 \fallingdotseq 0.19$。雜湊函數必須能夠將這些識別字對應到這 26 個桶中，假設以 1, 2, 3, 4,…,26 的整數對應到英文字母 A, B, C, D, …, Z，此時的雜湊函數定義為 f(x) = 識別字 X 的第一個字母。例如 HD、E、K、H 、J、B2、B1、B3、B5 與 M 分別對應到 8、5、11、8、10、2、2、2、2、及 13 號桶，其中 HD 與 H 都對應到 8 號桶，只發生碰撞，但沒有溢位，因為每一桶有二個槽，所以可放二個識別字。而 B1、B2、B3、B5 皆對應到 2 號桶中，不僅產生碰撞，而且也發生溢位。圖 13-2 是 HD、E、K、H、J、B2 與 B1 對應到雜湊表的情形：

	槽 1	槽 2
1		
2	B2	B1
3		
4		
5	E	
6		
7		
8	HD	H
⋮	⋮	⋮
10	J	
11	K	
⋮	⋮	⋮

圖 13-2

在圖 13-2 中，當 B3 再放入雜湊表時，就會發生溢位了。

13.3.2 解決溢位的方法

當溢位發生時應如何處理？下面將介紹四種方法：

1. 線性探測(linear probling)：是把雜湊表視為一環狀的空間，當溢位發生時，以循序的方式從下一號桶開始探測是否有未儲存資料的空間。如將 HD、E、H、B2、B1、B3、B5、K、A、Z 與 ZB，放入一桶只有一槽的雜湊表中，其情形如圖 13-3 所示：

1	A
2	B2
3	B1
4	B3
5	E
6	B5
7	ZB
8	HD
9	H
10	0
11	K
⋮	⋮
26	Z

圖 13-3

由於此處雜湊函數是取鍵值的第一個英文字母，所以 f(HD) = 8，f(E) = 5，亦即 HD、E 分別放在雜湊表中第 8 號與第 5 號桶中，f(H) = 8，此時 8 號桶已有 HD，故發生碰撞及溢位，利用線性探測即往 8 號桶下找一空白的桶號，發現 9 號是空的，所以 9 號桶為 H。f(B2) = 2 放入 2 號桶，f(B1)與 f(B3) 也是等於 2，由於 2 號桶已存 B2，故往下找，最後將分別存於 3 與 4 號桶，當 B5 加入時，則存於 6 號桶。f(K) = 11 放入 11 號桶，f(A) = 1 放入 1 號桶，f(Z) = 26 放入 26 號桶，f(ZB)亦是 26 只好從 1 號桶往下找一空間，發現 7 號桶是空的，所以將 ZB 加入此一空間。以上就是以線性探測法處理溢位的情形。線性探測又稱為線性開放位址(linear open addressing)。

利用線性探測來解決溢位的問題，極易造成鍵值聚集在一塊，導致增加搜尋的時間，如欲尋找 ZB 則必須尋找 HT(26)、HT(1)、…、HT(7)，共須八次的比較。就圖 12.8 所有的鍵值予以搜尋，則各個鍵值比較如下：A 為 1 次，B2 為 1 次，B1 為 2 次，B3 為 3 次，E 為 1 次，B5 為 5 次，ZB 為 8 次，HD 為 1 次，H 為 2 次，K 為 1 次，Z 為 1 次，共計 28 次，平均搜尋次數為檢視 2.54 桶(28/11)。根據分析報告，搜尋鍵值的平均比較次數 p，約等於(2 - α) / (2 -

2α)，α為裝載因子。此值的獲得是依據均勻的雜湊函數 f，且裝載因子為α時搜尋鍵值的平均值。

2. 重新雜湊(rehashing)：乃是先設計好一套雜湊函數，如 f_1，f_2，f_3，…，f_m，當溢位發生時先使用 f_1，若再發生溢位，則使用 f_2，……，直到沒有溢位發生為止。

3. 平方探測(quadratic probing)：此法是用來改善線性探測以避免相近的鍵值聚集在一塊。當以雜湊函數 f(x)發生溢位時，下一次是探測(f(x) + i^2) mod b 與(f(x) - i^2) mod b，其中 $1 \le i \le (b-1)/2$ ，b 是具有 4j +3 型式的質數。

4. 鏈結串列(chaining)：是將雜湊表建立為 b 個串列，起初只有串列首。若鍵值經雜湊函數轉換到相同位址時，則將它加入鏈結串列中，如圖 13-4 所示。B5，B3，B1，B2 儲存於第 1 個串列，H 與 HD 儲存於第 8 個串列，而 ZB 與Z 則儲存於第 26 個串列中，餘此類推。

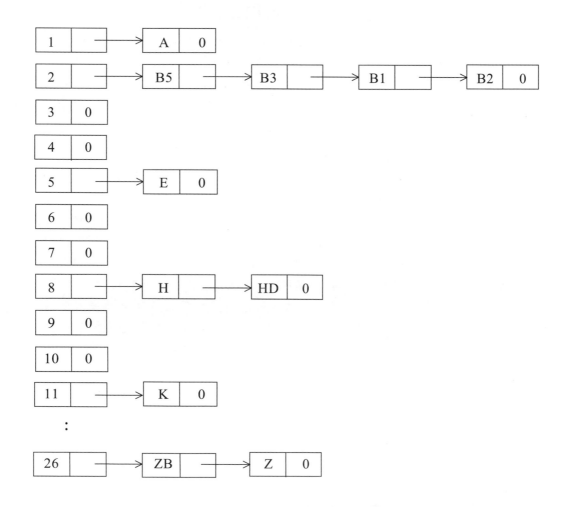

圖 13.4 以鏈結串列的方式解決溢位的問題

當雜湊函數是均勻的話，則雜湊表的執行效率只與處理溢位的方法有關。表 13.1 是 Lum，Yuen 及 Dodd 等人所研究的結果，表中各欄之值為搜尋 8 個不同雜湊表的平均存取桶子的次數。這 8 個雜湊表分別有 33575，24050，4909，3072，2241，930，762 與 500 個鍵值。我們可以清楚看出以鏈結串列方法來解決溢位的問題比線性探測法來得佳。此表告訴我們，除法的雜湊函數比其它雜湊函數來得好。在除法中，m 的選擇以不小於 20 的質數為最佳。

表 13-1 不同的雜湊函數分別以鏈結串列和線性探測解決溢位的問題

溢位處理方法 / 雜湊函數型態	$\alpha = 0.5$		$\alpha = 0.75$		$\alpha = 0.9$		$\alpha = 0.95$	
	C	L	C	L	C	L	C	L
平方法	1.26	1.73	1.40	9.75	1.45	37.14	1.47	37.53
除 法	1.19	4.52	1.31	7.20	1.38	22.42	1.41	25.79
位移折疊	1.33	21.75	1.48	65.10	1.40	77.01	1.51	118.57
邊界折疊	1.39	22.97	1.57	48.70	1.55	69.63	1.51	97.56
數位分析	1.35	4.55	1.49	30.62	1.52	89.20	1.52	125.59
理 論	1.25	1.50	1.37	2.50	1.45	5.50	1.48	10.50

C ：表示鏈結串列

L ：表示線性探測

α ：為裝載因子；$\alpha = n / s*b$ (此處 s = 1)。

有關利用鏈結串列解決溢位問題之程式實作，請參閱 13.4 節

練習題

假設雜湊函數 h(x)=第一個英文字母順序減 1，所以 A-Z 相當於 0-25。今有下列幾個識別字依序為：GA，DA，B，G，L，A_2，A_3，A_4 及 E，利用上述的雜湊函數將它們置於雜湊表，溢位時請分別利用線性探測和鏈結串列處理之。(此雜湊表的槽只有 1 個)。

13.4 程式實作

(一) 循序搜尋

📑 JAVA 程式語言實作》 循序搜尋

```java
01    package sequentialsearch;
02
03    /**
04     *
05     * @author Bright
06     * Version 2
07     * Update date: March 22, 2017
08     */
09
10    import java.util.Scanner;
11
12    class SequentialSearch
13    {
14        static int input=0;
15        public void sequential_search(int data[])
16        {
17            int i;
18
19            for (i = 0; i < 10; i++) { // 依序搜尋資料
20                System.out.print("Data ");
21                System.out.printf("#%-2d is %2d\n", (i+1), data[i]);
22                if (input == data[i])
23                    break;
24            }
25            if (i == 10)
26                System.out.println("\n\nSorry, " + input + " not found !");
27            else
28                System.out.println("\n\nFound, " + input + " is the " +
29                                (i+1) + " record in data!");
30        }
31
32        public static void main (String args[])
33        {
34            Scanner keyboard = new Scanner(System.in);
35            SequentialSearch obj = new SequentialSearch();
36            int[] data = {35, 75, 23, 44, 57, 12, 29, 64, 38, 82};
37            char ch;
38
```

```
39          String more="";
40          int i=0;
41
42          System.out.print("\n<< Squential search >> \n");
43          System.out.print("\nData: ");
44          for (i = 0; i < 10; i++)
45              System.out.print(data[i] + "  ");
46          System.out.print("\n");
47          do {
48              System.out.print("\nWhat number do you want to search? ");
49              input = keyboard.nextInt();
50
51              System.out.print("\nSearching.....\n");
52              obj.sequential_search(data);
53              System.out.printf("要繼續尋找嗎? (y/n): ");
54              more = keyboard.next();
55              ch = more.charAt(0);
56          } while (ch!='n');
57
58      }
59  }
```

輸出結果

```
<< Squential search >>

Data: 35  75  23  44  57  12  29  64  38  82

What number do you want to search? 38

Searching.....
Data #1   is 35
Data #2   is 75
Data #3   is 23
Data #4   is 44
Data #5   is 57
Data #6   is 12
Data #7   is 29
Data #8   is 64
Data #9   is 38


Found, 38 is the 9 record in data!
要繼續尋找嗎? (y/n): y

What number do you want to search? 100
```

```
Searching.....
Data #1  is 35
Data #2  is 75
Data #3  is 23
Data #4  is 44
Data #5  is 57
Data #6  is 12
Data #7  is 29
Data #8  is 64
Data #9  is 38
Data #10 is 82


Sorry, 100 not found !
要繼續尋找嗎? (y/n): n
```

(二) 二元搜尋

📖 JAVA 程式語言實作》二元搜尋

```java
01   package binarysearch;
02
03   /**
04    *
05    * @author Bright
06    * Version 2
07    * Update date: March 22, 2017
08    */
09
10   import java.util.Scanner;
11
12   class BinarySearch
13   {
14       static int input=0;
15       public void binary_search(int data[])
16       {
17           int i=0, l=1, n=10, m=0, cnt=0, ok=0;
18
19           m = (l + n) / 2;      // 鍵值在第 M 筆
20           while (l <= n && ok == 0) {
21               System.out.print("\nData when searching ");
22               System.out.print("#"+ ++cnt + " is " + data[m] + " !");
23               if (data[m] > input) { // 欲搜尋的資料小於鍵值，則資料在鍵值的前面
24                   n = m - 1;
25                   System.out.print(" ---> "+ input+ " is smaller than " + data[m]);
26               }
```

```
27          else  // 否則資料在鍵值的後面
28              if (data[m] < input) {
29                  l = m + 1;
30                  System.out.print(" ---> "+ input+ " is bigger than " + data[m]);
31              }
32              else {
33                  System.out.println("\n\nFound, " + input + " is the " +
34                                      m + "th record in data !");
35                  ok = 1;
36              }
37          m = (l + n)/2;
38      }
39      if (ok == 0)
40          System.out.println("\n\nSorry, " + input + " not found !");
41  }
42
43  public static void main (String args[])
44  {
45      BinarySearch obj = new BinarySearch();
46      int[] data = {0, 12, 23, 29, 38, 44, 57, 64, 75, 82, 98};
47
48      Scanner keyboard = new Scanner(System.in);
49      String more="";
50      char ch;
51      int i;
52
53      System.out.print("\n<< Binary search >>\n");
54      System.out.println("Sorted data: \n");
55      for (i = 1; i < 11; i++)
56          System.out.print(data[i] + "  ");
57      System.out.print("\n");
58
59      do {
60          System.out.print("\nWhat number do you want to search? ");
61          input = keyboard.nextInt();
62          System.out.print("\nSearching.....\n");
63          obj.binary_search(data);
64          System.out.printf("要繼續尋找嗎? (y/n): ");
65          more = keyboard.next();
66          ch = more.charAt(0);
67      } while(ch!='n');
68  }
69 }
```

輸出結果

```
<< Binary search >>
Sorted data:

12  23  29  38  44  57  64  75  82  98

What number do you want to search? 82

Searching.....

Data when searching #1 is 44 ! ---> 82 is bigger than 44
Data when searching #2 is 75 ! ---> 82 is bigger than 75
Data when searching #3 is 82 !

Found, 82 is the 9th record in data !
要繼續尋找嗎? (y/n): y

What number do you want to search? 100

Searching.....

Data when searching #1 is 44 ! ---> 100 is bigger than 44
Data when searching #2 is 75 ! ---> 100 is bigger than 75
Data when searching #3 is 82 ! ---> 100 is bigger than 82
Data when searching #4 is 98 ! ---> 100 is bigger than 98

Sorry, 100 not found !
要繼續尋找嗎? (y/n): n
```

(三) 雜湊表-利用鏈結串列解決溢位

JAVA 程式語言實作》 利用鏈結串列解決溢位問題

```java
01   package hashingtable;
02
03   /**
04    *
05    * @author Bright
06    * Version 2
07    * Update date: March 22, 2017
08    */
09
10   import java.util.Scanner;
11   class Student
12   {
13       public int id;
14       public String name;
```

```
15        public Student link;
16    }
17
18    public class HashingTable
19    {
20        int MAX_NUM = 100; // 最大資料筆數
21        int PRIME = 97;     // 最大 MAX_NUM 之質數
22        Student NOTEXISTED = null;
23        Student[] Hashtab = new Student[MAX_NUM]; // 建立雜湊表串列
24        static Scanner keyboard = new Scanner(System.in);
25
26        HashingTable() // 建構函數
27        {
28            int i=0;
29            //起始雜湊串列，將各串列指向 NULL
30            for ( i = 0; i< MAX_NUM ; i++)
31                Hashtab[i] = null ;
32        }
33
34        // 雜湊函數: 以除法運算傳求出記錄應儲存的位址
35        public int hashfun(int key)
36        {
37            return ( key % PRIME ) ;
38        }
39
40        public void insert()
41        {
42            Student newnode;
43            int index = 0 ;
44
45            // 輸入記錄
46            newnode = new Student() ;
47            newnode.link = null ;
48            System.out.print("\nEnter ID : ");
49            newnode.id = keyboard.nextInt();
50
51            System.out.print("Enter name : ");
52            newnode.name = keyboard.next();
53
54            // 利用雜湊函數求得記錄位址
55            index = hashfun(newnode.id) ;
56            // 判斷該串列是否為空，若為空則建立此鏈結串列
57            if ( Hashtab[index] == null ) {
58                Hashtab[index] = newnode ;
```

```
59              System.out.print("加入成功!\n");
60          }
61          else {
62              // 搜尋節點是否已存在串列中
63              // 如未存在則將此節點加入串列前端
64              if ((search(Hashtab[index],newnode)) == NOTEXISTED) {
65                  newnode.link = Hashtab[index] ;
66                  Hashtab[index] = newnode ;
67                  System.out.print("加入成功!");
68              }
69              else
70                  System.out.print("此筆已存在...\n");
71          }
72          System.out.print("\n");
73      }
74
75      // 刪除節點函數
76      public void del()
77      {
78          char ch;
79          String more = "";
80          Student node, node_parent;
81          int index = 0 ;
82
83          node = new Student() ;
84          System.out.print("\nEnter ID : ");
85          node.id = keyboard.nextInt();
86
87          // 利用雜湊函數轉換記錄位址
88          index  =  hashfun(node.id) ;
89          // 判斷該串列是否為空，若為空則建立此鏈結串列
90          if  (Hashtab[index]==null)  {
91              System.out.print("Record not existed ...\n\n");
92              return;
93          }
94          node  = search(Hashtab[index],node) ;
95
96          if ( node == NOTEXISTED )
97              System.out.print("Record not existed ...\n\n") ;
98          else {
99              // 搜尋節點是否已存在串列中，
100             // 如未存在則將此節點加入串列前端
101             System.out.printf("ID : %d, ", node.id);
102             System.out.printf("Name : %s\n", node.name);
```

```
103
104              //詢問使用者是否真的要刪除此資料
105              System.out.printf("確定要刪除嗎? (y/n): ");
106              more = keyboard.next();
107              ch = more.charAt(0);
108              if (ch == 'y') {
109                if (node == Hashtab[index])
110                   Hashtab[index] = null ;
111                else {
112                   node_parent = Hashtab[index] ;
113                   while ( node_parent.link.id != node.id )
114                        node_parent = node_parent.link ;
115                   node_parent.link = node.link ;
116                }
117                System.out.printf("It has been deleted\n\n") ;
118             }
119          }
120       }
121
122    // 搜尋節點函數
123    // 如找到節點則傳回指向該節點之指標
124    // 否則傳回null
125    public Student search(Student linklist, Student Node)
126    {
127        Student ptr = new Student();
128
129        ptr = linklist ;
130        while (ptr.id != Node.id && ptr.link != null)
131            ptr = ptr.link ;
132
133        if (ptr == null)
134            return NOTEXISTED ;
135        else
136            return ptr ;
137    }
138
139    // 查詢節點函數
140    public void query()
141    {
142        Student query_node = new Student() ;
143        int index = 0;
144
145        query_node = new Student() ;
146        System.out.print("\nEnter ID : ");
```

```
147         query_node.id = keyboard.nextInt();
148
149         index = hashfun(query_node.id) ;
150         // 搜尋節點
151         if (Hashtab[index]==null) {
152             System.out.printf("Record not existed...\n\n");
153             return;
154         }
155
156         query_node = search(Hashtab[index],query_node);
157
158         if ( query_node == NOTEXISTED )
159             System.out.printf("Record not existed...\n\n");
160         else {
161             System.out.printf("ID : %d, ", query_node.id);
162             System.out.printf("Name : %s\n", query_node.name) ;
163         }
164         System.out.print("\n");
165     }
166
167   // 顯示節點函數
168   // 從雜湊串列一一尋找是否有節點存在
169   public void show()
170   {
171       int i, flag = 0;
172       Student ptr = new Student() ;
173
174       System.out.printf("\n%-15s %-15s\n", "ID", "NAME") ;
175       System.out.printf("------------------------\n") ;
176       for ( i = 0 ; i < MAX_NUM ;i++ ) {
177           // 串列不為空，則將整串列顯示出
178           if ( Hashtab[i] != null ) {
179               flag = 1;
180               ptr = Hashtab[i] ;
181               while (ptr != null) {
182                   System.out.printf("%-15d", ptr.id) ;
183                   System.out.printf("%-15s\n", ptr.name) ;
184                   ptr = ptr.link ;
185               }
186           }
187       }
188       if(flag == 0){
189               System.out.printf("No record in hashing table\n");
190       }
```

```
191          System.out.print("\n");
192      }
193
194      public static void main (String args[])
195      {
196          int option;
197
198          HashingTable obj = new HashingTable();
199          do {
200              System.out.println();
201              System.out.println("******* Hashing table *******");
202              System.out.println("          <1> Insert          ");
203              System.out.println("          <2> Delete          ");
204              System.out.println("          <3> Show            ");
205              System.out.println("          <4> Sch             ");
206              System.out.println("          <5xit               ");
207              System.out.println("****************************");
208              System.out.print("\n          Choice : ");
209              option = keyboard.nextInt();
210
211              switch(option) {
212                  case 1 :
213                      obj.insert();   //新增函數
214                      break;
215                  case 2 :
216                      obj.del();      //刪除函數
217                      break;
218                  case 3 :
219                      obj.show();     //輸出函數
220                      break;
221                  case 4 :
222                      obj.query();    //查詢函數
223                      break;
224                  case 5 : System.exit(0);
225              }
226          } while (true);
227      }
228  }
```

```
******* Hashing table *******
        <1> Insert
        <2> Delete
        <3> Show
        <4> Search
        <5> Exit
***************************
        Choice : 1

Enter ID: 1001
Enter name: Peter
加入成功!

******* Hashing table *******
        <1> Insert
        <2> Delete
        <3> Show
        <4> Search
        <5> Exit
***************************
        Choice : 1

Enter ID: 1002
Enter name: Mary
加入成功!

******* Hashing table *******
        <1> Insert
        <2> Delete
        <3> Show
        <4> Search
        <5> Exit
***************************
        Choice : 1

Enter ID: 1003
Enter name: John
加入成功!

******* Hashing table *******
        <1> Insert
        <2> Delete
        <3> Show
        <4> Search
        <5> Exit
***************************
        Choice : 3
```

```
ID      NAME
-----------------------
1001    Peter
1002    Mary
1003    John

****** Hashing table ******
        <1> Insert
        <2> Delete
        <3> Show
        <4> Search
        <5> Exit
*************************
        Choice : 2

Enter ID : 1002
ID : 1002, Name : Mary
確定要刪除嗎? (y/n): y
It has been deleted

****** Hashing table ******
        <1> Insert
        <2> Delete
        <3> Show
        <4> Search
        <5> Exit
*************************
        Choice : 3

ID      NAME
-----------------------
1001    Peter
1003    John

****** Hashing table ******
        <1> Insert
        <2> Delete
        <3> Show
        <4> Search
        <5> Exit
*************************
        Choice : 5
```

13.5 動動腦時間

1. 有 20 個資料 1, 2, 3, 4, 5, 6, 7, 8, 9, 10, 11, 12, 13, 14, 15, 16, 17, 18, 19, 20，試問利用二元搜尋分別找尋 2, 13, 18 須要多少次的比較。[13.2]

2. 何謂雜湊搜尋？並敘述它與一般搜尋之差異。[13.3]

3. 略述雜湊函數有那幾種？及其解決溢位的方法。[13.3]

4. 假設有一雜湊表有 26 個桶，每桶有 2 個槽。今有 10 個資料如下：HD, E, K, H, J, B2, B1, B3, B5, M。在雜湊表，若使用的雜湊函數為 f(x) 是取 x 的第一個字母，試回答下列問題：

   (a) 裝載因子是多少？[13.3]

   (b) 產生多少次的碰撞及溢位。[13.3]

   (c) 假若發生溢位時是使用線性探測法，請畫出最後雜湊表的內容。[13.3]

   (d) 假若發生溢位時是使用鏈結串列，請畫出最後雜湊表的內容。[13.3]

練習題解答

A.1 第一章 練習題解答

▶▶▶【 1.1 節練習題解答 】

(a) n+(n−1)+(n−2)+…+2+1

$$= \frac{n(n+1)}{2}$$

(b) n+(n−1)+(n−2)+…+2+1

$$= \frac{n(n+1)}{2}$$

以下是測試(b)的片段程式，你可以執行一下，並對照之。

```
public class loopCount
{
    public static void main (String args[])
    {
        int i, k=0,count=0;
        for(i=1; i<=100; i++) {
            count=0;
            k=i+1;
            do {
                count++;
                System.out.printf("i=%d, count=%d\n", i, count);
            }while (k++ <= 100);
        }
    }
}
```

當 i 等於 1 時，k 等於 2，count++ 敘述執行 100，而 i 等於 100，count 執行 1 次。

▶▶▶【 1.2 節練習題解答 】

1.

(a) $f(n)=100n+9$

$c=101$, $n_0=10$, $g(n)=n$

得知 $f(n)=O(n)$

(b) $f(n)=1000n^2+100n-8$

$c=2000$, $n_0=1$, $g(n)=n^2$

得知 $f(n)=O(n^2)$

(c) $f(n)=5*2^n+9\,n^2+2$

$c=10$, $n_0=5$, $g(n)=2^n$

得知 $f(n)=O(2^n)$

2.

(a) $f(n)=3n+1$

$c=2$, $n_0=1$, $g(n)=n$

得知 $\Omega(n)$

(b) $f(n)=100n^2+4n+5$

$c=10$, $n_0=1$, $g(n)=n^2$

得知 $f(n)=\Omega(n^2)$

(c) $f(n)=8*2^n+8n+16$

$c=8$, $n_0=1$, $g(n)=2^n$

得知 $f(n)=\Omega(2^n)$

3.

(a) $f(n)=3n+2$

$c_1=3$, $c_2=6$, $n_0=1$

得知 $f(n)=\Theta(n)$

(b) $f(n)=9n^2+4n+2$

$c_1=9$, $c_2=16$, $n_0=1$

得知 $f(n) = \Theta (n^2)$

(c) $f(n)=8n^4+5n^3+5$

$c_1=8$, $c_2=20$, $n_0=1$

得知 $f(n)=\Theta(n^4)$

A.2　第二章 練習題解答

▶▶▶【 2.1 節練習題解答 】

1. 分別以列和以行為主說明之。

   (a) 以列為主

   $A(i, j)=a_0+(i-1)*u_2*d+(j-1)*d$

   (b) 以行為主

   $A(i, j)= a_0+(j-1)*u_1*d+(i-1)*d$

2. 以行為主

   $A(i, j)= a_0+(j-s_2)*md+(i-s_1)d$

   $m=u_1-s_1+1=5-(-3)+1=9$

   $n=u_2-s_2+1=2-(-4)+1=7$

   $A(1, 1) =100+(1-(-4))*9+(1-(-3))$

   $=100+45+4=149$

3. 分別以列為主和以行為主說明之。

   (a) 以列為主

   $A(i, j, k)= a_0+ (i-1)*u_2*u_3*d + (j-1)*u_3*d +(k-1)$

   (b) 以行為主

   $A(i, j, k)= a_0 + (k-1)*u_1*u_2*d + (j-1)*u_1*d + (i-1)*d$

4. 陣列為 $A(s_1：u_1, s_2：u_2, s_3：u_3)$，因此 $p = u_1- s_1+1, q = u_2- s_2+1, r = u_3- s_3+1$ 的格式，所以 $p = u_1- s_1+1, q = u_2- s_2+1, r = u_3- s_3+1$。

   以行為主：$A(i, j, k)= a_0 + (k-s_3)*pqd + (j-s_2)*pd + (i-s_1)*d$

   $p = 5-(-3) + 1 = 9, q = 2-(-4)+1 = 7, r = 5-1+1 = 5$

   $A(2, 1, 2) = 100 + (2-1)*9*7*1 + (1-(-4))*9*1 + (2-(-3))*1$

   $= 100 + 63 + 45 + 5 = 253$

5. 以列為主：

$$A(i_1, i_2, i_3, \ldots, i_n) = a_0 + (i_1-1)u_2u_3\ldots u_n$$
$$+(i_2-1)u_3u_4\ldots u_n$$
$$+(i_3-1)u_4u_5\ldots u_n$$
$$\vdots$$
$$+(i_n-1)$$

以行為主：

$$A(i_1, i_2, i_3, \ldots, i_n) = a_0 + (i_n-1)u_1u_2\ldots u_{n-1}$$
$$+(i_{n-1}-1)u_1u_2\ldots u_{n-2}$$
$$+(i_3-1)u_4u_5\ldots u_n$$
$$\vdots$$
$$+(i_2-1)*n_1$$
$$+(i_1-1)$$

▶▶▶【2.2 節練習題解答】

1.

(a)　total = 55

(b)
```
0  1  2  3  4
1  2  3  4  5
2  3  4  5  6
3  4  5  6  7
4  5  6  7  8
```
toal = 100

2　
```java
/* file name: binary.java */
import java.io.*;
public class binary
{
    static int[] A= {-9999,2,4,6,8,10,12,14,16,18,20};
    static int count=0;
    public static int binary_search(int key)
    {
        int i=1;
```

```
            int j=10;
            int k;
            count=0;
            do{
                count++;
                k = (i+j)/2;
                if(A[k] == key)
                        break;
                else if(A[k] < key)
                        i = k+1;
                else
                        j = k-1;
            }while(i<=j);
            return count;
        }
        public static void main (String args[])
        {
            binary myApp = new binary();
            System.out.println("Search 1, " + myApp.binary_search(1) +" times");
            System.out.println("Search 2, "+ myApp.binary_search(3) + " times");
            System.out.println("Search 13, "+ myApp.binary_search(13) + " times");
            System.out.println("Search 20, "+ myApp.binary_search(21) + " times");
        }
    }
```

▶▶▶ 【 2.3 節練習題解答 】

```
// file name: sparse_matrix.java */
import java.io.*;
public class sparse_matrix
{
    //儲存稀疏矩陣的資料結構預設 10 - 1 = 9 個元素
    static int[][] sm = new int[10][3];
    static int sm_row=1;
    static final int width = 6;
    static final int height = 6;
    static int[][] source=
    { {0,15, 0, 0,-8, 0},
       {0, 0, 6, 0, 0, 0},
       {0, 0, 0,-6, 0, 0},
       {0, 0,18, 0, 0, 0},
       {0, 0, 0, 0, 0,16},
       {72, 0, 0, 0,20, 0}
    };
    static int row=0,col=0;
    static int non_zero=0;
    public static void scan_matrix()
```

```java
    {
        System.out.println("Scan the matrix...");
        while (row < height && col < width) {
            if(source[row][col] !=0){
                non_zero++;    //計算非零元素個數
                sm[sm_row][0] = row+1;
                sm[sm_row][1] = col+1;
                sm[sm_row][2] = source[row][col];
                sm_row++;
            }
            if(col == width-1) {   //讀單一列上的所有元素
                row++;
                if(row <= height-1)   //最後一列就不歸零
                    col=0;
            }
            else
                col++;
        }
        System.out.println("Total nonzero elements = " + non_zero);
        //稀疏矩陣資料結構資訊
        sm[0][0] = row;
        sm[0][1] = col+1;
        sm[0][2] = non_zero;
    }
    public static void output_sm(int non_zero_)
    {
        int i,j;
        System.out.println("          1)   2)   3)");
        System.out.println("----------------------");
        for(i=0 ; i <= non_zero_ ;i++){
            System.out.print("A(" + i + ",");
            for(j=0 ; j < 3; j++)
            System.out.print("     "+ sm[i][j]);
            System.out.println("");
        }
    }
    public static void main(String args[])
    {
        sparse_matrix myApp = new sparse_matrix();
        myApp.scan_matrix();
        myApp.output_sm(non_zero);
    }
}
```

▶▶▶【 2.4 節練習題解答 】

1.　(a)　使用 n+2 長度來儲存

　　　　p=(7, 6, 0, 8, 5, 0, 3, 0, 7)

　　(b)　只考慮非零項

　　　　p=(5, 7, 6, 5, 8, 4, 5, 2, 3, 0, 7)

2.

$$
\begin{array}{c}
\begin{array}{cccc} y^0 & y^1 & y^2 & y^3 \end{array} \\
\begin{array}{c} x^0 \\ x^1 \\ x^2 \\ x^3 \\ x^4 \\ x^5 \end{array}
\begin{bmatrix}
3 & 0 & 0 & 0 \\
9 & 0 & 0 & 0 \\
0 & -8 & 0 & 0 \\
0 & 0 & 2 & 0 \\
0 & 0 & 0 & 3 \\
6 & 0 & 0 & 0
\end{bmatrix}
\end{array}
$$

▶▶▶【 2.5 節練習題解答 】

以列為主的演算法

　　(a)　儲存

```
for(i=1;i<=n;i++)
  for(j=i;j<=n;j++) {
     k=n(i-1)-[i(i-1)]/2+j
     B[k]=A[i, j];
  }
```

　　(b)　擷取

```
if(i>j)
  p=0;
else {
  k=n(i-1)-[i(i-1)]/2+j;
  p=B[k];
}
```

▶▶▶【2.6 節練習題解答 】

45	34	23	12	1	80	69	58	47
46	44	33	22	11	9	79	68	57
56	54	43	32	21	10	8	78	67
66	55	53	42	31	20	18	7	77
76	65	63	52	41	30	19	17	6
5	75	64	62	51	40	29	27	16
15	4	74	72	61	50	39	28	26
25	14	3	73	71	60	49	38	36
35	24	13	2	81	70	59	48	37

A.3 第三章 練習題解答

▶▶▶【 3.1 節練習題解答 】

(略)請讀者發揮您的想像力。

▶▶▶【 3.2 節練習題解答 】

若 top 的初值為 0，則 push 和 pop 函數分別如下

```java
pulbic static void push_f()   // 加入函數
{
   if(top > MAX)
        System.out.println(" Stack is full !");
   else {
        System.out.print("\n       Please enter item to insert: ");
        item[top] = keyboard.next();
        top++;
   }
   System.out.println("");
}

public static void pop_f()   // 刪除函數
{
    if(top < 0)   // 當堆疊沒有資料存在，則顯示錯誤
        System.out.print("\nNo item, stack is empty !\n");
    else {
        top--;
        System.out.print("\nItem " + item[top] + " deleted !\n");
    }
    System.out.println("");
}
```

▶▶▶【3.4 節練習題解答】

1. 中序→後序

    (a) a > b && c > d && e < f

    (a > b) && (c > d) && (e < f)

    (((a > b) && (c > d)) && (e < f))

    a b > c d > && e f < &&

    (b) (a + b) * c / d + e − 8

    ((a + b) * c) / d + e − 8

    ((((a + b) * c) / d) + e) − 8

    a b + c * d / e + 8 −

2. 5/3*(1-4)+3-8 的後序表示式為

    5 3 / 1 4 - * 3 + 8 -

    最後的結果為-8

A.4 第四章 練習題解答

▶▶▶【 4.1 節練習題解答 】

1. 有一鏈結串列的 head 指向的節點不儲存資料,而且 tail 指標指向最後的節點,如下圖所示:

head

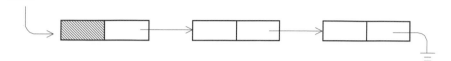

　　刪除此串列尾端節點的片段程式如下:

　　current=head;

　　while(current.next != tail)

　　　　current=current.next;

　　current.next=null;

2. 假設串列有二個節點以上,

　　(1) current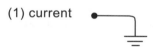

　　(2) current 將指到串列節點的尾端

▶▶▶【4.2 節練習題解答】

(a) 先追蹤 A，B 兩個環狀串列的尾端

```
atail = A;
while(atail.next != A)
    atail = atail.next;
```

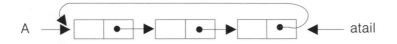

```
btail = B;
while(btail.next != B)
    btail = btail.next;
```

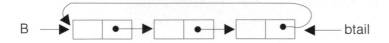

(b) 將 B 指標指向的節點指定給 atail.next ，並將 A 指標指到的節點指定給 btail.next，如下所示：

```
atail.next = B;
btail.next = A;
```

▶▶▶【4.3 節練習題解答】

1. new.rlink = x.rlink;
    x.rlink.llink = new;
    new.llink = x;.
    x.rlink = new;

2. head.rlink = x.rlink;
    x.rlink.llink = head;
    x = null;

▶▶▶【 4.4 節練習題解答 】

1. 有一環狀串列如下所示：

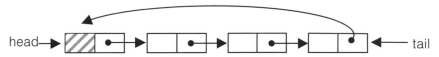

由於堆疊的特性為先進先出，從前端加入節點，也從前端刪除節點。假設上圖的 head.next 所指向的為前端節點。new 指向欲加入的節點。

加入的片段程式如下：

```
new.next = head.next;
head.next = new;
```

刪除的片段程式如下：

```
if (head.next == head)
    System.out.printf("環狀串列是空白的");
else {
    current = head.next;
    head.next = current.next;
    current = null;
}
```

A.5 第五章 練習題解答

▶▶▶【 5.1 節練習題解答 】

(1) 遞迴方法求 gcd

```java
// file name: gcdRecursive.java
public class gcdRecursive {
    public static int gcd(int m, int n){
        int temp;
        temp = m%n;
        if(temp == 0)
            return n;
        else {
            m = n;
            n = temp;
            return (gcd(m, n));
        }
    }
    public static void main(String[] args){
        int G;
        G=gcd(12, 18);
        System.out.printf("gcd(12, 18)=%d\n", G);
    }
}
```

(2) 以反覆性的方式求 gcd

```java
// file name: gcdIterative.java
public class gcdIterative {
    public static int gcd (int m, int n)
    {
        int temp;
        temp = m % n;
        while (temp != 0){
            m = n;
            n = temp;
            temp = m%n;
        }
        return n;
    }
    public static void main(String[] args){
        int G;
        G=gcd(12, 18);
        System.out.printf("gcd(12, 18)=%d\n", G);
    }
}
```

▶▶▶【 5.3 節練習題解答 】

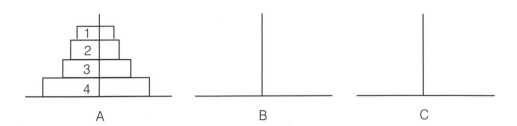

move 1 from A to B

move 2 from A to C

move 1 from B to C

move 3 from A to B

move 1 from C to A

move 2 from C to B

move 1 from A to B

move 4 from A to C

---

move 1 from B to C

move 2 from B to A

move 1 from C to A

move 3 from B to C

---

move 1 from A to B

move 2 from A to C

move 1 from B to C

A.6 第六章 練習題解答

▶▶▶【6.1 節練習題解答】

共需 8*25=200 個 links

但實際用了 24 個 links

故浪費了(200－24)=176 個 links

▶▶▶【6.2 節練習題解答】

1. (1) Yes (2) No (3) No.

2. (1) $2^8 - 1 = 256 - 1 = 255$

    (2) $2^{6-1} = 2^5 = 32$

3. $128 - 1 = 127$(根據 $n_0 = n_2 + 1$)

▶▶▶【6.3 節練習題解答】

以下是以一維陣列儲存三元樹的表示法

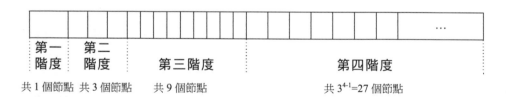

▶▶▶【6.4 節練習題解答】

前序追蹤：a，b，d，h，e，c，f，i，g

中序追蹤：d，h，b，e，a，f，i，c，g

後序追蹤：h，d，e，b，i，f，g，c，a

▶▶▶【6.5 節練習題解答】

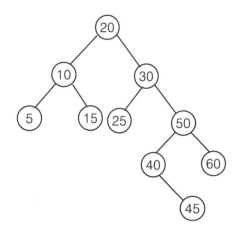

加入 3 和 13 之後的二元搜尋樹如下：

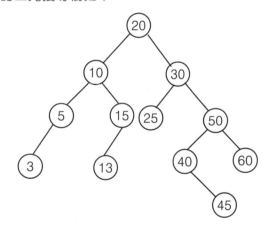

刪除 50 之後的二元搜尋樹如下：(此答案乃以右邊最小的節點取代之)

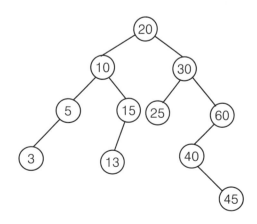

▶▶▶ 【 6.6 節練習題解答 】

1.

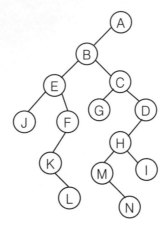

2. 中序為 ECBDA，前序為 ABCED，其所對應的二元樹如下：

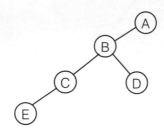

3. 中序為 DFBAEGC，後序為 FDBGECA，其所對應的二元樹如下：

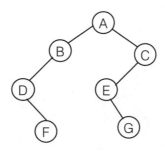

A.7　第七章　練習題解答

▶▶▶ 【 7.1 節練習題解答 】

1.

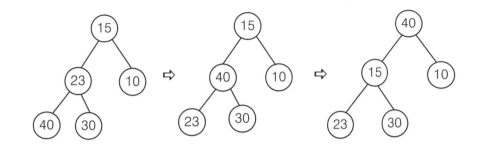

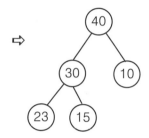

2.

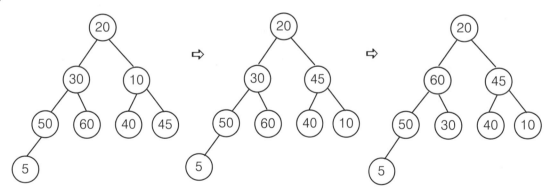

最後的 Heap，如下圖所示

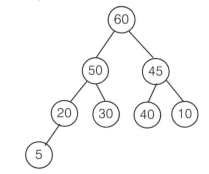

3. 承上圖，刪除節點 30，則由節點 5 代替，由於刪除後仍然符合 Heap 的定義，因此不需要調整。

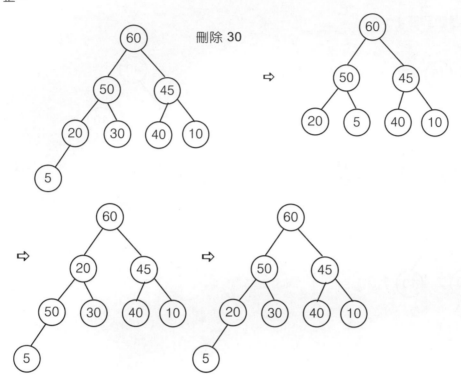

刪除節點 60，以節點 10 取代，由於刪除後不符合 Heap 的定義，因此需要調整。

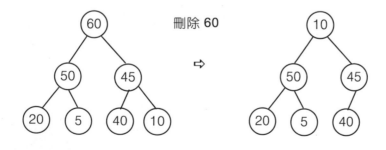

50 與 10 交換　　　　　　　　10 與 20 交換

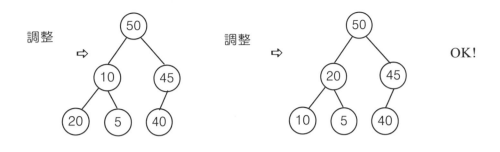

▶▶▶【 7.2 節練習題解答 】

1.

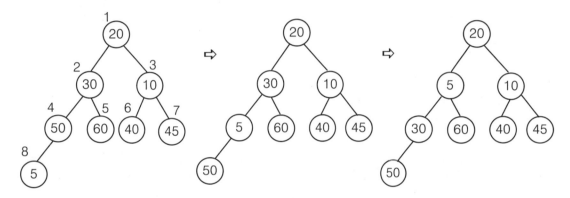

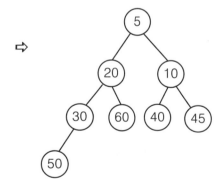

此為一棵 Min heap

2.

(a) 加入 17

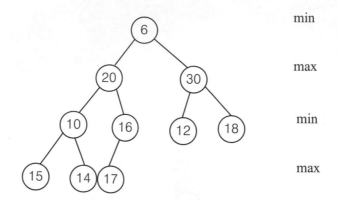

min

max

min

max

加入 8

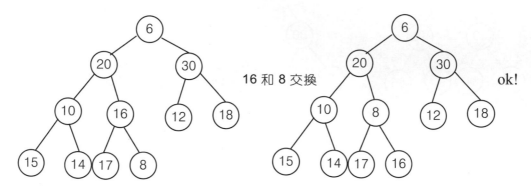

16 和 8 交換

ok!

加入 2

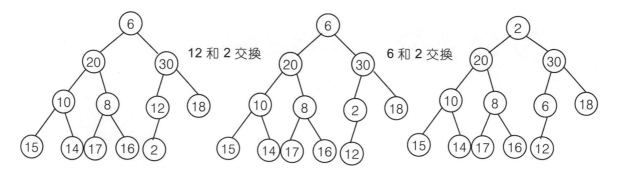

12 和 2 交換

6 和 2 交換

(b) 承(a)所建立的圖形，先刪除 20，將 12 放在 20 的位置上，其圖形如下：

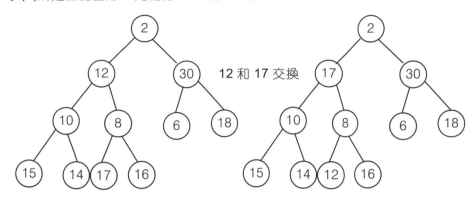

再刪除 10，將 16 放在 10 的位置上，如左下圖所示：

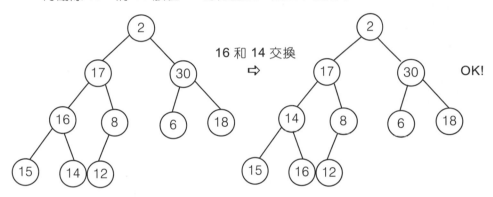

▶▶▶ 【 7.3 節練習題解答 】

(a) 加入 2

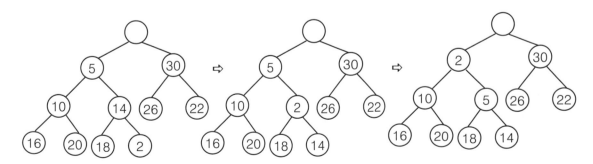

再加入 50

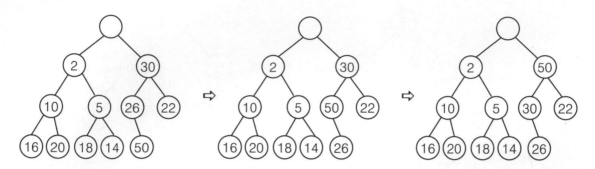

(b) 刪除 50

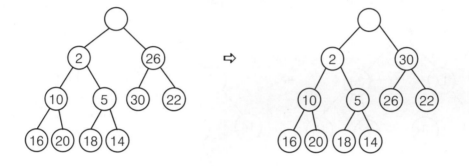

A.8　第八章　練習題解答

▶▶▶【8.2 節練習題解答】

1.

(1) 加入 Jan

(2) 加入 Feb

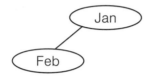

(3) 加入 Mar

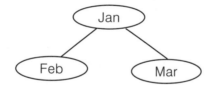

(4) 加入 Apr

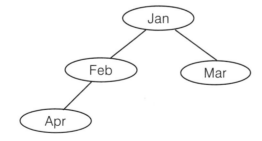

(5) 加入 May

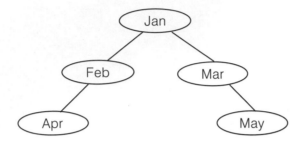

(6) 加入 Jun

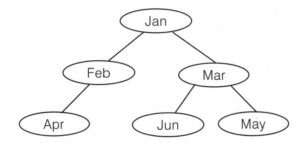

(7) 加入 July

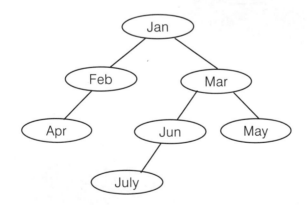

(8) 加入 Aug

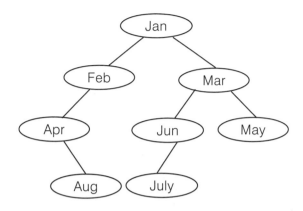

屬於 LR 型,並調整之。

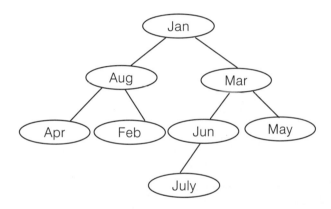

(9) 加入 Sep

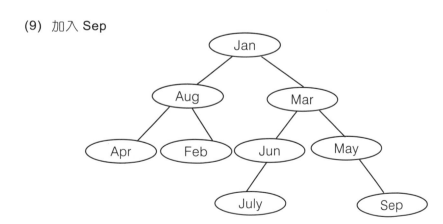

(10) 加入 Oct

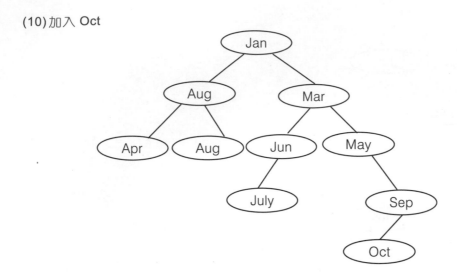

屬於 RL 型，並調整之。

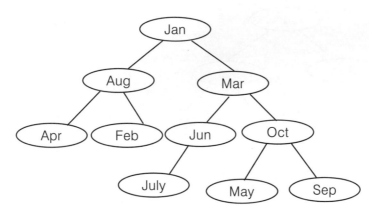

(11) 加入 Nov

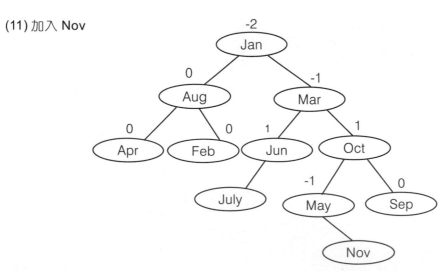

屬於 RR 型，並調整之

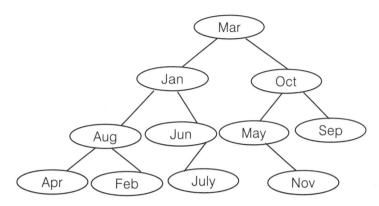

(12) 加入 Dec

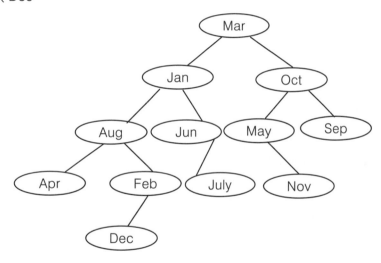

▶▶▶【8.3 節練習題解答】

1.

(a) 刪除 30 後，知其為 RL 型

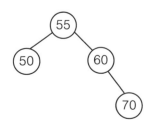

(b) 刪除 45 後的 AVL-tree 為

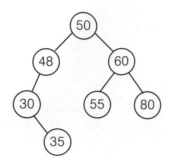

得知其為 LR 型，調整後的 AVL-tree

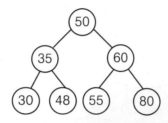

A.9　第九章　練習題解答

▶▶▶【9.1 節練習題解答】

1.　依序加入 50，10，22 及 12

(1)　加入 50

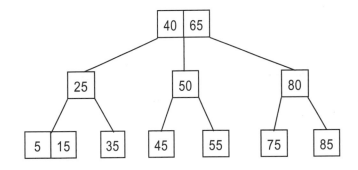

(2)　加入 10

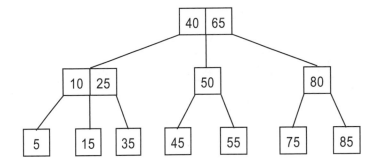

(3)　加入 22

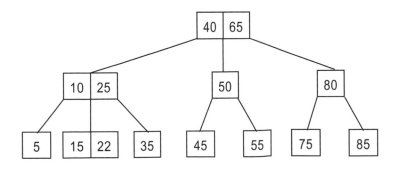

(4) 加入 12

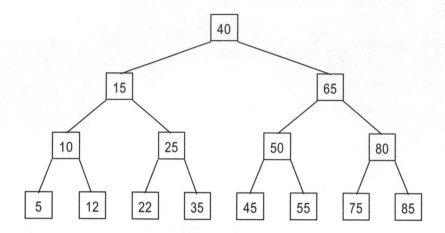

2.

(1) 刪除 60

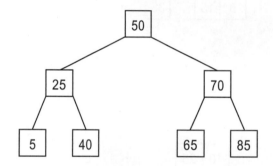

(2) 刪除 70

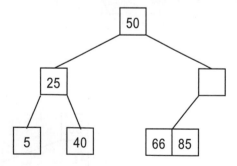

不符合 2-3-tree，再調整如下：

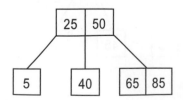

3.　刪除 70，由於刪除後不符合 2-3 Tree 之定義，故需調整。

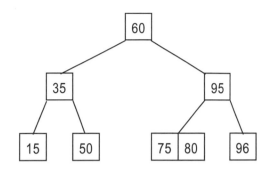

刪除 80，由於刪除後還符合 2-3 Tree 之定義，故不需再調整。

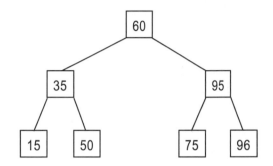

刪除 96，由於刪除後不符合 2-3 Tree 之定義，故需要再調整，如下所示。

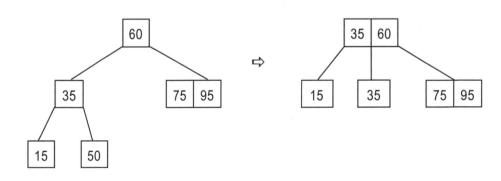

▶▶▶【9.2 節練習題解答】

1. 依序加入 8，30 及 6

(1) 加入 8

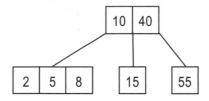

(2) 加入 30

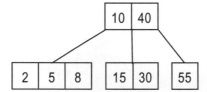

(3)加入 6

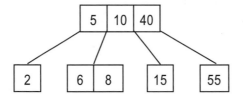

2.

(1) 刪除 80

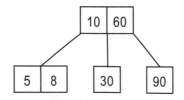

(2)　刪除 30

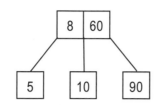

(3)　刪除 8

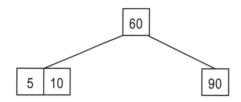

(4) 刪除 90

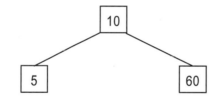

A.10 第十章 練習題解答

▶▶▶【 10.1 節練習題解答 】

(1) 加入 30

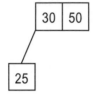

(2) 加入 50

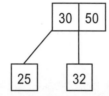

(3) 加入 25

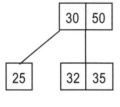

(4) 加入 32

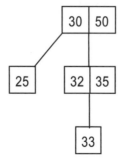

(5) 加入 35

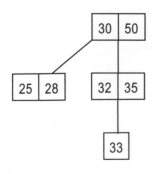

(6) 加入 33

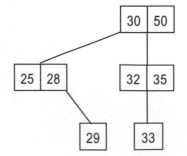

(7) 加入 28

(8) 加入 29

(9) 加入 60

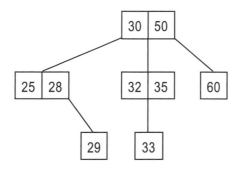

2. 承上題

(1) 刪除 28

(2) 刪除 35

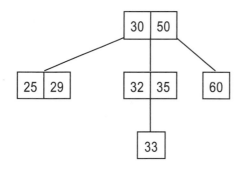

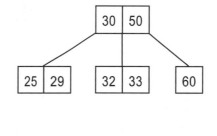

(3) 刪除 50（此處是將 50 的左子樹中最大資料往上提）

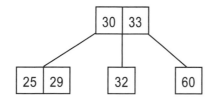

資料結構－使用Java

▶▶▶【10.2 節練習題解答】

1. (a) 加入 33 後仍符合 2-3-4 Tree 之定義，故不需調整。

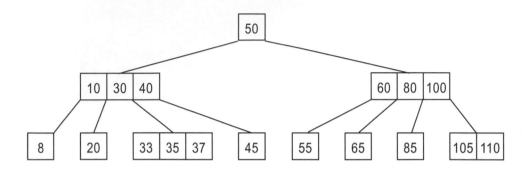

加入 36，由於加入後不符合 2-3-4 Tree 之定義，故需要調整。

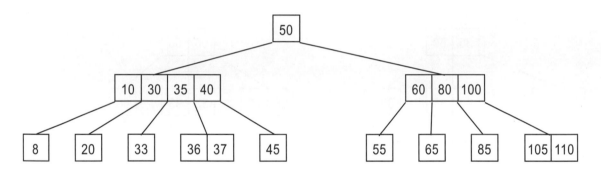

加入 38，由於加入後符合 2-3-4 Tree 之定義，故不需調整。

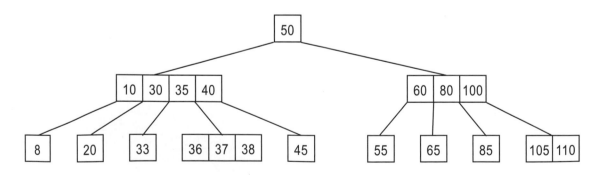

(b) 刪除 105 後仍符合 2-3-4 Tree 之定義,故不需調整。

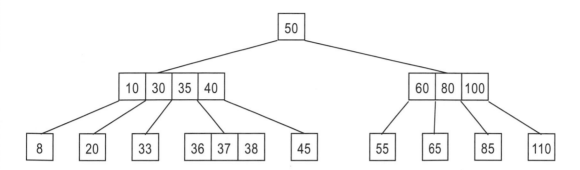

刪除 110 後,並不符合 2-3-4 Tree 之定義,故需要調整。

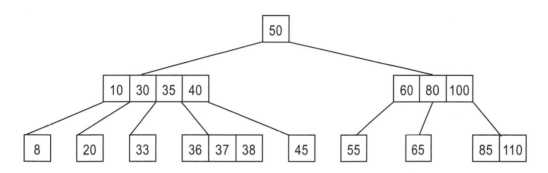

A.11 第十一章 練習題解答

▶▶▶【11.1 節練習題解答】

1.

節點	內分支度	外分支度
1	3	0
2	2	2
3	1	2
4	1	3
5	2	1
6	2	3

2.

(a) 若 V(G') ⊆ V(G)及 E(G') ⊆ E(G)，則 G'為 G 的子圖，如

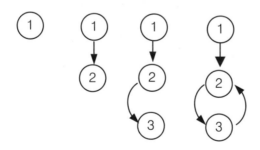

以上僅列出部份的圖形。

(b) 緊密連通單元為

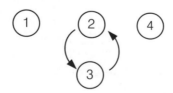

▶▶▶ 【 11.2 節練習題解答 】

相鄰矩陣

$$
\begin{array}{c c c c c c c c c}
 & A & B & C & D & E & F & G & H \\
A & 0 & 1 & 1 & 1 & 1 & 0 & 0 & 0 \\
B & 1 & 0 & 0 & 0 & 0 & 0 & 0 & 0 \\
C & 1 & 0 & 0 & 0 & 0 & 0 & 0 & 0 \\
D & 1 & 0 & 0 & 0 & 0 & 0 & 1 & 1 \\
E & 1 & 0 & 0 & 0 & 0 & 1 & 1 & 0 \\
F & 0 & 0 & 0 & 0 & 1 & 0 & 1 & 0 \\
G & 0 & 0 & 0 & 1 & 1 & 1 & 0 & 0 \\
H & 0 & 0 & 0 & 1 & 0 & 0 & 0 & 0 \\
\end{array}
$$

相鄰串列

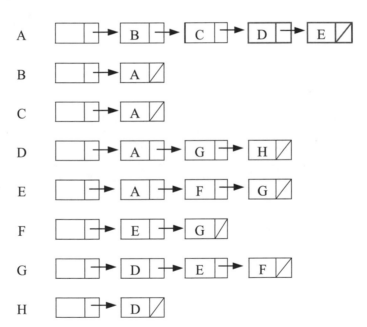

▶▶▶【11.3 節練習題解答】

縱向優先：AEFGDBC

橫向優先：AEBCDFG

注意！上述答案不是唯一。

▶▶▶【11.4 節練習題解答】

(a) Prime's algorithm

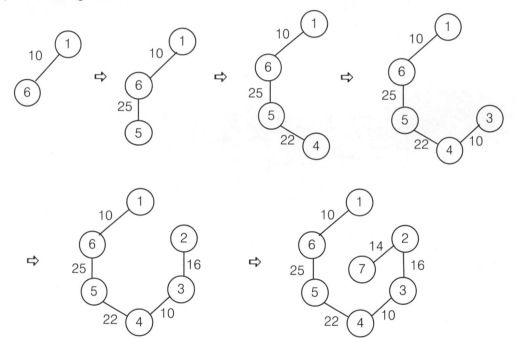

(b) Kruskal's algorithm(以粗線表示之)

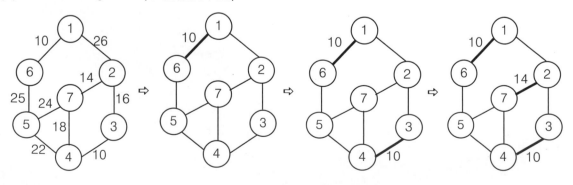

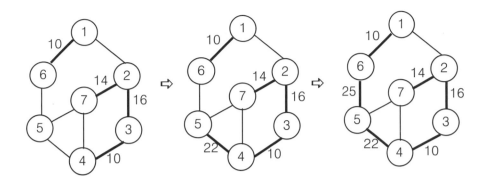

(c) Sollin's algorithm

以每一個節點為起點，找一邊為其最短

(1,6)，(2,7)，(3,4)，(4,3)，(5,4)，(6,1)，(7,2)

其中(1,6)，(6,1)，(3,4)和(4,3)及(2,7)和(7,2)皆重覆

因此，保留(1,6)，(2,7)，(3,4)，(5,4)

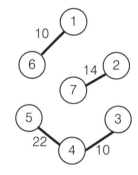

之後(1,6)，(2,7)，(3,4,5)所組成的 tree 取之間最短的邊分別為(2,3)及(5,6)

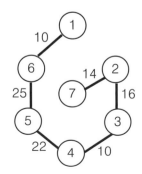

▶▶▶ 【 11.5 節練習題解答 】

頂點 j	u_j	記錄標籤
1	$u_1 = 0$	[0, -]
2	$u_2 = u_1 + d_{12} = 0 + 6 = 6$, from 1	[6, 1]
4	$u_4 = u_1 + d_{14} = 0 + 5 = 5$, from 1	[5, 1]
3	$u_3 = \min \{u_1 + d_{13}, u_2 + d_{23}, u_4 + d_{43}\}$ $= \min \{0 + 3, 6 + 2, 5 + 1\}$ $= 3$, from 1	[3, 1]
6	$u_6 = u_4 + d_{46} = 5 + 4 = 9$, from 4	[9, 4]
5	$u_5 = \min \{u_2 + d_{25}, u_3 + d_{35}\}$ $= \min \{6 + 2, 3 + 5\}$ $= 8$, from 3	[8, 3]
7	$u_7 = \min \{u_5 + d_{57}, u_6 + d_{67}\}$ $= \min \{8 + 3, 9 + 1\}$ $= 10$, from 6	[10, 6]

由上表得知節點 1 到節點 7 最短距離為 10，並且經由下列路徑，分別如下

<1, 4>, <4, 6>,<6, 7>。

▶▶▶ 【 11.6 節練習題解答 】

(a) 拓樸排序：①，②，③，④，⑤，⑥

注意!此答案不是唯一。也可以是①，②，③，⑤，④，⑥

(b)

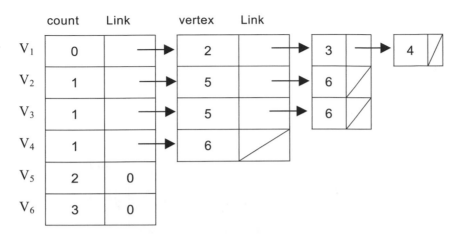

其中 link 欄位為 0 或以斜線表示的話，代表無下一節點。

▶▶▶ 【 11.7 節練習題解答 】

1.

ES	頂點							堆疊
	(1)	(2)	(3)	(4)	(5)	(6)	(7)	
開始	0	0	0	0	0	0	0	1
彈出 1	0	6	4	0	0	0	0	3 / 2
彈出 3	0	6	4	6	0	0	0	2
彈出 2	0	6	4	8	0	0	0	4
彈出 4	0	6	4	8	17	15	0	6 / 5
彈出 6	0	6	4	8	17	15	19	5
彈出 5	0	6	4	8	17	15	20	7
彈出 7	0	6	4	8	17	15	20	空了

表一：每一頂點 ES 值

LS	頂點							堆疊	
	(1)	(2)	(3)	(4)	(5)	(6)	(7)		
開始	20	20	20	20	20	20	20	7	
彈出 7	20	20	20	20	17	16	20	6 / 5	
彈出 6	20	20	20	9	17	16	20	5	
彈出 5	20	20	20	8	17	16	20	4	
彈出 4	20	6	6	8	17	16	20	3 / 2	
彈出 3	2	6	6	8	17	16	20	2	
彈出 2	0	6	6	8	17	16	20	1	
彈出 1	0	6	6	8	17	16	20	空了	

表二：每一頂點的 LS 值

從表一和表二得知，若任何一頂點的 ES 等於 LS 時，且 $LS(i)-LS(i)=ES(j)-ES(i)=a_{ij}$，則此路徑為臨界路徑。故<1,2>，<2,4>，<4,5>，<5,7>為臨界路徑。

A.12 第十二章 練習題解答

▶▶▶ 【 12.1 節練習題解答 】

第一次掃瞄　15　換　8　　20　　7　　66　　54
　　　　　　8　　15　　20　　7　　66　　54
　　　　　　8　　15　　20　換　7　　66　　54
　　　　　　8　　15　　7　　20　　66　　54
　　　　　　8　　15　　7　　20　　66　換　54
　　　結果　8　　15　　7　　20　　54　　(66)

第二次掃瞄　8　　15　　7　　20　　54
　　　　　　8　　15　換　7　　20　　54
　　　　　　8　　7　　15　　20　　54
　　　　　　8　　7　　15　　20　　54
　　　結果　8　　7　　15　　20　　(54)

第三次掃瞄　8　　7　　15　　20
　　　　　　7　　8　　15　　20
　　　　　　7　　8　　15　　20
　　　結果　7　　8　　15　　20

在此步驟已無調換的動作，故得知排序的工作已完成。

▶▶▶【12.2 節練習題解答】

| 15 | 8 | 20 | 7 | 66 | 54 | 18 | 26 |

經由比較結果，得知最小的數值為 7，故將它和第一個元素對調

| ⑦ | 8 | 20 | 15 | 66 | 54 | 18 | 26 |

從第 2 個元素開始找最小的，得知為 8，而它本身就在第 2 個位置

| ⑦ | ⑧ | 20 | 15 | 66 | 54 | 18 | 26 |

做法同上，最後的結果為

| 7 | 8 | 15 | 18 | 20 | 26 | 54 | 66 |

▶▶▶【12.3 節練習題解答】

j	X_0	X_1	X_2	X_3	X_4	X_5	X_6	X_7	X_8
2	$-\infty$	15	8	20	7	66	54	18	26
3	$-\infty$	8	15	20	7	66	54	18	26
4	$-\infty$	8	15	20	7	66	54	18	26
5	$-\infty$	7	8	15	20	66	54	18	26
6	$-\infty$	7	8	15	20	66	54	18	26
7	$-\infty$	7	8	15	20	54	66	18	26
8	$-\infty$	7	8	15	18	20	54	66	26
9	$-\infty$	7	8	15	18	20	26	54	66

▶▶▶ 【 12.4 節練習題解答 】

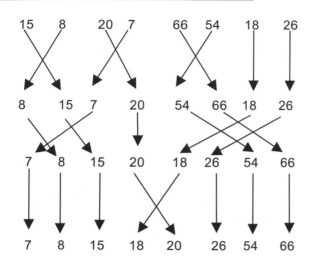

▶▶▶ 【 12.5 節練習題解答 】

15	8	20	7	66	54	18	26
		i					
⑮	8	7	20	66	54	18	26
		j	i				
[7	8]	⑮	[20	66	54	18	26]
[7	8]	15	[⑳	66	54	18	26]
			i		j		
[7	8]	15	[⑳	18	54	66	26]
			i	i			
[7	8]	15	[18]	⑳	[54	66	26]
[7	8]	15	18	20	[54	66	26]
			⋮				
[7	8]	15	18	20	26	54	66

▶▶▶【 12.6 節練習題解答 】

(a) 先建立一棵完整二元樹

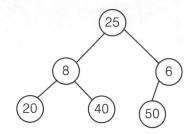

(b) 再調整為一棵 heap

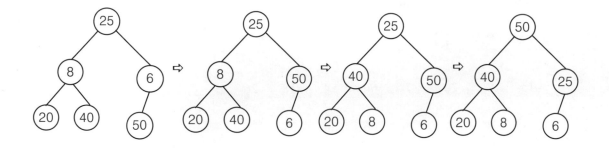

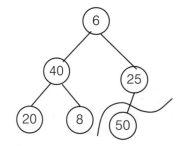

輸出 50，並加以調整之。

6 和 40 對調，再將 20 和 6 對調

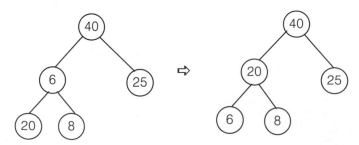

將 8 與 40 對調，如下圖所示：

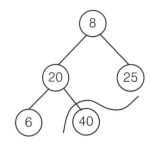

輸出 40，並加以調整之，餘此類推，不再贅述。

只要將 max-heap 改為 min-heap 之後，處理的步驟和上述相似。

▶▶▶【12.7 節練習題解答】

謝耳排序過程

8/2=4

[1]	[2]	[3]	[4]	[5]	[6]	[7]	[8]
30	50	60	10	20	40	90	80

[1]和[5], [2]和[6], [3]和[7], [4]和[8]比較

20	40	60	10	30	50	90	80

若前者比後者大則對調之

4/2=2

20	10	30	40	60	50	90	80

[1]和[3], [2]和[4], [3]和[5], [4]和[6], [5]和[7], [6]和[8]比較

若前者比後者大則對調，記得互換後需再往回頭比較喔！

2/2=1

10	20	30	40	50	60	80	90

每相鄰 2 個互相比較之，若有互換，則需再回頭比比看喔！

▶▶▶【12.8 節練習題解答】

依序加入 25，8，6，20，40，50，15，30 成為一棵二元搜尋樹

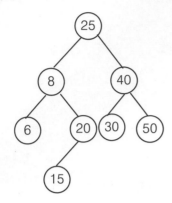

再依據中序追蹤，就可得到下列資料

6，8，15，20，25，30，40，50

▶▶▶【12.9 節練習題解答】

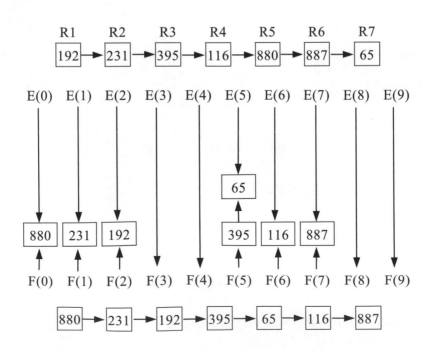

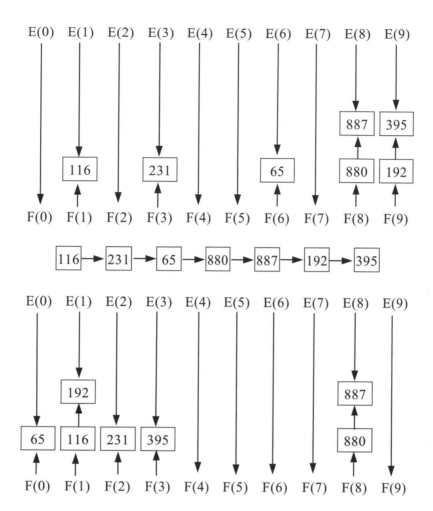

最後結果為

65，116，192，231，395，880，887

A.13 第十三章 練習題解答

▶▶▶【13.2 節練習題解答】

1. 資料如下：

11 22 33 44 55 66 77 88 99 111 222 333

二元搜尋法搜尋 33，需要 2 次。

第一次 $\left\lfloor \dfrac{1+12}{2} \right\rfloor = 6$

第二次 $\left\lfloor \dfrac{1+5}{2} \right\rfloor$ = 3←Bingo，找到了

而搜尋 555，共需 5 次才知此資料不存在

第一次 $\left\lfloor \dfrac{1+12}{2} \right\rfloor$ = 6

第二次 $\left\lfloor \dfrac{7+12}{2} \right\rfloor$ = 9

第三次 $\left\lfloor \dfrac{10+12}{2} \right\rfloor$ = 11

第四次 $\left\lfloor \dfrac{12+12}{2} \right\rfloor$ = 12

第五次才知找不到

▶▶▶【 13.3 節練習題解答 】

依序為 GA，D，A，B，G，L，A_2，A_1，A_3，A_4 及 E

(a) 使用線性探測法解決溢位的問題，

0	A
1	B
2	A_2
3	D
4	A_1
5	A_3
6	GA
7	G
8	A_4
9	E
10	
11	L
12	
13	
14	
15	
⋮	
25	

(b)　使用鏈結串列解決溢位的問題　(注意!將 4、5 及 7 項往上移)

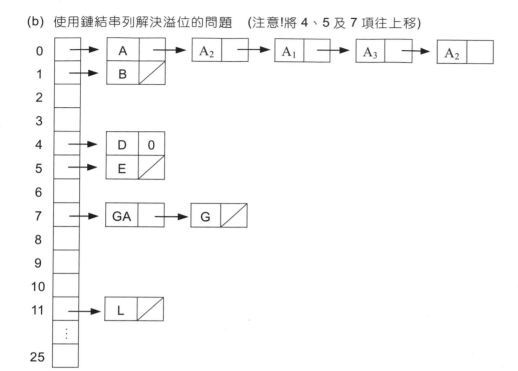

資料結構--使用 Java(第四版)

作　　者：蔡明志
企劃編輯：江佳慧
文字編輯：王雅雯
設計裝幀：張寶莉
發 行 人：廖文良

發 行 所：碁峰資訊股份有限公司
地　　址：台北市南港區三重路 66 號 7 樓之 6
電　　話：(02)2788-2408
傳　　真：(02)8192-4433
網　　站：www.gotop.com.tw
書　　號：AEE038500
版　　次：2017 年 06 月四版
　　　　　2020 年 09 月四版三刷
建議售價：NT$520

國家圖書館出版品預行編目資料

資料結構：使用 Java / 蔡明志著. -- 四版. -- 臺北市：碁峰資訊，
　2017.06
　　面；　公分
　ISBN 978-986-476-425-9(平裝)
　1. Java(電腦程式語言)　2.資料結構
312.32J3　　　　　　　　　　　　　　　106008331

讀者服務

● 感謝您購買碁峰圖書，如果您
  對本書的內容或表達上有不清
  楚的地方或其他建議，請至碁
  峰網站：「聯絡我們」\「圖書問
  題」留下您所購買之書籍及問
  題。(請註明購買書籍之書號及
  書名，以及問題頁數，以便能
  儘快為您處理)
  http://www.gotop.com.tw

● 售後服務僅限書籍本身內容，
  若是軟、硬體問題，請您直接
  與軟、硬體廠商聯絡。

● 若於購買書籍後發現有破損、
  缺頁、裝訂錯誤之問題，請直
  接將書寄回更換，並註明您的
  姓名、連絡電話及地址，將有
  專人與您連絡補寄商品。